畜禽水产品加工新技术丛书

# 乳品加工新技术

杨贞耐　　主编

中国农业出版社

## 内容简介

　　本书紧密结合我国乳品工业生产的现状，全面、系统地阐述了乳品的生产技术要点和关键环节，为乳品加工相关人员提供了标准和规范的产品加工技术与知识。全书共分九章，内容包括乳的基本知识、原料乳的验收及预处理、液态乳的加工、发酵乳的加工、乳粉加工、干酪加工、冰淇淋加工、其他乳品的加工及乳品加工机械与设备。本书可为从事乳品加工的科研、教学、技术人员提供参考，也可作为相关学科的培训教材。

# 本书编审人员

主　　编　杨贞耐（北京工商大学）

副主编　张　莉（吉林省农业科学院）

　　　　　李盛钰（吉林省农业科学院）

　　　　　马建军（山东兴牛乳业有限公司）

参　　编　张　雪（吉林省农业科学院）

　　　　　赵玉娟（吉林省农业科学院）

　　　　　李　达（吉林省农业科学院）

　　　　　张　杰（吉林省农业科学院）

　　　　　辛立斌（上海普丽盛轻工设备有限公司）

主　　审　谢继志（扬州大学）

# 序 言 >>>>>>>>>>

　　畜产品加工是以家畜、家禽和特种动物的产品为原料，经人工科学加工处理的过程，主要包括肉、乳、蛋、皮、毛、绒等的加工及血、骨、内脏的综合利用。

　　改革开放以来，我国畜产品加工事业取得了很大发展，已成为世界畜产品产销大国，肉类、蛋类、皮毛、羽绒生产总量已多年居世界首位。随着我国社会经济的发展，农业结构的调整和人民生活水平的提高，人们对畜产品的需求和期望越来越高。以市场为导向，以经济、社会和生态效益为目的，以加工企业为龙头的畜牧业产业化进程正在进一步发展壮大。畜产品加工业在国民经济发展中具有举足轻重的地位，对发展和繁荣农村经济、增加农民收入、活跃城乡市场、出口创汇和提高人民生活水平、改善食物构成、提高人民体质、增进人类健康均具重要作用。但是，我国畜产品加工业经济技术基础相对薄弱，必须依靠科技创新，大力推广新技术、新产品、新成果、新设备，传播科学技术知识，提高从业人员整体素质。

　　为适应新形势的需要，2002年中国农业出版社委托我会组织有关专家、教授和科技人员，在参阅大量科技文献资料的基础上，根据自己的科研成果和多年的实践经验，撰写了《畜产品加工新技术丛书》，分《猪产品加工新技术》、《牛产品加工新技术》、《禽产品加工新技术》、《羊产品加工新技术》、《兔产品加工新技术》和《特种经济动物产品加工新技术》6 种。丛书自 2002 年出版、发行已十个年头了，期间多次重印，受到读者好评。随着我国经济社会和农业产业化飞速发展、科学技术的创新及产业结构调整，畜禽水产品加工领域已发生了深刻的变化，丛书已不能完全客观地反映和满足行业发展的需求，迫切需要修订、调整和增补。为此，经中国农业出版社同意，我会组织撰写了《畜禽水产品加工新技术丛书》，分《猪产品加工新技术》（第二版）、《禽肉加工新技术》、《蛋品加工新技术》、《牛肉加工新技术》、《羊产品加工新技术》（第二版）、《兔产品加工新技术》（第二版）、《乳品加工新技术》、《水产品加工新技术》、《特种经济动物产品加工新技术》（第二版）、《肉制品加工机械设备》和《畜禽屠宰分割加工机械设备》，共11本。

本丛书是在2002年版基础上的延伸、充实、提高和发展，旨在为从事畜禽水产品加工的教学、科研和生产企业技术人员提供简明、扼要、通俗易懂的畜禽水产品加工基本知识以及加工技术，期望该丛书成为畜禽水产品加工领域最实用、最经典的科普丛书，对提高科技人员水平、增加农民收入、发展城乡经济、推进畜禽水产品加工事业发展和促进畜牧水产业产业化进程起到有益的作用。

本丛书以组建产学研及国际合作编写平台为特色，邀请南京农业大学、华中农业大学、扬州大学、江西农业大学、北京工商大学、天津农学院、国家猪肉加工技术研发分中心、国家蛋品加工技术研发分中心、国家牛肉加工技术研发分中心、国家乳品加工技术研发分中心、卢森堡国家研究院等单位的知名专家、教授以及有丰富经验的生产企业总经理和工程技术人员参与编写，吸取企业多年经营管理经验和先进加工技术，大大充实并丰富了丛书内容。为此，对支持赞助和参与本丛书编写的杭州艾博科技工程有限公司、青岛建华食品机械制造有限公司、福建光阳蛋业股份有限公司、福州闽台机械有限公司、江西萧翔农业发展集团有限公司、青岛康大食品有限公司、上海大瀛食品有限公司、杭州小来大农业开发集团有限公司、内蒙古科尔沁牛业股份有限公司、陕西秦宝牧业股份有限公司和山东兴牛乳业有限公司表示诚挚的感谢。

　　本丛书适合于从事畜禽水产品加工事业的广大科技人员、教学人员、管理人员、从业人员、专业户等阅读、参考，也可作为中、小型畜禽水产品加工企业和职业学校的培训教材。

中国畜产品加工研究会

2012 年 11 月

# 前　言 >>>>>>>>>>>

　　乳与乳制品营养丰富，被誉为"最接近完善的食品"。近年来，我国乳业发展迅速，已成为我国新兴且极具发展潜力的食品行业。然而，如何加强从奶源基地建设到原料乳加工与营销等各个环节的管理和监控，进一步推动我国乳品行业整体质量安全水平的稳步提升和科学健康的发展，仍是我国乳业发展面临的重大挑战。

　　本书针对我国乳品加工技术现状，结合编者多年来从事乳品研究与开发（包括在国外的工作）和生产实践的积累，收集了适于我国应用的乳品加工新产品、新技术和新工艺，力求反映乳品加工最新成果和技术发展趋势，为乳品从业人员提供先进的乳品加工知识、实用新技术和规范操作技能，并通过我国乳品加工环节的技术创新和技术进步，带动我国乳业产业链的技术更新，促进我国乳业的快速发展。

　　全书共分九章，内容包括乳的基本知识、原料乳的验收及预处理、液态乳的加工、发酵乳的加工、乳粉加工、干酪加工、冰淇淋加工、其他乳品的加工及乳品加工机械与设备。本书在编写过程中充分利用编者不同来源和专业背景的优势，突出乳品加工产、学、研的有机结合，以及乳品新技术与实际的结合。同时，本书第九章还专门系统地介绍了乳品加工主要设备及其性能特点，突出乳品工艺技术与装备的有效结合，形成本书的鲜明特色。

　　本书在编写过程中还得益于本丛书编审委员会有组织、有计划的编审和现场审稿活动，使本书从编者编写、主编统稿修改、反馈编者修改、主审审稿直至编审委员会定稿等过程得以高效有序进行。

在此感谢《畜禽水产品加工新技术丛书》编审委员会主任周永昌教授的支持和细致周到的编审组织工作。感谢主审谢继志教授建设性的意见，尤其是逐章逐句的现场指导和审稿工作。前辈严谨的学风和认真的工作态度给我们留下了深刻的印象。对支持本书编写出版的有关企业、机构和个人也一并表示衷心的感谢。

　　本书可为从事乳品加工的科研、教学和技术人员提供参考，也可作为相关学科的培训教材。由于作者的学识和水平有限，书中难免存在纰漏，敬请读者批评指正，以便我们在今后的编写工作中加以改正。

编　者

2012 年 10 月

# 目　录 > > > > > > > > > > >

# 第一章

# 乳的基本知识　　>>>>>>

## 第一节　乳的理化性质及营养价值

　　乳是哺乳动物为哺育幼儿从乳腺分泌的一种白色或微黄色的不透明液体。它含有动物幼仔生长发育所需要的全部营养成分，是哺乳动物出生后最适宜消化、吸收的全价食物。牛乳含有各种营养成分，包括水分、蛋白质、脂肪、碳水化合物、无机盐、维生素和磷脂类，同时含有酶、免疫物质、活性物质及其他多种微量元素，乳中主要成分及含量见表1-1。从化学观点看，乳是各种物质的混合物，但实际上牛乳是一种复杂的具有胶体性质的生物学液体。也可以说，乳是一种复杂的分散体系。其中，水是溶剂或称为分散剂，其他物质是溶质或称为分散相、分散质。乳糖和盐类以分子或离子状态存在，蛋白质和脂肪则以乳浊态和悬浮态分散其中。

### 表1-1　乳中主要成分及含量

单位：%

| 成　分 | 含　量 | 平均含量 |
| --- | --- | --- |
| 水 | 87～89 | 87.5 |
| 蛋白质 | 2.2～4.4 | 3.25 |
| 非脂乳固体 | 7.9～10.0 | 8.8 |
| 脂　肪 | 3.1～3.4 | 3.25 |
| 乳　糖 | 3.8～5.3 | 4.6 |
| 矿物质 | 0.30～1.21 | 0.7 |
| 有机酸 | 0.13～0.22 | 0.18 |
| 其　他 | | 0.14 |

（引自郭本恒.乳品化学.2001）

## 一、乳成分的化学性质

### （一）水分

　　水是乳的主要成分之一，占乳成分的87%～89%。水是乳的非营养成分，但是水分却与乳的物理性质和稳定性有关，且水是乳中乳糖、水溶性维生素和无机盐类等成分的主要溶剂。由于水的存在，乳中各成分才得以构成均匀且稳定的流体。乳中水分根据存在形态的不同，一般可分为自由水、结合水、膨胀水和结晶水。乳中主要水分是自由水，其与常水相同，具有常水的性质。其他3种水在乳中则具有特殊的性质和作用。

1. 自由水　自由水即一般所说的游离水，约占乳中总水分含量的96%，是矿物质、有机质和气体的分散介质，许多理化过程和生物学过程均和自由水有关，可被微生物利用。自由水在加工过程中很容易被除去。

2. 结合水　以氢键与乳中蛋白质、乳糖以及某些盐类结合而存在的水，称为结合水。结合水占乳中水分的2%~3%，没有溶解其他物质的特性，在通常水的冰点温度下并不冻结，在沸点时也不蒸发。

乳在干燥过程中，在水分子的极性作用下，存在于电荷的胶体颗粒表面的结合水分子，形成向水的单分子层，在单分子层上又吸附着一些微水滴，逐渐形成一层新的结合水。在水层加厚时胶粒对水的吸引力越来越弱，结果在水单分子层外围形成一层疏松的、扩散性的水层。外水层与胶体表面的联合很弱，在高温时容易与胶体分离，但内层结合水很难除去。因此，在乳粉生产中无法得到绝对脱水的产品，总要保留一部分结合水。即使在良好的喷雾或滚筒干燥条件下，仍留有3%左右的水分。只有在加热到150~160℃或长时间保持在100~105℃的恒温时才能除去结合水。但乳粉经长时间的高温处理，会发生乳糖焦化、蛋白质变性、脂肪氧化等反应，乳成分被破坏，乳粉的营养价值降低，导致乳粉不能食用。

3. 其他类型水　膨胀水存在于凝胶结构的亲水性胶体内，因胶粒膨胀程度的不同，膨胀水的含量也不同。而结晶水是指分子组成成分按一定数量比例与乳中物质结合的水，它存在于结晶化化合物中，性质最为稳定。

### (二) 乳蛋白质

蛋白质是牛乳的重要营养成分之一，由碳、氢、氧、氮及少量硫元素组成，正常牛乳中蛋白质含量为2.2%~4.4%。乳蛋白质是牛乳中的主要含氮物质，约占牛乳中含氮物质的95%。乳蛋白质由20多种氨基酸组成，根据理化特性和生化功能分为酪蛋白和乳清蛋白两大类。此外，还有少量的脂肪球膜蛋白。乳清蛋白包括对热不稳定的乳白蛋白和乳球蛋白，及对热稳定的小分子蛋白和蛋白胨。

除了乳蛋白质外，乳中的含氮物质还有少量的如氨、游离氨基酸、尿素、尿酸、肌酸和嘌呤碱等非蛋白态氮。这些物质是通过乳腺细胞进入乳中的，基本上是机体蛋白质代谢的产物。另外，还有少量的维生素态氮。牛乳中的主要蛋白质种类及性质见表1-2。

表1-2　牛乳中主要蛋白质的种类及性质

| 传统分类 | 现代分类 | | 占脱脂乳中蛋白质的量（%） | 相对分子质量 | 等电点 |
|---|---|---|---|---|---|
| 酪蛋白 | $\alpha_s$-酪蛋白 | | 45～55 | 23 000 | 4.1 |
| | $\kappa$-酪蛋白 | | 8～15 | 19 000 | 4.1 |
| | $\beta$-酪蛋白 | | 25～35 | 24 100 | 4.5 |
| | $\gamma$-酪蛋白 | | 3～7 | 30 650 | 5.8～6.0 |
| 乳白蛋白 | $\alpha$-乳白蛋白 | | 2～5 | 14 437 | 5.1 |
| | 血清白蛋白 | | 0.7～1.3 | 69 000 | 4.7 |
| 乳球蛋白 | $\beta$-乳球蛋白 | | 7～12 | 36 000 | 5.3 |
| | 免疫球蛋白 | IgG$_1$ | 1.2～3.3 | 161 000～163 000 | 5.5～6.8 |
| | | IgG$_2$ | 0.2～0.7 | 150 000～154 000 | 7.5～8.3 |
| | | IgM | 0.1～0.7 | 1 000 000 | |
| | | IgA | 0.2～0.7 | 300 000～500 000 | |
| | 小分子蛋白、蛋白胨 | | 2～6 | 4 100～200 000 | 3.3～3.7 |

（引自李凤林，崔福顺．乳及发酵乳制品工艺学．2007）

1. 酪蛋白　在温度为20℃用酸调节pH至4.6时沉淀的一类蛋白称为酪蛋白，占总蛋白质的80%～82%。纯酪蛋白为白色，不溶于水。乳中绝大部分酪蛋白以酪蛋白胶粒存在，由于酪蛋白分子上存在大量亲水基和疏水基以及电离化基团，酪蛋白与磷酸钙形成复杂的酪蛋白酸钙-磷酸钙复合体，即酪蛋白胶粒，直径大概在40～500纳米。酪蛋白胶粒也含有少量的其他蛋白质，如某些酶类。酪蛋白不是单一的蛋白质，而是一种复合蛋白质，由$\alpha_s$-酪蛋白、$\kappa$-酪蛋白、$\beta$-酪蛋白和$\gamma$-酪蛋白组成。4种蛋白质的区别主要在于磷的含量，而含磷量对皱胃酶的凝乳作用有很大的影响。$\alpha_s$-酪蛋白含磷量最多，又称为磷蛋白。$\gamma$-酪蛋白含磷很少，所以$\gamma$-酪蛋白几乎不被皱胃酶凝固。$\kappa$-酪蛋白约占酪蛋白总量的15%左右，其含磷量约为$\beta$-酪蛋白的一半，但能够被皱胃酶直接凝固。因此，在利用皱胃酶凝乳时，$\kappa$-酪蛋白具有很重要的作用。同时，$\kappa$-酪蛋白不被钙沉淀，对酪蛋白胶粒有稳定作用。

（1）酪蛋白与酸碱的反应　酪蛋白在溶液中既有酸性也有碱性，其属于两性电解质，可形成两性离子。乳蛋白胶粒对pH的变化敏感。牛乳的pH因为加酸或产酸细菌繁殖而下降时，酪蛋白胶粒中的钙与磷酸盐就逐渐游离出来。当 pH 达到酪蛋白等电点时，酪蛋白就会聚合成凝结物。酪蛋白酸钙-磷酸钙复合体中钙被酸取代的情况根据加酸程度的不同而有所差异。当牛乳的 pH 在加酸后达 5.2 时，磷酸钙先分离，酪蛋白开始聚合凝结，继续加酸使 pH 达到 4.6 时，酪蛋白钙中的钙分离，游离的酪蛋白完全沉淀。因此，在等电点时的酪蛋白不含钙。在加酸沉淀的过程中，酸只和酪蛋白酸钙-磷酸钙复合体作用，对其他蛋白不起作用。工业上一般用盐酸沉淀酪蛋白。例如，在制造工业用干酪素时，通常用盐酸作凝固剂。硫酸也能很好地沉淀乳中的酪蛋白，但由于反应生成的硫酸钙不溶解，会使灰分增多。此外，乳中的微生物能使乳糖转化为乳酸，从而降低 pH，产生酪蛋白沉淀。由于乳酸能使酪蛋白形成硬的凝块，且乳酸及乳酸盐都不能使酪蛋白溶解，所以乳酸是沉淀酪蛋白的最适合的酸。此过程是牛乳的自然酸败现象。制作酸乳时，正是因为乳酸菌产生乳酸，使牛乳 pH 达到酪蛋白等电点，使得液态牛乳形成凝胶。

但酪蛋白与碱反应时，其本身具有酸的作用，与碱结合生成一种盐，形成一种近乎透明的溶液。

综上可知，酪蛋白在酸性介质中具有碱的作用，在碱性介质中具有酸的作用。新鲜的牛乳 pH 通常在 6.6 左右，是等电点的碱性一面，所以酪蛋白在牛乳中具有酸的作用，与牛乳中的钙离子结合，以酪蛋白钙的形式存在于介质中。

(2) 酪蛋白与醛的反应　酪蛋白可与醛基反应，但因所处环境不同，反应的性质也不同。在酸性介质中，酪蛋白与甲醛反应形成亚甲基桥，亚甲基桥可将两个酪蛋白联结起来。目前，酪蛋白与醛的反应已被广泛应用于塑料工业、人造纤维的生产及检测乳样的保存等方面。

(3) 美拉德反应　自然界中的醛糖、酮糖、转化糖等能与酪蛋白作用，生成的氨基糖具有芳香味。这种作用也表现在产生色素方面，可使食品具有某种颜色如黑色素。此反应就是我们通常说的美拉德反应。在乳品工业中，美拉德反应具有重要指导意义。如乳粉和乳蛋白粉等乳品在长期储存中，酪蛋白与乳糖发生反应，赋予制品颜色和风味，改变营养价值。储存过程中如有氧和湿度存在时，则会加速变化。因此，乳粉应在真空状态下贮存。炼乳罐头也具有这种反应过程，尤其是含转化糖多时反应更剧烈。因此，为防止上述反应的发生，乳制品在保存时要尽量除去其中的自由水，且置于真空环境中。

(4) 酪蛋白的酶凝固与钙凝固　牛乳中的酪蛋白在凝乳酶作用下会从液体变为凝块，并发生收缩而排出乳清。在乳清中含有无机盐类及乳糖。干酪就是利用此原理而生产。酪蛋白在凝乳酶的作用下产生可溶于水的糖巨肽部分并释放于乳清中；同时产生副酪蛋白，与 $\alpha_s$-酪蛋白和 $\beta$-酪蛋白共同形成凝乳块。此阶段为干酪生产的第一阶段。酪蛋白表面的水分离开后，酪蛋白分子间的疏水键和由钙产生的钙键急剧扩展，凝乳块进一步形成并收缩脱水，此称为干酪生产的第二阶段。第三阶段即在干酪生产的成熟阶段，此时凝乳酶与其他蛋白酶一样，将酪蛋白水解成小分子物质。干酪的生产期限决定于环境的温度和 pH。第二阶段受到钙离子浓度和酪蛋白胶粒存在状态的严重影响，若酪蛋白胶粒表面结合变性的 $\beta$-乳球蛋白和 $\alpha$-乳白蛋白，则会影响酪蛋白的聚合。

乳中酪蛋白是以酪蛋白酸钙-磷酸钙复合体存在的，其胶粒的大小受乳汁中钙和磷含量的影响，含钙和磷多的胶粒比含钙和磷少的胶粒要大。利用氯化钙凝固乳时，蛋白质的利用程度较高，比酸凝固法大约高 5%，比皱胃酶凝固法几乎高 10% 以上（表 1-3）。除了酪蛋白外，氯化钙也可同时使乳清蛋白凝固，在这方面比其他凝固法有更明显的优势。此外，该法得到的蛋白质一般含有大量的钙和磷，提高了对有价值矿物质的利用。因此，钙凝固法在蛋白质的综合利用和矿物质（钙和磷）的利用方面都优于目前所采用的酶凝固法和酸凝固法。

**表 1-3 各种方法凝固乳蛋白质的效果比较**

| 指　　标 | 蛋白质氮含量（毫克/分升） | 乳蛋白的利用率（%） |
| --- | --- | --- |
| 皱胃酶处理后乳清 | 64 | 85.5 |
| 氯化钙处理后乳清 | 23 | 94.9 |
| 酸处理后乳清 | 44 | 90.2 |

（引自李凤林，崔福顺．乳及发酵乳制品工艺学．2007）

**2. 乳清蛋白**　乳清蛋白是指乳经调节 pH 至 4.6 沉淀酪蛋白后乳清中剩余蛋白质的统称，约占牛乳蛋白质的 18%～20%。乳清蛋白的粒子水合能力强，分散度高，以高分子溶液状态存在于乳中，在等电点时仍能保持分散状态。乳清蛋白具有很高的营养价值，其氨基酸成分十分接近人们所认为的最佳生物学成分。利用乳清蛋白生产的产品广泛应用于食品工业。乳清蛋白分为对热稳定的乳清蛋白和对热不稳定的乳清蛋白两部分。

（1）对热不稳定的乳清蛋白　对热不稳定的乳清蛋白是指当乳清 pH 为 4.6～4.7 时，煮沸 20 分钟，发生沉淀的一类蛋白质，约占乳清蛋白的 81%，含有乳白蛋白和乳球蛋白。

（2）对热稳定的乳清蛋白　当乳清 pH 为 4.6～4.7 时，将其煮沸 20 分钟，仍溶解于乳中的乳清蛋白为热稳定性乳清蛋白。这类蛋白质主要为小分子蛋白和蛋白胨类，占乳清蛋白的19%左右。

3. 脂肪球膜蛋白　脂肪球膜蛋白是一些吸附于脂肪球表面的蛋白质和磷脂质，构成脂肪球膜。在脂肪球膜中含有脂蛋白、碱性磷酸酶和黄嘌呤氧化酶等，通过洗涤和搅拌稀奶油方法可以将这些物质分离出来。由于脂肪球膜含有卵磷脂，所以也称磷脂蛋白。其含有大量的硫，对热较为敏感，且易受细菌性酶的作用而分解。

4. 其他蛋白质　除以上几种蛋白质外，乳中还含有少量的其他蛋白质和酶蛋白，如少量的可溶于酒精的蛋白及与血纤蛋白相似的蛋白质等。

### （三）乳脂肪

脂肪是牛乳的重要成分，乳脂质中有97%～99%的成分是乳脂肪，其他的为磷脂和少量的甾醇、游离脂肪酸、脂溶性维生素等。乳脂肪是中性脂肪，占牛乳含量的3.5%～5.2%，其含量随奶牛品种的不同而变化。脂肪在牛乳中以极微小的脂肪球状分散于乳浆中。脂肪球的直径一般为0.1～10微米，平均为3微米，1毫升牛乳中有20亿～40亿个脂肪球。脂肪球大小根据乳牛的品种、泌乳期、饲料及健康状况等因素而异。一般来说，脂肪含量高则脂肪球大，随着泌乳期的推进脂肪球变小，但此时脂肪球数量较多，饲喂干饲料的则比饲喂多汁饲料的脂肪球大。

乳脂肪与牛乳的风味有密切关系，也是奶油、干酪等的主要成分。由于乳脂肪中含有14%的短链（14个碳以下）挥发性脂肪酸，其中水溶性脂肪酸达到8%左右，且熔点较低，在室温下呈液态，易挥发，能使乳脂肪氧化产生哈喇味。细菌产生的脂解酶可以将乳脂肪分解产生丁酸，使乳脂肪出现带有刺激味的分解臭。

1. 乳脂肪的组成　乳脂肪是由1个甘油分子与3个相同的或不同的脂肪酸组成的甘油酯的混合物，其中最主要的是甘油三酸酯。乳脂肪的成分复杂，脂肪酸可分为水溶性挥发性脂肪酸、非水溶性挥发性脂肪酸和非水溶性不挥发性脂肪酸三类，其中水溶性挥发性脂肪酸的含量比例最高（表1-4）。乳脂肪的脂肪酸组成受饲料、营养、环境、季节等因素的影响，通常情况下，夏季不饱和脂肪酸的含量升高，冬季不饱和脂肪酸的含量降低，饱和脂肪酸的含量增高。

磷脂的含量在乳与乳制品中呈现很大的波动。乳中磷脂的60%都存在于脂肪球膜中。牛乳经分离机分离出稀奶油时，大约70%的磷脂被转移到稀奶油中。稀奶油再经搅拌制造时，则大部分磷脂转移到酪乳中。

表 1-4 牛乳脂肪中脂肪酸的组成

| | 脂肪酸 | 分子式 | 质量分数（%） | 水溶性 | 挥发性 |
|---|---|---|---|---|---|
| 饱和脂肪酸 | 丁酸 | $C_4H_8O_2$ | 3.5 | 可溶 | 挥发 |
| | 己酸 | $C_6H_{12}O_2$ | 2.0 | 微溶 | 挥发 |
| | 辛酸 | $C_8H_6O_2$ | 1.0 | 极难溶 | 挥发 |
| | 癸酸 | $C_{10}H_{20}O_2$ | 2.0 | 极难溶 | 挥发 |
| | 十二烷酸 | $C_{12}H_{24}O_2$ | 2.5 | 几乎不溶 | 微挥发 |
| | 十四烷酸 | $C_{14}H_{28}O_2$ | 10.0 | 不溶 | 极微挥发 |
| | 十六烷酸 | $C_{16}H_{32}O_2$ | 25.0 | 不溶 | 不挥发 |
| | 十八烷酸 | $C_{18}H_{36}O_2$ | 10.5 | 几乎不溶 | 不挥发 |
| | 二十烷酸 | $C_{20}H_{40}O_2$ | 0.5 | 不溶 | 不挥发 |
| 不饱和脂肪酸 | 癸烯酸 | $C_{10}H_{18}O_2$ | 5.0 | 不溶 | 不挥发 |
| | 十二碳烯酸 | $C_{12}H_{22}O_2$ | 5.0 | 不溶 | 不挥发 |
| | 十四碳烯酸 | $C_{14}H_{26}O_2$ | 5.0 | 不溶 | 不挥发 |
| | 十六碳烯酸 | $C_{16}H_{30}O_2$ | — | 不溶 | 不挥发 |
| | 十八碳烯酸 | $C_{18}H_{34}O_2$ | 33.0 | 不溶 | 不挥发 |
| | 十八碳二烯酸 | $C_{18}H_{32}O_2$ | 4.0 | 不溶 | 不挥发 |
| | 十八碳三烯酸 | $C_{18}H_{30}O_2$ | 2.06 | 不溶 | 不挥发 |

（引自金世琳.乳与乳制品生产.2007）

**2. 乳脂肪的理化性质** 乳脂肪的理化性质见表 1-5。

表 1-5 乳脂肪的一些理化性质

| 项 目 | 指标 | 项 目 | 指标 |
|---|---|---|---|
| 相对密度（15℃） | 0.935～0.943 | 酸价 | 0.4～3.5 |
| 凝固点（℃） | 15～25 | 赖克特-迈斯尔值* | 21～36 |
| 熔点（℃） | 28～38 | 波伦斯克值** | 1.3～3.5 |
| 皂化值 | 218～235 | 丁酸值 | 16～24 |
| 碘值 | 26～36（30 左右） | 不皂化值 | 0.31～0.42 |
| 折射率（$n^{25}D$） | 1.459 0～1.462 0 | | |

* 水溶性挥发性脂肪酸值；** 非水溶性挥发性脂肪酸值。

（引自吴祖兴.乳制品加工技术.2007）

3. 乳脂肪的特点

（1）乳脂肪中含有较多种类的脂肪酸，为 20 种左右，而其他动植物脂肪中脂肪酸种类仅为 5～7 种。

（2）乳脂肪富含短链挥发性脂肪酸，约占脂肪酸总量的 14%，其中水溶性脂肪酸达 8%，尤其是丁酸和己酸的含量相当多，而其他动植物脂肪中少于 1%。这些脂肪酸是大量的能释放香气的小分子脂类物质的主要组成部分，在室温下呈液态，使乳脂肪具有特殊的香气和柔软的质地。

（3）乳脂肪中不饱和脂肪酸含量较多，主要有油酸、十六烯酸、十四烯酸、癸烯酸、二十碳四烯酸、亚麻酸、亚油酸等。在室温下呈液态，不溶于水，不随水蒸气挥发，其对乳脂肪的组成状态有着重要的影响。

（4）乳脂肪的气味易变化。乳脂肪易受光、空气中的氧、热、铜、铁作用而氧化，从而产生脂肪氧化味，也易被酶及微生物水解而产生分解味。此外，乳脂肪也易吸收环境中的其他气味而发生风味的改变。

（5）在乳品加工中，通过均质处理可以使乳脂肪球的平均直径接近于 1～2 微米，其在脂肪中浮力作用减小，可减缓牛乳中的脂肪上浮现象，且更易于被人体消化吸收。同时，经过均质化处理的牛乳具有新鲜牛乳的芳香气味。

（四）乳糖

乳中的碳水化合物主要是乳糖，乳糖是一种乳腺所分泌的特有的化合物，是乳固形物中质量分数最大的一种成分，约占牛乳的 4.6%。乳糖在牛乳中呈溶解状态。牛乳的甜味完全来自乳糖，乳糖的甜度约为蔗糖的 1/6。

乳糖是一种双糖，是由 1 分子 D-葡萄糖与 1 分子 D-半乳糖以 β-1，4-糖苷键结合而成的，属还原糖。乳糖有 3 种状态形式：α-乳糖和 β-乳糖两种异构体以及 α-乳糖与 1 分子结晶水结合的 α-乳糖水合物。

乳糖是常见糖中水溶性最差的，饱和溶液在 15℃时为 14.5%，25℃下仅为 17.8%。

乳糖在消化道内只有经乳糖酶作用水解后才能被吸收，乳糖水解后产生的半乳糖是形成脑神经中重要成分的主要来源。如果体内缺少乳糖酶，未被消化的乳糖会进入大肠，而一部分人随着年龄的增长，饮用乳量显著减少，消化道内渐渐缺乏乳糖酶，不能分解和吸收乳糖，饮用牛乳后会出现呕吐、腹胀、腹泻等不适应症，被称为"乳糖不耐症"。在乳品加工中，利用乳糖酶或乳酸菌将乳糖部分分解，生产低乳糖乳制品及酸乳，可预防"乳糖不耐症"。乳糖具有调节胃酸、促进钙的吸收、促进胃肠蠕动和消化腺分泌的作用。

在分离奶油时，大部分乳糖存在于脱脂乳中，少部分存在于稀奶油中。在制造奶油时，稀奶油中的乳糖大部分留于酪乳中，含在奶油中的一部分乳糖则发酵成乳酸。在生产干酪时，小部分乳糖含在干酪中，成熟过程中发酵成乳酸，大部分存留在乳清中，由于乳酸抑制杂菌的繁殖，使干酪产生优良的风味。甜炼乳中的乳糖大部分呈结晶状态，结晶的直径直接影响炼乳的口感，而可根据乳糖的溶解度和温度的关系控制结晶的大小。

（五）乳中的无机物

乳中的无机物亦称为矿物质，含量一般为 0.30%～1.21%，平均为 0.7% 左右，主要有磷、钙、镁、氯、钠、硫、钾等，还有一些微量元素。正常牛乳中钙和钾的含量很高，但是牛乳中矿物质的含量不是恒定的，随泌乳期、季节和健康状态等因素而异，但变化较小。牛乳中主要无机物的含量见表 1-6。

表 1-6　牛乳中主要无机物的含量

单位：毫克/分升

| 项目 | 钙 | 钾 | 钠 | 镁 | 氯 | 硫 | 磷 |
|---|---|---|---|---|---|---|---|
| 牛乳 | 109 | 158 | 54 | 14 | 99 | 5 | 91 |

（引自马兆瑞. 现代乳制品加工技术 . 2010）

牛乳中的无机物大多与有机酸或无机酸结合，以盐类形式存在，其中以磷酸盐、酪酸盐和柠檬酸盐存在的数量最多。钾、钠、氯大多构成电解质，呈溶液状态存在；钙、镁大部分与酪蛋白、磷酸、柠檬酸结合成胶体状态，小部分呈离子状态；磷是磷蛋白、磷脂及有机酸酯的成分。

乳中的盐类含量虽少，但对乳品加工尤其是乳及乳制品的热稳定性有着重要影响。牛乳中盐类的平衡，特别是钙离子、镁离子等阳离子与磷酸、柠檬酸等阴离子之间的平衡，对牛乳的稳定性具有十分重要的意义。当这种平衡被破坏时，牛乳中的蛋白质易发生沉淀，乳的组织状态被破坏，营养价值受到损失。

（六）乳中的维生素

牛乳中的维生素，包括脂溶性维生素 A、维生素 D、维生素 E、维生素 K 和水溶性的 B 族维生素、维生素 C 等两大类（表 1-7）。其中维生素 $B_2$ 含量很多，但维生素 D 的含量少，作为婴儿食品时应强化。牛乳中的维生素部分来自饲料中的维生素，如维生素 E；有的要靠乳牛自身合成，如 B 族维生素。维生素的含量受泌乳期及饲料的影响，初乳中维生素 A 及胡萝卜素含量多于常乳，青饲期维生素含量高于舍饲期。

表 1-7　牛乳中维生素的特性

| 名称 | | 含量（毫克/升） | 生理作用（预防） | 稳定性 |
|---|---|---|---|---|
| 脂溶性维生素 | 维生素 A | 0.1～0.5 | 感染、夜盲症 | 耐热，对氧及紫外线过敏 |
| | 维生素 D | 0.001 | 佝偻病、发育障碍、钙吸收障碍 | 耐热 |
| | 维生素 E | 0.88 | 肌肉发育障碍、不妊症 | 较耐热 |
| | 维生素 K | 0.32 | 皮肤出血、血液凝固障碍 | — |
| 水溶性维生素 | 维生素 $B_1$ | 0.4 | 胃肠障碍、神经障碍、饮食不振 | 较热不稳定 |
| | 维生素 $B_2$ | 1～2 | 发育受抑制、口角炎、呼吸障碍 | 热稳定，对光敏感 |
| | 维生素 $B_6$ | 1～3 | 神经衰弱、失眠、虚弱 | 热稳定，对光敏感 |
| | 维生素 $B_{12}$ | 0.002～0.01 | 贫血、神经障碍 | 热不稳定 |
| | 维生素 C | 5～28 | 维生素 C 缺乏症、疲倦、感染发病 | 热不稳定，对光敏感 |
| | 烟酸 | 0.5～4 | 皮肤病、神经性胃肠障碍 | 热稳定 |
| | 泛酸 | 2.8～4.5 | 皮肤病 | 热稳定 |
| | 生物素 | 0.03～0.05 | 发育不良、脱屑性红皮病 | 热稳定 |
| | 叶酸 | 0.001 | 贫血、发育不良 | 热不稳定 |
| | 胆碱 | 40～150 | 脂肪肝 | — |

（引自谷鸣．乳品工程师使用技术手册．2009）

乳中的维生素在加工中往往会受一定程度的损失（表 1-8）。维生素 A、

表 1-8　加工对乳中维生素的影响

| 维生素 | 维生素损失情况 |
|---|---|
| 维生素 A 及胡萝卜素 | 63℃、30 分钟加热及 110℃灭菌不能破坏 |
| 维生素 $B_1$ | 63℃、30 分钟加热损失 10%～20%，灭菌损失 30%～50% |
| 维生素 $B_2$ | 耐热，低温杀菌和灭菌温度都不受影响 |
| 烟酸、泛酸、维生素 $B_6$、叶酸、维生素 $B_{12}$ | 低温杀菌几乎不受损失 |
| 维生素 D | 63℃、30 分钟及 110℃、30 分钟加热都不损失 |
| 维生素 E | 比较耐热，通常加热都不损失 |
| 维生素 C | 极不耐热，62～63℃、30 分钟加热损失 20%～57%，95℃、20 分钟加热损失 60%，72～83℃、21 秒加热，几乎不受损失 |

（引自谷鸣．乳品工程师使用技术手册．2009）

维生素 D、维生素 $B_2$ 等对热稳定的维生素在加热过程中不会受到损失，维生素 C 等对热敏感的维生素会被破坏。发酵法生产的酸乳因微生物的合成，可使一些维生素含量提高，所以酸乳是一种富含维生素的营养食品。在生产干酪和奶油时，脂溶性维生素可被充分保留，而水溶性维生素则分别残留于乳清及酪乳中。

### （七）乳中的酶类

乳中的酶类很多，有 60 种以上，来源于牛的乳腺和微生物的代谢。前者是乳中的正常成分，叫固有酶，后者叫细菌酶或外源酶。与乳品生产有密切关系的主要为水解酶类和氧化还原酶类两大类。

1. 水解酶类

（1）脂酶　脂酶可以水解脂肪产生游离脂肪酸，使牛乳酸败，巴氏杀菌可使其失活。

（2）磷酸酶　是牛乳中固有的酶，有两种：一种是存在于乳清中的酸性磷酸酶；另一种是吸附于脂肪球膜处的碱性磷酸酶。这种酶的特性是将有机磷酸酯分解成磷酸和相应的醇。

（3）蛋白酶　牛乳中的非细菌性蛋白酶的作用与胰蛋白酶相似，分解蛋白质产生氨基酸。细菌性蛋白酶使蛋白质水解后形成蛋白胨、多肽和氨基酸。在干酪成熟过程中，其中的蛋白质主要靠微生物分泌的酶来进行分解。

2. 氧化还原酶类

（1）过氧化氢酶　乳中过氧化氢酶主要来源于白细胞的细胞成分，特别是在初乳和乳房炎乳中含量较高。此外，乳中的细菌也可产生这种酶。因此，可通过对过氧化氢酶的测定来判断牛乳的品质。

（2）过氧化物酶　过氧化物酶是乳中的固有酶，它可促使过氧化氢分解产生活泼的新生态氧，从而使乳中的多元酚、芳香胺及某些化合物氧化。这种酶主要来自于白细胞的细胞成分，在乳中的含量受乳牛的品种、饲料、季节和泌乳期等的影响。

（3）还原酶　乳中还原酶主要是脱氢还原酶，是由挤乳后进入乳中的微生物代谢所产生，随微生物进入乳及乳制品中。这种酶在乳中的含量与微生物的污染程度成正比。

### （八）乳中的其他成分

除上述成分外，乳中还有少量的有机酸、细胞成分、气体、色素及激素等。

乳中的有机酸主要是柠檬酸，还有极少量的乳酸和马尿酸等。柠檬酸的含量为 0.07%~0.4%，平均约为 0.18%，以盐类状态存在。柠檬酸对乳的盐类平衡及乳在热处理、冷冻过程中的稳定性都有着重要作用。柠檬酸还是乳制品芳香成分丁二酮的前体。

乳的细胞成分主要是白细胞、乳房分泌组织的上皮细胞及少量的红细胞。牛乳的细胞数是衡量乳房健康状况和牛乳卫生质量的标志之一，正常健康牛乳的细胞数不超过 50 万个/毫升，平均为 26 万个/毫升。

## 二、乳成分的物理性质

### (一) 乳的色泽

正常的新鲜牛乳呈不透明的白色或稍呈淡黄色，这是牛乳的基本色调。乳的色泽是由于乳中的酪蛋白酸钙-磷酸钙胶粒及脂肪球等对光的不规则反射所产生，乳的淡黄色是由脂溶性胡萝卜素和叶黄素产生，而水溶性的核黄素使乳清产生荧光性黄绿色。牛乳中胡萝卜素的含量与乳牛品种、季节等有关。

### (二) 乳的滋味与气味

乳具有特殊的乳香味，构成乳的滋味与气味的主要成分是乳中的挥发性脂肪酸及其他挥发性物质。这种香味随温度的升高而加强，加热后乳香味增强，冷却后香味减弱。有关乳的香味成分十分复杂，通常认为是由低级脂肪酸、醛类、酮类等组成的混合物。除了原有的香味外，牛乳气味易受外界因素的影响而发生变化，所以牛乳与鱼虾放在一起会有鱼虾味，挤出后在牛舍放置时间过长会有牛粪味或饲料味，储存器具不良会有金属味，消毒温度过高会有焦糖味等。因此，在处理乳的过程中必须要注意外界环境的影响。

### (三) 乳的酸度

因乳蛋白分子中含有较多的酸性氨基酸和自由的羧基，且受磷酸盐等酸性物质的影响，乳是偏酸的。乳的酸度可分为自然酸度和发酵酸度。

自然酸度是指新鲜牛乳的酸度，也称为固有酸度。此酸度来自于乳中的蛋白质、柠檬酸盐、磷酸盐及二氧化碳等，与贮存过程中微生物繁殖所产生的酸无关。发酵酸度是乳在微生物的作用下发生乳酸发酵，从而导致酸度升高的那部分酸度。固有酸度和发酵酸度之和称为总酸度。乳的酸度可反映牛乳的新鲜度和热稳定性，酸度高的牛乳，其新鲜度低，稳定性差。

乳的酸度还可用来监测发酵中乳酸的生成量及判定乳酸发酵剂的活力。一般以滴定法测定的滴定酸度表示乳的酸度。滴定酸度有多种测定方法和表示形式，我国的滴定酸度以吉尔涅度（°T）或乳酸含量（％）来表示。

吉尔涅度（°T）测定：取10毫升乳样，用20毫升蒸馏水稀释，加入酚酞指示剂0.5毫升，以浓度为0.1摩尔/升的氢氧化钠标准溶液滴定，所消耗的碱液的毫升数乘以10，即为牛乳的酸度。

乳酸含量的测定：用乳酸含量表示酸度时，按上述方法滴定后用下列公式计算。

$$乳酸含量＝（V_2×0.009/V_1×d）×100％$$

式中：$V_1$——乳样体积；

　　　$V_2$——消耗0.1摩尔/升氢氧化钠的体积；

　　　d——牛乳的相对密度。

乳酸含量与吉尔涅度的关系：

$$乳酸度（％）＝吉尔涅度（°T）×0.009$$

即1毫升0.1摩尔/升氢氧化钠溶液相当于0.009克乳酸。

酸度还可用pH表示。正常牛乳的pH为6.4～6.8，酸败乳或初乳的pH在6.4以下，乳房炎乳或低酸度乳pH在6.8以上。pH反映了乳中处于电离状态的活性氢离子的浓度，但因乳是缓冲溶液，在测定滴定酸度时氢氧根离子不仅和活性氢离子作用，还和电离出来的氢离子作用，所以pH不能完全反映乳的真实酸度。

### （四）乳的相对密度

相对密度是指在特定温度下，一种物质的密度与水的密度之比。在我国国标GB/T 5409—1985《牛乳检验方法》中，将牛乳的密度定义为乳的相对密度。乳的相对密度有两种表示方法：一种是乳在15℃时的质量与同体积同温度水的质量之比，正常比值为1.032；另一种是乳在20℃时的质量与同体积水在4℃时的质量之比，正常比值为1.030，我国乳品厂都采用此标准。在同温度下，两种比值的相差甚微，两者差值仅为0.002。乳的密度受温度影响，温度降低，乳密度升高；温度升高，密度降低。此外，还受牛品种、乳的成分、加工处理等因素的影响。因此，测定乳的相对密度是检验牛乳质量的重要指标，通常采用密度计测定乳的相对密度。

### （五）乳的热学性质

1. 冰点 国标规定正常牛乳的冰点范围为-0.500～-0.560℃。作为溶质的乳糖和盐类是导致冰点低于水的主要因素。因它们的含量较稳定，正常新鲜牛乳的冰点是物理性质中较稳定的一项。若在牛乳中掺水，会导致冰点升高，而酸败导致冰点降低。此外，储存和杀菌对冰点也有影响。

2. 沸点 在101.33千帕下牛乳的沸点约为100.55℃，乳的沸点受固形物含量的影响。在浓缩过程中由于固形物含量增加，沸点逐渐上升；浓缩到原体积1/2时，沸点上升至101.05℃。

### （六）乳的电学性质

由于牛乳中含有盐类，因此具有导电性。牛乳中离子的数量会影响电导率，其中影响最大的是钠、钾、氯离子。正常牛乳的电导率一般在0.004～0.005西门子/厘米。

牛乳酸败或患乳房炎乳，产生乳酸或盐含量增加，其电导率要高于正常乳，故可利用电导率来检验乳房炎乳。

## 三、乳的营养价值

牛乳中含有蛋白质、脂肪、糖、维生素和矿物质等人体生长发育及代谢所必需的全部营养成分，且容易消化吸收、适口性好，被公认为是迄今为止的一种比较理想的完全食品，人称"白色血液"。

牛乳经杀菌后可直接供人饮用，不需任何调理。牛乳几乎可全部被人体消化吸收。牛乳中几乎含有人类生长发育和维持健康水平所必需的全部营养成分。牛乳中各营养成分的比例基本适合人体生理需要。将牛乳加入到其他食物中，会明显提高食物的营养价值。牛乳中营养成分含量较高，如提供同等数量的营养成分，所需要的其他谷物的量是牛乳的几倍。

牛乳中脂肪被人体利用价值的高低决定于脂肪的熔点，牛乳脂肪为短链和中链脂肪酸，熔点低于人的体温，且具备很好的乳化状态，所以易消化吸收。乳脂肪中含有所有已知的脂溶性维生素，还含有人类必需的脂肪酸和磷脂，因而乳脂肪是一种营养价值较高的脂肪。

牛乳蛋白质是全价蛋白质，它含有人体生长发育的一切必需氨基酸和其他氨基酸（表1-9）。乳蛋白质的消化率高，一般可达98%～100%，而豆类蛋白质消化率为 80%。

表 1-9　每升牛乳中 8 种必需氨基酸含量

| 氨基酸 | 1 升牛乳中含量（毫克）* | FAO/WHO 推荐的人体日摄入量（毫克/千克） |
|---|---|---|
| 异亮氨酸 | 663 | 10 |
| 亮氨酸 | 1 401 | 14 |
| 蛋氨酸及胱氨酸 | 455 | 13 |
| 苯丙氨酸 | 1 330 | 14 |
| 赖氨酸 | 1 128 | 12 |
| 缬氨酸 | 773 | 10 |
| 苏氨酸 | 606 | 7 |
| 色氨酸 | 222 | 4 |

\* 按乳蛋白质含量 2.9% 计算。
（引自金世琳. 乳与乳制品生产. 1977）

牛乳中的碳水化合物是乳糖，它在自然界中仅存在于哺乳动物的乳汁中。乳糖不仅能提供热量，其营养价值比其他碳水化合物高。1 分子乳糖分解可得 1 分子葡萄糖和 1 分子半乳糖，半乳糖对于幼儿智力发育非常重要，它能促进脑苷脂类和黏多糖类的生成。乳糖能促进金属离子如钙、镁、铁、锌等的吸收，尤其是钙的代谢。人体中钙的吸收程度与乳糖数量成正比，所以在食物中增加乳制品有利于钙的吸收，有利于预防小儿佝偻病和中老年人骨质疏松病。此外，乳糖还能促进人类肠道内有益乳酸菌的生长，抑制肠内异常发酵造成的中毒，保证肠道健康。

牛乳中的矿物质种类非常丰富，除了我们熟知的钙外，磷、铁、锌、铜、锰、钼的含量都很多，而且钙、磷比例合理，吸收率高。因此，牛乳是人体钙的最佳来源。

牛乳中含有人类所需的各种维生素，尤其是维生素 A 和维生素 $B_2$ 含量较高，而一般食物中维生素 A 和维生素 $B_2$ 很少。所以，牛乳还是维生素 A 和维生素 $B_2$ 的重要来源。牛乳中同样含有相当数量的维生素 $B_1$。牛乳中尼克酸的含量较少，但因色氨酸含量高，可由色氨酸在人体内合成尼克酸。因此，牛乳具有抗癞皮病的作用。

## 第二节　乳中的微生物

乳具有丰富的营养，是微生物生长的极好培养基。乳和乳制品在加工过程中易被微生物污染（表1-10），条件适宜时微生物可迅速繁殖，影响乳和乳制品的质量。常见的微生物包括细菌、酵母菌、霉菌等。

表1-10　乳与乳制品的变质类型与相关微生物

| 乳制品类型 | 变质类型 | 微生物种类 |
|---|---|---|
| 液态乳（巴氏杀菌乳、超高温灭菌乳等） | 变酸及酸凝固 | 乳球菌、乳杆菌属、大肠菌群、微球菌属、微杆菌属、链球菌属 |
| | 蛋白质分解 | 假单胞菌属、芽孢杆菌属、变形杆菌属、无色杆菌属、黄杆菌属、产碱杆菌属、微球菌属等 |
| | 脂肪分解 | 假单胞菌、无色杆菌、黄杆菌属、芽孢杆菌、微球菌 |
| | 产碱 | 产碱杆菌属、荧光假单胞菌 |
| | 产气 | 大肠菌群、梭状芽孢杆菌、芽孢杆菌、酵母菌、丙酸菌 |
| | 变色 | 类蓝假单胞菌（灰蓝至棕色）、类黄假单胞菌（黄色）、荧光假单胞菌（棕色）、黏质沙雷氏菌（红色）、红酵母菌（红色）、玫瑰红微球菌（红色下沉）、黄色杆菌（变黄） |
| | 变味 | 蛋白分解菌（腐败味）、脂肪分解菌（酸败味）、球拟酵母（变苦）、大肠菌群（粪臭味）、变形杆菌（鱼腥味） |
| 酸乳 | 变黏稠 | 黏乳产碱杆菌、肠杆菌、乳酸菌、微球菌等 |
| | 产酸缓慢、不凝乳 | 菌种退化、噬菌体污染、抑制物质残留 |
| | 产气、异常味 | 大肠菌群、酵母、芽孢杆菌 |
| | 膨胀 | ①成熟初期膨胀：大肠菌群（粪臭味）；②成熟后期膨胀：酵母菌、丁酸梭菌 |
| 干酪 | 表面变质 | ①液化：酵母、短杆菌、霉菌、蛋白分解菌；②软化：酵母、霉菌 |
| | 表面生斑 | 烟曲霉（黑斑）、干酪丝内孢霉（红点）、扩展短杆菌（棕红色斑）、植物乳杆菌（铁锈斑） |
| | 霉变产毒 | 交链孢霉、曲霉、枝孢霉、丛梗孢霉、地霉、毛霉和青霉 |
| 奶油 | 苦味 | 成熟菌种过度分解蛋白、酵母、液化链球菌、乳房链球菌 |
| | 表面腐败、酸败 | 腐败假单胞菌、荧光假单胞菌、梅实假单胞菌等 |
| | 变色 | 紫色色杆菌、玫瑰色微球菌、产黑假单胞菌 |
| | 发霉 | 枝孢霉、假单枝霉、交链孢霉、曲霉、毛霉、根霉等 |
| | 凝块、苦味 | 枯草杆菌、凝结芽孢杆菌、蜡状芽孢杆菌 |
| 淡炼乳 | 胀罐 | 厌氧性梭状芽孢杆菌 |

（续）

| 乳制品类型 | 变质类型 | 微生物种类 |
|---|---|---|
| 淡炼乳 | 黏稠 | 芽孢杆菌、微球菌、葡萄球菌、链球菌、乳杆菌 |
| 甜炼乳 | 胀罐 | 炼乳球拟酵母、球拟贺酵母、丁酸梭菌、乳酸菌、葡萄球菌 |
| | 纽扣状物 | 葡萄曲霉、灰绿曲霉、烟煤色串孢霉、黑丛梗孢霉、青霉等 |

（引自李凤林，兰文峰. 乳与乳制品加工技术. 2010）

## 一、乳中常见的微生物种类

牛乳中常见的微生物包括细菌、酵母菌、霉菌等。

1. **乳酸菌** 分解乳糖产生乳酸的细菌称为乳酸菌。乳酸菌是牛乳中最常见且数量最多的一类微生物，是革兰氏阳性菌，一般为无芽孢球菌或杆菌，属厌氧型或兼性厌氧型细菌。乳酸菌发酵乳糖时，根据发酵的彻底与否可分为同型发酵乳酸菌和异型发酵乳酸菌。只产生乳酸的菌称为同型发酵乳酸菌，除产生乳酸外，还产生酒精、醋酸、二氧化碳等产物的菌称为异型发酵乳酸菌。发酵能力随菌种的不同而异，大多数乳酸菌能产生 $0.5\%\sim1.5\%$ 的乳酸，少数菌种可产生 $3\%$ 的乳酸。乳酸菌的种类很多，大致可分为乳酸球菌和乳酸杆菌，主要用于乳和乳制品加工的乳酸菌种类见表 1-11。

表 1-11 主要的乳酸菌种类

| 名 称 | 最适生长温度（℃） | 乳糖发酵产物 | | 是否含有蛋白酶 | 用 途 |
|---|---|---|---|---|---|
| | | 乳酸含量（%） | 其他 | | |
| 嗜热链球菌 | 40～45 | 0.7～0.8 | — | 是 | 酸乳、干酪 |
| 保加利亚乳杆菌 | 40～45 | 1.5～2.0 | — | 是 | 酸乳 |
| 乳酸乳球菌 | 25～30 | 0.5～0.7 | — | 是 | 酸乳 |
| 乳脂乳球菌 | 25～30 | 0.5～0.7 | — | 是 | 酸乳 |
| 丁二酮乳球菌 | 25～30 | 0.3～0.6 | — | 是 | 酸乳、干酪、黄油 |
| 乳脂明串珠菌 | 25～30 | 0.2～0.4 | 二氧化碳 | 是 | 酸乳、干酪、黄油 |
| 嗜酸乳杆菌 | 37 | 0.6～0.9 | — | — | 酸乳 |
| 干酪乳杆菌 | 30 | 1.2～1.5 | — | 是 | 干酪 |
| 乳酸乳杆菌 | 40～45 | 1.2～1.5 | — | 是 | 干酪 |
| 瑞士乳杆菌 | 40～45 | 2.0～2.7 | — | 是 | 酸乳、干酪 |
| 双歧杆菌 | 37～41 | 0.4～0.9 | 醋酸 | — | 酸乳 |

（引自马兆瑞. 现代乳制品加工技术. 2010）

2. **丙酸菌** 丙酸菌可将乳糖及其他碳水化合物分解为丙酸、醋酸、酪酸和二氧化碳。丙酸菌广泛存在于牛乳、干酪及其他食品中，其可使干酪具有气孔和特殊的风味。

3. **肠道杆菌** 肠道杆菌是有碍食品卫生的有害菌种，是评定乳品污染程度的指标之一。其中主要为大肠菌群和沙门氏菌。大肠菌群中典型的是大肠埃希氏菌和产气杆菌。它们来源于粪便、饲料、土壤和水等。污染牛乳后可使乳凝固变质，并产生大量气泡，可导致干酪的早期膨胀。巴氏杀菌可以将大肠菌群杀灭，如果在消毒后的乳和管道中发现大肠菌群，则表示清洗、杀菌方法需改进。沙门氏菌典型的有伤寒菌、副伤寒菌和痢疾菌等，这些菌混入乳制品中都可引起食物中毒。

4. **产碱杆菌属** 产碱杆菌主要有粪产碱杆菌和稠乳产碱杆菌，可分解牛乳中的有机盐产生碳酸盐，也具有较强分解脂肪和蛋白质的能力。

5. **芽孢杆菌** 芽孢杆菌分为好氧性芽孢杆菌与厌氧性梭状菌属两种。好氧性芽孢杆菌常见的有枯草杆菌、巨大芽孢杆菌、蜡状芽孢杆菌和凝结芽孢杆菌。此类细菌能产生凝乳酶和蛋白酶。在牛乳、干酪和稀奶油中都有存在。它能分解蛋白质，可使牛乳酸败、异臭和苦味，也可使杀菌乳、浓缩乳在较长时间的贮存过程中发生凝固。厌氧性梭状芽孢杆菌常见的有肉毒梭状芽孢杆菌、腐败梭状芽孢杆菌等病原性细菌，能使糖类发酵产生丁酸等产物。乳和乳制品中如存在，会造成严重的后果。干酪被丁酸菌污染后，会产生刺激性的丁酸味和气体。

6. **球菌类** 在牛乳中常见的有微球菌属与葡萄球菌属，其耐热性较强，无显著的致病性。微球菌如溶乳微球菌具有较强的蛋白分解能力，此菌在牛乳和干酪中均存在，可使干酪表面形成被膜。葡萄球菌属主要有金黄色葡萄球菌、表皮葡萄球菌等。广泛存在于土壤、水、饲草以及乳牛体表、上呼吸道、乳房管腔等。葡萄球菌是乳房炎、食物中毒和皮肤炎的主要病原菌。

7. **低温菌** 低温菌是在 0～20℃ 的温度下能够生长的细菌，乳品中常见的有假单胞菌属和醋酸杆菌属两类。假单胞菌属具有较强的分解脂肪和蛋白质的能力，使牛乳陈化，产生哈喇味，是低温冷藏乳制品腐败的主要原因之一。醋酸杆菌属能使酒精等有机物氧化，生成有机酸和各种氧化物。导致乳和乳制品氧化酸败。

8. **耐热性细菌** 耐热性细菌是指 40℃ 以上时能正常发育的菌群，其中嗜热链球菌、保加利亚乳杆菌等为发酵乳中常用的菌种。而耐热性芽孢杆菌，在 63℃、30 分钟杀菌条件下不能被杀灭。超高温灭菌可将其都杀灭。奶粉和干酪中有耐热性细菌存在。

9. **酵母菌**　酵母菌是以单细胞为主，以芽殖为主要繁殖方式的真菌。适宜在酸性的环境中生长，最适 pH 为 4.5～5.0，最适温度为 20～30℃。乳品中常见的酵母有脆壁酵母菌、洪氏球拟酵母菌、高加索乳酒球拟酵母菌、球拟酵母菌、汉逊氏酵母菌等。酵母菌大部分是由于在产品包装贮藏过程形成二次污染而进入乳制品中的。一些酵母菌能造成酸乳、干酪和酸性稀奶油表面产生菌膜；使鲜乳和奶油发酸，蛋白质和脂肪被分解；能使乳糖发酵，产生气体和酵母味；使产品产生气泡、分层、膨胀和异味。但也有一些酵母菌应用于表面成熟的软质和半硬质干酪、开菲尔乳和马乳酒等乳制品的生产中，在这些制品中酵母菌因发酵糖类产生乙醇和二氧化碳，从而有利于产品芳香气味的形成。

10. **霉菌**　霉菌是丝状真菌的统称。牛乳及乳制品中主要的霉菌有根霉、毛霉、曲霉和青霉等。其中的乳酪青霉可制干酪，其余的大部分霉菌属于有害菌，会使干酪、奶油等污染腐败，产生霉菌毒素危害乳及乳制品，引起人类食物中毒和慢性中毒性疾病。比如一些菌株产生的黄曲霉毒素具有极强的致癌和致畸作用。巴氏杀菌可以杀死乳和乳制品中常见的霉菌，若杀过菌的产品中出现霉菌则标志产品被二次污染。

## 二、乳中微生物的污染来源及控制

### (一) 污染来源

1. **牛体及乳房的污染**　由于饲料、牛舍、空气、污水、牛本身的排泄物等周围环境的污染，使乳房、腹部及牛体其他部分都附着有大量细菌，在挤奶时侵入牛乳中，所以牛体是乳的重要污染源之一。不干净的牛体附着的每克尘埃含菌量可达几十万到几亿，每克干牛粪可达几亿到百亿。这些污染菌中，大多为带芽孢的杆菌和大肠杆菌等。在一般健康牛的乳房内存在一些细菌，故从牛乳房中挤出的鲜乳并不是无菌的。这是因为许多细菌通过乳头管移行至乳池下部，之后通过细菌本身的繁殖和乳房的机械运动可到达乳房内部。但健康牛乳房内的牛乳中细菌量比较少。乳头管处附着的细菌较多。所以第一股乳流中细菌数量较多，要单独处理。一般随着挤乳的进行，乳中的细菌数会逐渐减少。

2. **环境及挤奶用具的污染**　牛舍内的空气中含有许多微生物，一般为每毫升 50～100 个，当尘埃多时，每毫升最多可达到 1 000 个，大部分为芽孢杆菌和球菌，霉菌和酵母菌的含量也较多。在挤奶过程中，鲜乳暴露于空气中，很容易被微生物所污染。挤奶时所用的奶桶、挤乳机、过滤布等如果不进行杀菌或杀菌不彻底,那么这些用具也可污染鲜乳。奶桶在使用后如不及时进行清洗、消毒,乳液中残留的微生物会大量繁殖而形成乳垢并附着在桶壁上,发生污染鲜乳的现象。此外,使用杀菌过的乳桶装乳比只用清水清洗过的乳桶装乳,鲜乳含菌量少得多。用具中存在的菌多为耐热性的球菌属,若不严格清洗消毒,鲜乳被污染后,即使使用高温瞬时杀菌也不能完全将它们杀灭,从而会造成乳制品的变质甚至腐败。

3. 操作人员及其他因素的污染 操作人员自身的卫生状况和健康状况会影响原料乳中微生物的数量。如挤乳员的手未经清洗消毒或衣服不清洁,会将微生物带入原料乳中;如工作人员是呼吸道或肠胃传染病菌的携带者,则会将病原菌传播至原料乳中,造成更大的危险。蚊子、苍蝇、老鼠等都是需加防范的污染源。此外,还须注意勿使污水溅入桶内。用机器挤乳可排除大量污染源,但是挤乳设备未经适当清洗消毒,牛乳中同样会进入大量微生物而被污染。

## (二) 乳中微生物的控制

1. 保障奶牛的健康和牛体卫生 奶牛的健康和卫生直接影响原料乳的品质。鲜牛乳中病原微生物如结核杆菌、布鲁氏菌、炭疽杆菌、乳房炎链球菌、口蹄疫病毒等的主要来源是患病的或潜伏期带病的乳牛。养牛户或乳牛场要定期对牛进行检疫、兽医保健和卫生检查,保证乳牛的健康,切断原料乳中病原微生物的来源。如发现病牛要及时处理,严防传染病的发生和流行。同时,患病乳牛的牛乳应遵照兽医的规定处理,不得混入加工生产用的原料乳中。挤乳时用清洁的温水彻底清洗牛乳房,并用温消毒液水消毒乳房,然后用清洁的毛巾擦干,可有效地降低乳中微生物数量。定期修剪乳房及其周围的被毛,提高乳房清洗、消毒的效果。常用的消毒液一般为 0.1% 新洁而灭或高锰酸钾溶液或 0.5% 漂白粉水,并要定时更换消毒液。

2. 加强牛舍环境管理 加强牛舍的环境管理,保证牛舍良好的卫生与通风条件,及时清除牛舍中粪便,减少蚊蝇的滋生与污染,保持牛床的清洁与干燥,经常清洗饮水槽和饲料槽。

3. 挤奶用具的清洁卫生 挤奶前后必须对挤奶器具进行严格的清洗和消毒。挤奶器具、贮奶罐、管道容器和其他盛奶设备先用清洁水冲洗,然后用温水清洗,再用温度为 45℃ 左右的水涮洗干净,并用清水冲洗,最后进行二氧化氯或次氯酸钠消毒。橡胶制品清洗消毒后用消毒液消毒。所有用具和设备要由专人管理，特别是手工挤乳的用具要设专门存放场所。

4. 工作人员的卫生要求　挤奶人员和管理人员要注意个人健康和卫生状况，每年应定期进行体检，患有传染病的患者不得从事该工作。同时还要保持良好的个人卫生，要经常修剪指甲、勤换洗衣物，保持工作服的干净整洁。挤奶前后挤奶员要对双手进行清洗和消毒。

5. 乳的卫生要求　挤奶时应将最先挤出的头三把奶装入桶内单独存放。经消毒处理的牛奶要先经过滤净化，之后冷却至4℃以下保存或尽快运输。杜绝未冷却的牛乳与已冷却的牛乳混合，以减少污染。

# 第二章

# 原料乳的验收及预处理 >>>>>

在乳品工业中，未经任何处理加工的生鲜乳称为原料乳。原料乳的质量直接影响加工制品的质量，为了保证原料乳的质量，获得优质的原料乳，在采集后，必须对原料乳进行感官评定、理化性质检测、微生物检测。我国于2010年颁布的食品安全国家标准 GB 19301—2010《生乳》中，规定了原料乳验收的质量标准。如表 2-1 所示，原料乳的感官、理化指标和微生物等各项指标应达到国家标准的要求。同时，原料乳中污染物、真菌毒素、农药和兽药残留也有限量标准。不符合标准的原料乳，包括产犊后 7 天的初乳、应用抗生素期间和休药期内的乳汁、变质乳等则不能用于生产乳制品。

表 2-1 原料乳的感官要求、理化指标和微生物限量

| 项　　目 | 要　　求 |
|---|---|
| 色泽 | 呈乳白色或微黄色 |
| 滋味、气味 | 具有乳固有的香味，无异味 |
| 组织状态 | 呈均匀一致的液体，无凝块、无沉淀、无正常视力可见异物 |
| 冰点[a,b]（℃） | −0.500～−0.560 |
| 相对密度（20℃/4℃） | ≥1.027 |
| 蛋白质（克/100 克） | ≥2.8 |
| 脂肪（克/100 克） | ≥3.1 |
| 杂质度（毫克/千克） | ≤4.0 |
| 非脂乳固体（克/100 克） | ≥8.1 |
| 酸度（°T） | |
| 牛乳[b] | 12～18 |
| 羊乳 | 6～13 |
| 菌落总数 [个/克（毫升）] | ≤2×10^6 |

注：[a]挤出 3 小时后检测。
　　[b]仅适用于荷斯坦奶牛。

# 第一节　原料乳感官评价和理化指标检测

## 一、原料乳的采集

1. **乳样采集要求**　原料乳的采集是验收工作的第一步。所采取的原料乳样品要代表整批乳的特点。由于乳脂肪球的密度小，在静置条件下易上浮，导致乳上层和下层脂肪含量不一致。采集样品前，必须先将样品搅拌均匀，使乳的组成均匀一致。采样时所用的样品容器的材料和结构要能充分保证样品的原有状态，如玻璃材料、不锈钢和某些塑料制品等。容器须配有合适的塞子，能将容器盖紧，同时也应有足够的体积，保证样品可在检测前混合均匀。如使用橡皮塞，则要用不吸附的无臭物质套好盖在容器上。样品容器包括采样袋、采样管、采样瓶等。采样的工具应采用不锈钢或其他强度适当的材料，表面要光滑，无缝隙。边角圆润。采样工具有采样勺、匙、采样钻等。化学分析样品所用器具和容器必须清洁干燥，微生物检测所用器具和容器除要清洁干燥外，还必须清洁灭菌。

采样时同一样品要取 3 个平行样。采样后，要对样品进行编号并贴上标签，并标注取样场所、货主、采样日期、时间及取样者姓名等，标签要保持整洁。所取得样品必须在 24 小时内迅速送往实验室进行检验。微生物检验用样品须立即在 4℃条件下保存，并在 18 小时内送到实验室进行检测，若无冷藏条件则须在采样后 2 小时内进行检测。

无论是进行理化性质检测还是卫生质量检测，在检测前，所有在冷藏条件下保存的原料乳样品取出后，都必须对其加热，在温度达到 40℃后，剧烈震荡，使其内部乳脂肪完全融化且混合均匀后，再将其温度降到 20℃，用吸管取样检测。

2. **采样方法**

（1）**奶桶采样**　用搅拌器在奶桶内缓慢搅拌 20 次，将牛乳搅拌均匀，用清洁容器直接舀取样品倒入采样容器中。

（2）**奶罐采样**　对于大奶罐来说，要用机械搅拌等方式将样品混匀，至少搅拌 5 分钟。判断搅拌是否达到要求，可在奶罐的入口和出口分别取样测定。如果脂肪含量完全相同，说明混合效率很好，然后进行取样。

## 二、原料乳感官评价

在原料乳验收时首先要进行感官检验，主要项目有色泽、组织状态、滋味与气味等，即对原料乳进行嗅觉、味觉、外观、尘埃、杂质等的鉴定。

1. 感官检验的指标

（1）色泽 色泽是感官评价原料乳品质的一个重要指标。主要从明亮度、色调、饱和度等三方面进行衡量和比较。影响原料乳颜色的因素有乳的成分变化、乳牛的品种、酪蛋白的胶体分散状况、乳脂肪的含量及乳的物理变性等。

①正常色泽 正常新鲜的原料乳呈现不透明、均匀一致的乳白色或稍带微黄色的液体。因原料乳中含有多种成分，其中的脂肪球、酪蛋白酸钙胶粒、磷酸钙等对光具有吸收、不规则反射和折射作用，从而使原料乳呈现白色和不透明状态。白色以外的颜色是由核黄素、叶黄素和胡萝卜素等所形成的。胡萝卜素主要来源于青饲料，它溶于脂肪不溶于水，由于它的存在而使原料乳带微黄色。如乳牛喂饲含胡萝卜素较多的饲料，则所产牛乳的颜色偏黄。一般春、夏季节饲料中的胡萝卜素含量比冬季高，所以冬季乳颜色较淡。此外，乳牛的品种也影响乳中胡萝卜素的含量。叶黄素也是脂溶性的，但核黄素是一种水溶性色素，它呈黄绿色。乳清中因含有核黄素而呈黄绿色。

②异常色泽 含有乳房炎乳或牛乳头内出血，乳会带有红色或粉红色。颜色的深浅随出血程度的不同而不同，有时会夹杂有块状或絮状血凝块。牛乳污染了某种产红色素的细菌且细菌大量繁殖也会使乳呈现红色。牛乳中若掺入较多的初乳，会呈现深黄色；牛乳呈现明显的青色、黄绿色、黄色斑点或灰白发暗，则很有可能是牛乳已经被细菌污染或掺有其他杂质。牛乳中有时会漂浮有昆虫、毛发、谷壳和稻草等外来物。这些异物可能是因挤奶时过于粗心、饲料中有灰尘和挤奶前没有正常清洗牛乳房造成的。

（2）滋味与气味 滋味和气味是指原料乳本身所固有的、独特的、正常的气味和味道。原料乳的滋味可以通过味觉来检验，气味可以通过嗅觉来检验。

①正常风味 正常的新鲜牛乳具有奶香味，香味平和、清香、自然、不强烈，是由微甜味、酸味、苦味和咸味4种滋味融合而成，且口感滑润细腻。牛乳的微甜味是因含有乳糖的缘故；微酸是由少量的柠檬酸和磷酸成分所形成，咸味是由于氯离子的存在而形成，苦味起因于钙盐和镁盐，各种味道相互制约和影响。正常乳中，咸味和苦味因受乳糖、脂肪和蛋白质等所遮掩而不易察觉。乳脂肪中存在许多香气成分物质，是牛乳风味的主要来源。正常的牛乳中

含有二甲基硫醚、羰基化合物、内酯、脂类、芳香族烃以及低级脂肪酸等，这些物质使牛乳在气味上具有一种特殊的奶香味。

②异常风味 牛乳的口味温和，少量异常物质的存在就可导致异味的产生。少量风味异常的乳就可以明显影响到整罐乳的风味。原料乳的任何风味都可能带到乳制品中，从而对制品的质量造成很大的影响。原料乳产生异味的原因主要有以下几个方面。

a. 饲料味 饲料味是乳中最常见的异味。如果饲料没有进行适当的处理，大部分的绿色饲料和青贮饲料都会使乳带有饲料味。饲料味的类型和强度受季节和饲养模式的影响。夏季和秋季青草饲料充足，常以青草饲料饲喂乳牛，所以原料乳易带青草味。冬季和春季，主要以青贮饲料、饲草和精饲料喂养乳牛。因此，原料乳易带饲料味。有异味的饲料和腐烂的杂草等，更会使原料乳带有异味。

b. 不清洁味 不清洁味也称为牛舍味和牛体味，不清洁味被看作是影响牛乳风味的严重缺陷。当饲养乳牛的牛舍卫生条件差时，所挤的牛乳易吸附周围环境中的灰尘、泥土和牛粪尿味，从而导致乳的不清洁味。此外，挤奶所用的器具没有清洗干净及牛乳头清洗后未擦干也会造成不清洁味。因此，挤奶所使用的器具要彻底消毒、清洗，要用消毒剂溶液清洗牛乳房和乳头并在挤奶前擦干。

c. 麦芽味 麦芽味主要由冷却不充分的乳中的麦芽乳链球菌变种且大量繁殖引起的，若将不同罐中的乳混合，这种情况可能会加重。原料乳加工后，麦芽味也仍不会消失。

d. 不洁酸味 酸味是由乳中产酸性细菌对乳糖的发酵作用引起的，所产生的酸味物质不仅是乳酸，还有甲酸、丙酸、醋酸等有机酸。使原料乳保持良好的卫生状况是防止酸味产生的关键措施。

e. 腐败味 牛乳贮藏温度高于4℃、贮藏时间过长或被细菌污染都会形成腐败味。但乳的滴定酸度通常是正常的。腐败的牛乳会凝固、分层，存放一段时间后会散发出恶臭味。

f. 日晒味 牛乳暴露于日光中使乳中的非脂肪成分发生化学变化所产生的异味。日晒味的产生与氧气有关。牛乳经搅拌充以氧气，受日光照射后会很快产生日晒味。不搅拌且饱充二氧化碳驱除氧气，则虽被日光照射也不产生日晒味。避免牛乳接触日光、隔绝氧气、减少牛乳的降解等可以有效地防治日晒味的产生。

g. 酸败味 由乳中的脂肪酶在一定条件下水解乳脂肪产生挥发性的低级

脂肪酸所造成。酸败受季节和饲料影响，在 7~9 月份发生率较高，多用青饲料饲喂乳牛可以抑制酸败现象的发生。

　　h. 氧化味　牛乳氧化味是脂肪在脂肪氧化酶的作用下发生反应引起的。这种风味缺陷常在原料乳中出现，是牛乳最严重的缺陷。形成氧化味的基本物质是磷脂类及甘油酯等不饱和脂肪酸，它们被氧化所产生的醛、酮等是氧化味的主要来源。

　　i. 咸味　泌乳后期和乳房炎乳牛所产的乳，会有咸味。此外，乳中掺入一些如食盐、明矾、铵盐、硝酸盐、洗衣粉、石灰水等电解质类物质，也会带有咸味。在大的贮奶罐中很少能检测到咸味，由于带有咸味的乳会降低原料乳的质量，应将其剔除。

　　j. 外来味　主要是由化学消毒剂、治疗乳房炎的软膏、油漆、灭蝇剂、兽药等引来的。这些气味更持久，更具有潜在的破坏性影响。

　　(3) 组织状态　正常新鲜牛乳的组织状态是均匀且相对稳定的流体，无沉淀、无凝块、无分层且不黏稠。黏稠状的原料乳很少见，黏稠状大多是由乳中不同细菌生长的结果，如需氧菌在乳中繁殖产生气体可影响乳的组织状态；另一原因有可能是为了增加乳的密度而非法加入了动物胶、米汤、淀粉等胶体类物质。

　　2. 感官评定标准　原料乳评价标准见表 2-2。

表 2-2　原料乳评价标准

| 项目 | 级别 | 特　　征 |
|---|---|---|
| 色泽 | 良质鲜乳 | 为乳白色或稍带微黄色 |
|  | 次质鲜乳 | 色泽较良质鲜乳差，白色中稍带青色 |
|  | 劣质鲜乳 | 呈浅粉色或显著的黄绿色，或色泽灰暗 |
| 滋味 | 良质鲜乳 | 具有鲜乳特有的纯香味，滋味可口而稍甜，无其他任何异常滋味 |
|  | 次质鲜乳 | 有微酸味（表明乳已开始酸败），或有其他轻微的异味 |
|  | 劣质鲜乳 | 有酸味、咸味、苦味等 |
| 气味 | 良质鲜乳 | 具有乳特有的乳香味，无其他任何异味 |
|  | 次质鲜乳 | 乳中固有的香味稍差或有异味 |
|  | 劣质鲜乳 | 有明显的异味，如酸臭味、牛粪味、金属味、鱼腥味、汽油味等 |
| 组织状态 | 良质鲜乳 | 呈均匀的流体，无沉淀、凝块和机械杂质，无黏稠和浓厚现象 |
|  | 次质鲜乳 | 呈均匀的流体，无凝块，但可见少量微小的颗粒，脂肪黏聚表面呈液化状态 |
|  | 劣质鲜乳 | 呈稠而不均匀的溶液状，有乳凝成的致密凝块或絮状物 |

（引自李春．乳品分析与检验．2008）

## 三、原料乳中主要理化指标测定

1. 新鲜度测定 原料乳新鲜度的测定包括酒精试验、酸度滴定和煮沸试验。其中，滴定酸度可以量化表示牛乳的新鲜度，酒精试验和煮沸试验则反映牛乳的酸度范围。

（1）酒精试验 酒精试验广泛应用于检查牛乳。通过酒精的脱水作用，确定酪蛋白的稳定性。在正常乳中蛋白质形成稳定的胶体溶液，无凝块。酒精具有较强的亲水性，可使蛋白质胶粒脱水，造成沉聚。所以，酒精浓度越高，牛乳的 pH 越接近蛋白质等电点，蛋白质越容易沉淀。新鲜牛乳的酪蛋白稳定性较好，其对酒精的脱水作用相对稳定；而乳的酸度升高，乳不新鲜时，酪蛋白的稳定性下降，蛋白质胶粒处于不稳定状态，受到酒精的脱水作用后，加速沉聚。这种方法不仅可以检验原料乳的新鲜度，还可检验出初乳、末乳、冻结乳、乳房炎乳及盐类不平衡乳等。

酒精试验与酒精的浓度有关，可检验出不同酸度的牛乳见（表 2-3）。一般是以浓度为 68%、70%、72% 的中性酒精与原料乳等量混合，摇匀后无凝块出现为标准。影响乳中蛋白质的因素很多，乳中钙含量过高也会造成乳蛋白质不稳定，导致酒精试验呈阳性。

为了合理利用原料乳和保证乳制品的质量，生产不同制品的原料乳要用不同浓度的酒精检验。用浓度为 70% 的酒精检验制造淡炼乳的原料乳，用浓度为 72% 的酒精检验制造甜炼乳的原料乳，用浓度为 68% 的酒精检验制造乳粉的原料乳。若原料乳的酸度不到 22°T，可用于生产奶油，但风味较差；若酸度超过 22°T，则只能生产工业用的干酪素和乳糖等。

表 2-3 不同浓度酒精实验的酸度

| 酒精浓度（%） | 出现絮状物的酸度（°T） |
| --- | --- |
| 68 | 20.0 |
| 70 | 19.0 |
| 72 | 18.0 |

（引自潘亚芬. 乳制品生产与推广. 2011）

（2）滴定酸度 由于乳中存在磷酸盐、乳酸盐、柠檬酸盐及蛋白质等，这些物质在乳中离解出氢离子，从而使乳呈微酸性。可根据酸度的大小来判断牛乳的新鲜度。滴定酸度就是用相应的碱中和原料乳中的酸性物质，将消耗的碱量换算成的酸度，从而确定乳的酸度和热稳定性（表2-4）。

表2-4  酸度与牛乳新鲜度的评价

| 酸度（°T） | 牛乳评价 | 酸度（°T） | 牛乳评价 |
|---|---|---|---|
| 14.0～19.0 | 正常、完全新鲜的牛乳 | 高于25.0 | 酸性的牛乳 |
| 低于12.0 | 碱性或掺水的牛乳 | 高于27.0 | 加热时凝固的牛乳 |
| 高于21.0 | 微酸性的牛乳 | 高于60.0 | 酸化的、自身会凝固的牛乳 |

（引自张和平，张列兵.现代乳品工业手册.2012）

（3）煮沸试验  煮沸试验也称为热稳定性试验，牛乳的煮沸试验可以确定牛乳中蛋白质的热稳定性（表2-5）。乳的酸度越高，乳中蛋白质的热稳定性越低，越易凝固。根据牛乳在加热条件下的凝固情况可判断牛乳的新鲜度。通常取大约10毫升的乳于试管中，放于沸水浴中5分钟或在酒精灯上加热煮沸1分钟，取出后观察试管壁是否有絮片出现或发生凝固现象。若有絮片或凝固，则说明乳不新鲜，其酸度在26°T以上。还可通过煮沸试验确定贮存过程中的乳可否食用，以免酸度过高的乳在加工过程中产生凝固。

表2-5  原料乳煮沸试验判定标准

| 酸度（°T） | 凝固条件 | 酸度（°T） | 凝固条件 |
|---|---|---|---|
| 18 | 煮沸时不凝固 | 40 | 加热至63℃以上时凝固 |
| 20 | 煮沸时不凝固 | 50 | 加热至40℃以上时凝固 |
| 26 | 煮沸时不凝固 | 60 | 22℃时自行凝固 |
| 28 | 煮沸时不凝固 | 65 | 16℃时自行凝固 |
| 30 | 加热至77℃以上时凝固 | | |

（引自李春.乳品分析与检验.2008）

2. 温度测定  在验收原料乳时，应测定其温度。一般收购单位要求原料乳的温度不高于10℃。国际乳品联合会（IDF）认为牛乳在4.4℃保存最佳，10℃稍差，15℃以上则牛乳的质量会受到影响。我国国家标准规定，验收合格的原料乳应迅速冷却到4～6℃，且在贮存期间温度不得高于10℃。

3. 相对密度测定  相对密度是评定原料乳成分是否正常的一个指标，但不可单独用其结果判断，还须结合脂肪、干物质及风味的检验，可判断原料乳是否经过脱脂或加水。在我国，原料乳的密度测定采用乳专用密度计，即乳稠计。注意密度计不能与器皿臂接触，读数是以牛乳液面的顶点所示刻度为准，在读取数值时要快速，密度计在乳中静止即刻进行读数。如果放置时间过长，脂肪球会发生上浮，导致鲜乳上层中脂肪含量增多，而下层脂肪含量减少，使密度计球部的比重增大，所测数值也将偏高。此外，最好在乳温度为10～20℃时进行测定，且向器皿中倒入牛乳时要小心，勿使其产生过多泡沫，否则相对密度减小。牛乳刚挤完后含有气泡，不能马上测量密度，应将其放置一段时间后，待气体发散后再进行测定，放置的时间不能过长，长时间放置后牛乳的密度会有所增加，一般在牛乳挤出几小时后进行测定。

4. 乳脂肪测定　盖勃氏法是测定牛乳脂肪最常用的方法。该法是利用硫酸破坏乳中的乳胶质和脂肪球表面的蛋白质膜，使乳中的酪蛋白钙盐形成可溶性的重硫酸酪蛋白化合物，不仅减少了脂肪球的附着力，也增加了液体的相对密度，从而使脂肪更易上浮。用异丙醇将脂肪和蛋白质分离开，且显著地降低脂肪球的表面张力，使其聚合为油层，再在60～65℃水浴中加热并用专用离心机离心，使脂肪分离出来。然后根据乳脂计（图2-1）中脂肪柱的对数，计算脂肪的含量。该方法操作简便，测定速度快。

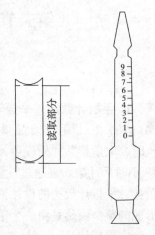

图2-1　盖勃氏乳脂计

近年来，随着分析仪器的发展，乳品检测方法出现了很多高效率的检测仪器。如Foss乳品成分快速分析仪，利用红外线全谱扫描技术，可在短时间内一次性自动测出牛乳中的脂肪、蛋白质、乳糖、非脂乳固体、冰点等多项指标。该法测定速度快、精密度高，但仪器昂贵。微波干燥法测定总干物质也是应用较多的方法，该法通过2450兆赫兹的微波干燥牛奶，并自动称量、记录乳总干物质的重量，测定速度快，测定准确，便于指导生产。

5. 体细胞测定　体细胞的检测方法有很多，如镜检法、加利福尼亚细胞数测定法、威斯康星乳腺炎试验、电子体细胞计数法、近红外分析法、pH、电导法和黏稠法等。

（1）直接镜检法　直接镜检法是检测牛乳中体细胞的标准方法，可用来校正分析仪和其他方法的准确性。将一定体积的牛乳均匀地涂抹在标记面积的载玻片上，经过美蓝染色液染色、干燥后在高倍显微镜下对体细胞计数。然后根据显微镜的视野面积，推算出样品内体细胞数。该法准确，但检测速度慢，不适合现场快速检测。

（2）电子体细胞计数法（DHI）　DHI法通过自动测定仪迅速测定体细

胞数，主要对个体奶牛进行检测，其原理是将测定的细胞染色并置于悬浮液中，之后使细胞逐个通过缝隙管道，同时向管道发出特殊光束，使细胞经过测定点时也发出回应脉冲信号，再记录脉冲信号并用电脑处理，从而记录体细胞。通常使用的是 Foss 体细胞分析仪，该技术目前被公认为正确性最好。DHI 法检测速度快，重复性也很好，可批次测定大量样品，但仪器价格高，且需要经常校正监测。

# 第二节　原料乳中微生物的检测

## 一、细菌总数检测

**1. 平板计数法**　平板计数法是最常用的一种检测乳中细菌总数的方法，GB 4789.2—2010《食品微生物学检测—菌落总数测定》中采用了此方法。测定时，取适量乳样稀释后，接种于琼脂培养基上，且分布均匀，恒温培养24～48 小时后计数，再通过计算得出样品的细菌总数。该法测定的是样品中的活菌数。平板计数法的设计依据是：微生物在高度稀释条件下与固体培养基上所形成的单个菌落是由一个单细胞繁殖而成，即一个菌落代表一个单细胞。此方法测定周期较长。

**2. 美蓝还原试验**　是一种快速判断细菌数多少的色素还原试验，细菌总数反映了原料乳被污染的程度。由于乳中的细菌活动会产生还原酶，且还原酶的量随着细菌数的增多而增加，所以通过对还原酶的检测可以判定原料乳被细菌污染的程度。新鲜乳中加入亚甲基蓝后呈蓝色，若乳被微生物污染，则产生还原酶会使颜色渐渐变淡，直至无色。通过测定褪色的时间，可间接推断出原料乳中的细菌数。由于美蓝对白细胞和其他细胞的还原作用也敏感，此方法还可检验异常乳。收奶时，一般用美蓝还原试验判定细菌的数量（表 2-6）。

表 2-6　美蓝的褪色时间与细菌数

| 乳的质量 | 褪色时间 | 相当每毫升牛乳中的细菌数 |
| --- | --- | --- |
| 良好 | 大于 5.5 小时 | 小于 50 万 |
| 合格 | 2～5.5 小时 | 50 万～400 万 |
| 差 | 20 分钟至 2 小时 | 400 万～2 000 万 |
| 劣 | 少于 20 分钟 | 大于 2 000 万 |

（引自陈志．乳品加工技术．2006）

此外，检测原料乳中细菌总数的方法还有刃天青试验、疏水网络滤膜法、螺旋板系统、生物传感器法等。

## 二、原料乳中致病菌的检验

致病菌即能感染而导致人类发生疾病的细菌。原料乳容易被致病菌污染，人食用被污染的乳后，会发生食物中毒。原料乳中常检测的是以下几种致病菌。

1. 大肠杆菌　　大肠杆菌也叫大肠埃希氏菌，大肠杆菌对人类是一种条件致病菌。正常情况下，大肠杆菌不致病，且能合成维生素 B、维生素 K 和大肠菌素，对人体有利，但当人抵抗力下降或大肠杆菌侵入肠外组织或器官时，就会引起肠道外感染。与人类相关的大肠杆菌统称为致泻性大肠杆菌，包括肠毒素性大肠杆菌、致病性大肠杆菌、出血性大肠杆菌和侵袭性大肠杆菌。最大或然数（MPN）计数法，又称稀释培养计数，是取一定量的样品稀释后，接种于月桂基硫酸盐胰蛋白胨（LST）肉汤管中培养产气者接种到大肠杆菌（EC）肉汤中，恒温培养后从产气管中挑取培养液接种于伊红美蓝（EMB）平板，之后再挑取菌落按顺序接种于琼脂培养基、色氨酸肉汤、MR‐VP 培养基、Kovser 氏柠檬酸盐肉汤、LST 肉汤中，在接种过程中所挑取的均为阳性培养液，最后进行革兰氏染色，革兰氏阴性的为大肠杆菌。最后根据 MPN 表推断出大肠杆菌数。

2. 沙门氏菌　　沙门氏菌寄生于人类和动物肠道，是引起食物中毒的重要致病菌。有些专对人致病，有些专对动物致病，偶尔可传染给人。沙门氏菌可引起人类多种疾病，如伤寒、胃肠炎、菌血症、肠热症等。采用样品分步增菌，来增加病原菌的可检出率，GB 4789.4—2010《食品微生物学检验　沙门氏菌检验》中规定的即是此方法。这种方法分为前增菌、选择性增菌、选择性平板分离沙门氏菌、生化试验鉴定到属和血清学分型鉴定这 5 个步骤。在选择性增菌时，因为没有任何一种培养基可以全面地保持各种沙门氏菌血清型，所以使用亚硫酸铋（BS）琼脂和木糖赖氨酸脱氧胆盐（XLD）琼脂（或 HE 琼脂）这两种培养基平行地进行试验。该法操作较繁琐，检测时间较长。

3. 志贺氏菌　　志贺氏菌又称痢疾杆菌，主要从食品水体中分离得到。志贺氏菌是细菌性痢疾的病原菌，革兰氏阴性。人类对志贺氏菌的易感性较高，只要摄入微量的志贺氏菌就会患病，所引起的痢疾有急性细菌性痢疾和慢性细菌性痢疾两类。取一定量样品，经增菌后接种选择性培养基，挑取可疑的菌落接种于三糖铁斜面，将符合志贺氏菌特征的斜面保留下来，再做进一步生化试验和血清学分型，综合以上的试验结果，可得到检测结论。此方法步骤繁琐，检验周期长，且易污染。

**4. 金黄色葡萄球菌**　金黄色葡萄球菌在自然界中分布广泛，食品受其污染的机会很多。仅摄入葡萄球菌并不致病，金黄色葡萄球菌部分菌株可产生肠毒素，如在食品中大量生长繁殖，产生毒素，人误食了含有毒素的食品，就会发生食物中毒。食品被其污染后产生的肠毒素经加热处理后仍有中毒的可能。因此，检测原料乳中的金黄色葡萄球菌及数量有重要意义。由于金黄色葡萄球菌能产生凝固酶，将血浆凝固，且其大部分致病菌株能产生溶血毒素，使血液琼脂平板菌落周围出现溶血环，在试管中会出现溶血反应，利用此特性可以鉴定金黄色葡萄球菌。

①定性试验　将样品置于肉汤中培养后，取培养物分别接种到 Baird-ParKer 平板和血平板上，挑取可疑菌落进行革兰氏染色镜检及血浆凝固酶试验，从而确定是否为金黄色葡萄球菌。

②Baird-ParKer 平板计数　取样稀释后，接种于 Baird-ParKer 平板上，且涂布均匀，恒温培养一定时间后，计数典型菌落数，进行血浆凝固酶试验。通过计算得出样品中金黄色葡萄球菌数。

5. 单核细胞增生李斯特氏菌　单核细胞增生李斯特氏菌是一种人畜共患病的病原菌，能引起人兽共患的李氏菌病，感染后主要表现为败血症、脑膜炎和单核细胞增多。这种菌广泛存在于自然界中，食品易被其污染。尤其是鲜奶产品，人食用被单核细胞李斯特氏菌污染的食品能引起严重食物中毒，对人的安全具有危险。国标法是先将样品在李氏增菌肉汤中培养，然后分别划线接种于 PALCAM 琼脂平板和李斯特氏菌显色培养基上培养一段时间后，挑取典型或可疑菌落分别接种在木糖、鼠李糖发酵罐中，同时在 TSA 平板上划线纯化，之后选择木糖阴性、鼠李糖阳性的纯培养物进行鉴定，鉴定的过程是依次进行染色镜检、动力试验、生化鉴定、溶血试验和协同溶血试验，也可再选择进行小鼠毒理试验。此方法可操作性强、使用范围广，但检测周期长。

## 三、原料乳中霉菌和酵母菌的检验

乳中霉菌和酵母菌很常见，酵母菌的污染方式与细菌大致相同，霉菌则以孢子的形式传播。目前有霉菌和酵母菌的污染引起的感染或并发症较常见。食品受到侵染后乳就会发生霉坏、变质，有些霉菌产生的毒素能引起慢性中毒、蓄积中毒，甚至有些毒素具有强烈的致癌性。

平板计数法是最常用的方法，也是 GB 4789.15—2010《食品微生物学检测 霉菌和酵母菌计数》中规定的方法。霉菌和酵母菌平板计数法与细菌平板计数法基本相似。不同之处在于所用的培养基必须选择抑制细菌生长的选择性培养基。国标中所提的培养基是马铃薯-葡萄糖-琼脂培养基和孟加拉红培养基。马铃薯-葡萄糖-琼脂培养基是公认的最好的培养基，不仅可以抑制细菌的生长，其中加入的氯霉素还保证了不耐酸霉菌和酵母菌的生长且不破坏正常的菌落形态。孟加拉红培养基的主要作用是抑制霉菌菌落的蔓延生长，在其上生长的霉菌菌落较为致密且背面显出红色，有助于计数。

## 四、原料乳中嗜冷菌的检验

嗜冷菌是指在温度为 7℃或者 7℃以下能够生长繁殖的一类细菌，是一类能引起乳品腐败的微生物。在刚挤的乳中嗜冷菌的数量很少，但在冷藏储存期间能快速繁殖并产生耐热性的脂酶和蛋白酶。虽然原料乳热处理过程中能被杀死，但其产生的脂酶和蛋白酶仍会有残留，最终导致脂肪酸分解、蛋白凝结、营养损失、颜色和风味等变化，影响乳制品的质量。

嗜冷菌检测最常用的方法是菌落计数法。此方法是国家出入境检验检疫行业标准 SN/T 2552.4—2010《乳及乳制品卫生微生物学检验方法》中规定的方法。菌落计数法是取样稀释后，将其接种到温度不超过 46℃的适宜培养基（如牛奶琼脂培养基）中，于 6.5℃条件下培养一段时间。因样品经低温冷冻处理后，其中残留的微生物主要是嗜冷菌，所以对平板上的菌落计数，所得的是样品中嗜冷菌的数量。

## 五、原料乳中芽孢总数及耐热芽孢菌的检测

原料乳中不仅含有细菌的营养细胞，也含有细菌的芽孢。如果原料乳中芽孢总数过高，则经过超高温灭菌处理后仍可存活，从而影响产品的质量。目前，检测芽孢总数和耐热芽孢菌的最普遍的方法是微生物培养法。

1. 芽孢总数的检测 首先将 10 毫升待测牛乳样品经过 80℃、10 分钟的加热处理，此时样品中残留的微生物主要是芽孢。然后用加热后并已降到室温的样品制备样品稀释液。在无菌操作的条件下，移取 1 毫升选定的样品稀释液或样品原液，将其接种于适宜的营养琼脂培养基中，每个稀释度接种两个培养

皿。将接种后的培养皿放于 $32\pm1℃$ 的恒温培养箱中培养 72 小时。最后进行菌落计数，选取菌落数在 $30\sim300$ 个之间的培养皿，由菌落数乘以稀释倍数即为样品中的芽孢总数。

2. 耐热芽孢菌的检测　在无菌条件下吸取 10 毫升待测乳样于灭菌试管中，塞好试管塞。之后对其内的样品进行 $100℃$、10 分钟的加热处理。处理后迅速将样品取出，用冷水使试管冷却。在无菌的条件下对样品进行稀释，然后移取 1 毫升选定的样品稀释液于灭菌平皿中，每个稀释度 2 个平皿。快速将冷却至室温的营养琼脂培养基注入平皿。待培养基凝固后，将平皿置于 $55\pm1℃$ 的培养箱中恒温培养 72 小时。最后进行菌落计数，方法同芽孢总数测定的技术方法。

# 第三节　原料乳的其他检验

## 一、原料乳的掺假检验

随着乳品业的发展，一些不法奶户为了谋求利益，存在着在原料乳中掺杂、使假的问题。这种人为的改变乳的成分和性质的做法是不道德的。为了维护消费者利益，保证原料乳的质量，需要进行掺假检验。

1. 掺水检验

（1）牛乳比重测定法　原料乳掺水后，感观上呈稀薄状，比重下降。掺水时其比重的降低与加入水的量成正比，每加 10％ 的水使乳的比重降低 0.002 9。通过检测原料乳的比重计算大约掺水量。

（2）牛乳冰点测定法　冰点测定法是准确测定掺水牛乳的方法。正常牛乳的冰点是稳定的，掺水稀释后牛乳的冰点会升高，且升高的幅度与加入水的量成正比，每加入 1％ 的水乳的冰点会上升 $0.005\ 4℃$。

2. 加碱检验　在微生物的作用下，乳糖被分解，使牛乳酸度增高。为了掩蔽牛乳的酸败，降低牛乳的酸度，防止牛乳因变酸而发生凝结现象，一些不法奶农向牛乳中加入少量的碱。加碱后牛乳的风味变差，且腐败菌生长产生的有害物质对人体的健康构成危害。检验掺碱乳时通常向乳中加入指示剂，若有碱则指示剂变色，根据颜色的不同，大概判断加碱量的多少。此外，还有冰醋酸法和感官检验法。

（1）溴百里香酚蓝指示剂法　溴百里香酚蓝在 pH$6.0\sim7.6$ 的溶液中，颜色由黄变蓝。取样后，要将试管保持倾斜位置，沿管壁慢慢加入溴百里香酚蓝，把试管小心斜转 2～3 圈，以使液体更好地接触，但勿使液体相互混合。静置后观察接触面颜色。结果判定见表 2-7。

表 2-7　溴百里香酚蓝指示剂法结果判定

| 接触面颜色 | 含碱量 | 结果判定 |
| --- | --- | --- |
| 黄色 | 无 | 合格 |
| 黄绿色 | 0.03% | 异常 |
| 淡绿色 | 0.05% | 异常 |
| 绿色 | ≥0.1% | 严重异常 |

（2）玫瑰红酸显色反应法　玫瑰红酸为酸碱指示剂，其 pH 变色范围为 6.9～8.0，若乳中加碱则颜色由棕黄色变成玫红色，且含碱量越大其颜色越鲜艳。检验时要有纯净的牛乳作空白对照。此方法灵敏，操作简便。

（3）冰醋酸法　取 5 毫升待测牛乳于试管中，加入 1 毫升的冰醋酸，充分混匀，观察是否有气泡逸出，若有则为掺碱牛乳。

（4）感官检验　如果牛乳中掺入碱类物质，肉眼可观察出牛乳质地不够均匀，用口品尝时口感稍苦涩。

**3. 掺豆浆检验**　牛乳中掺入豆浆现象比较常见，加入豆浆后，比重和蛋白质含量可能在正常范围内，从感官和理化指标上很难检出。

（1）碱法　豆浆中含有皂角素，皂角素可溶于热水或热酒精，并可与氢氧化钠或氢氧化钾生成黄色。若乳中掺入豆浆则呈黄色，而正常乳则不变色。通过观察颜色变化可检验是否掺入豆浆。检验时要取正常乳作空白对照。

（2）碘溶液法　大豆中几乎不含淀粉，但含有 25% 的碳水化合物，其主要碳水化合物为棉籽糖、水苏糖、蔗糖等，这些糖遇碘后呈绿色，而正常牛乳呈橙黄色，借此可定性检验。检验时同样需作空白对照。此方法最低可检出 5% 豆浆。

**4. 掺淀粉检验**　正常原料乳不含淀粉，米汤、面粉都含有淀粉，牛乳中掺入米汤和面汤，比重不会有明显的变化，但乳会变稠，感官上不会呈现稀薄状。掺淀粉检验通常用碘溶液法，原理是淀粉遇碘会变蓝。若乳中掺有淀粉，会出现蓝色或青蓝色反应，并出现沉淀物，而正常牛乳无显色反应。

**5. 掺食盐检验**　牛乳中加入食盐后比重会升高，以便向乳中掺入水。正常牛乳中的氯化物含量通常小于 0.15%，若乳中掺入了食盐，则氯化物的含量将会大于 0.15%。通常用硝酸银法检测掺食盐乳。在一定量牛乳中，硝酸银与铬酸钾发生红色反应。如果牛乳中的氯含量超过了乳的正常含量，则会生成氯化银沉淀，呈现黄色。检验时，先将铬酸钾溶液加入样品中，然后用硝酸银溶液滴定样品由黄变红，记下所消耗的毫升数。若消耗的量大于 1.5 毫升，则视为异常乳。因季节和饲料会影响原料乳中的氯化物含量，所以夏季可适当放宽标准。

6. **掺防腐剂检验**  有些奶农为了抑菌、杀菌，防止乳的酸败，非法向乳中加入防腐剂。同时，加入的防腐剂可较大地干扰对掺碱、糊精、淀粉、豆浆和面汤等的检验。检验时，取定量样品于试管中，滴加含有碘和碘化钾的溶液，摇匀后再滴加淀粉溶液，观察颜色。若样品呈蓝色，则不含防腐剂；若样品呈白色，则含有防腐剂。此方法的最低检出率为 0.01%。

7. **掺三聚氰胺检验**  三聚氰胺俗称蛋白精，是一种三嗪类含氮杂环有机化合物，是重要的化工原料，不得用于食品。乳中加入三聚氰胺后，其蛋白质含量有增高。自"三鹿奶粉"事件后，牛乳中三聚氰胺的检验称为一项重要的检测项目。目前，国标中规定的牛乳中三聚氰胺的检测方法为高效液相色谱（HPLC）法、液相色谱-串联质谱（LC-MS/MS）法和气相色谱-质谱联用（GC-MS）法（表 2-8）。

表 2-8　3 种方法的比较

| 测定方法 | 优　点 | 缺　点 |
| --- | --- | --- |
| HPLC 法 | 操作简便，速度快，成本低 | 灵敏度低，有时有干扰 |
| LC-MS/MS 法 | 速度快，灵敏度最高 | 成本高 |
| GC-MS 法 | 干扰少，灵敏度高，成本适中 | 操作复杂 |

（1）HPLC 法  用乙腈作原料乳中蛋白质的沉淀剂和三聚氰胺的提取剂，强阳离子交换色谱柱分离，高效液相色谱测定，检测器为紫外检测器或二极管阵列检测器，用外标法定量。

（2）LC-MS/MS 法  用三氯乙酸溶液提取样品，经阳离子交换固相萃取柱净化后，用液相色谱-质谱/质谱法测定和确证，外标法定量。

（3）GC-MS 法  超声提取样品，离心后用固相萃取柱净化，然后进行硅烷化衍生，衍生产物用选择离子监测质谱扫描模式或多反应监测质谱扫描模式扫描，用化合物的保留时间和质谱碎片的丰度比定性，外标法定量。

8. **掺蔗糖检验**  牛乳中掺入蔗糖后，牛乳的比重会增加，便于掺水。

（1）间苯二酚法  蔗糖与间苯二酚在强酸性条件下会发生红色化学反应。取 2 毫升检验蔗糖的间苯二酚盐酸试剂于小试管中，加入 3 毫升待测牛乳，加热煮沸 1.5 分钟，若颜色为淡棕黄色则为正常牛乳；若为微红色或红色则为掺蔗糖乳，且红色越深表明掺入量越大。

（2）二苯胺法　取30毫升牛乳，水浴加热到80～90℃，加入同体积的乙酸铅-氨水溶液，用力摇动后过滤，取3毫升滤液加入相同量的二苯胺试剂，混合均匀后在沸水浴中放置10分钟，若牛乳中掺有蔗糖，则1～2分钟后会出现淡蓝色，之后变为深蓝色。同时，作为对照，取4毫升滤液加入相同量的费林试液并放于沸水浴中加热，若二苯胺反应明显，而没有还原费林试液，则表明存在蔗糖。但此方法会受到乳糖的干扰，影响检测结果的准确性。

**9. 掺尿素检测**　牛乳中掺入水后比重会降低，目前一些不法分子通常用掺水后掺入尿素的办法来提高牛乳的比重，欺骗消费者。

（1）化学检测方法　取1毫升应用液（酸性试剂和二乙酰-肟，现用现配）于试管中，加入1滴待测牛乳样品，混匀加热、煮沸1分钟，观察颜色变化。正常牛乳为无色或微红色，掺入尿素的牛乳则立即呈现深红色，且掺入量越大，显色越快，红色越深。

（2）感官检验　牛乳中掺入尿素后乳稠度明显降低，将其倒入铁质容器中可见容器周围有较为明显的水波纹，品尝时有苦味，且舌头有发麻、发辣的感觉。

**10. 掺硝酸盐检测**　牛乳中掺入硝酸盐，可提高牛乳的密度，以便掺水，欺骗消费者。

（1）甲醛法　将5毫升待测牛乳与2滴10%的甲醛溶液混合，另将3毫升硫酸注入该混合液中。如果1升牛乳中含有0.5毫克的硝酸盐，经5～7分钟就会出现环带。

（2）马钱子碱法　首先提取乳清，取200毫升待测牛乳于三角瓶中，加入4毫升20%的醋酸溶液，混合均匀后放于温度为40℃的环境下使蛋白质凝固，冷却后过滤，即得乳清。取大约0.1克马钱子碱晶体置于点滴板上，加入2～3滴的浓硫酸，之后加入同量的待测样品的乳清并搅匀。若立即出现血红色，逐渐变为橙色，则证明有硝酸根离子存在。

（3）对氨基苯磺酸法　该方法的原理是在酸性条件下，硝酸根离子和亚硝酸根离子与对氨基苯磺酸及盐酸萘乙二胺作用生成红色偶氮化合物。取鲜奶样品2毫升于小试管中，加锌粉约0.1克混匀，加显色剂约1毫升，混匀。若奶中含有硝酸盐或亚硝酸盐者，立即呈红色反应，正常奶不变色。呈色：微粉—水粉—粉红—红色。可以根据颜色的深浅判断硝酸盐和亚硝酸盐含量的多少（显色剂的配置：称取对-氨基苯磺酸0.6克，甲-萘胺0.2克，甲-萘酚0.1克，溶于400毫升50%的醋酸溶液中，置棕色试剂瓶中保存。还原剂：硫酸钡

44.0 克，硫酸锰 5.0 克，锌粉 1.0 克，混合在一起，干燥，研磨成细粉末，密闭保存）。

11. **掺亚硝酸盐检测** 将亚硝酸盐掺入牛乳后，牛乳的比重会增加，同时起到防腐的作用。取待测牛乳样品 2 毫升于小试管中，加入上述对氨基苯磺酸法的显色剂 1 毫升，边加边摇，摇匀，放置片刻。正常乳不变色；异常乳显红色，红色越深，亚硝酸盐含量越多（表 2-9）。

表 2-9  对氨基苯磺酸法亚硝酸盐含量与颜色的关系

| 牛乳颜色 | 亚硝酸盐含量 |
| --- | --- |
| 微粉色 | 微量 |
| 微红色 | 中量 |
| 红 色 | 大量 |

（引自潘亚芬. 乳制品生产与推广. 2011）

12. **掺硫酸盐检测** 牛乳中加入硫酸盐同样可以增加牛乳的比重。

（1）感官检验 掺有如芒硝、硫酸钠等硫酸盐类的牛乳颜色与正常牛乳的颜色明显不同，呈现青白色，稠度稀薄，用口品尝时具有苦涩味。

（2）硝酸汞法 取 5 毫升待测牛乳并加同量水混匀，然后滴入 25% 硝酸汞 2～3 滴，若有黄色沉淀生成，且此沉淀物易溶于强酸溶液中，说明牛乳中含有硫酸盐。但此方法存在漏检现象，因当牛乳的 pH 小于 6.5 时，上述现象不出现。

（3）钡离子法 按上述马钱子碱测硝酸盐法提取乳清，移取 1 毫升澄清乳清于试管中，逐渐滴入 10 滴 20% 的氯化钡溶液，如果有白色沉淀生成且不溶于酸类溶液，则表明牛乳中掺有硫酸盐物质。

（4）玫红酸钠法 取鲜奶样品 2 毫升于试管中，加入适量玫红酸钠指示剂，加氯化钡溶液 3 滴，混合均匀，放置 3～5 分钟后观察颜色变化。若颜色呈玫瑰红色则为正常乳，呈黄色或土黄色为异常乳。

13. **掺化肥检测** 牛乳中掺入化肥后，牛乳的密度将增加。

（1）化学试剂法 取 2 毫升鲜奶样品于试管中，沿管壁加入纳氏试剂 5 滴，不要振摇，立即观察管底。正常乳不变色；掺铵盐乳呈淡黄至深棕黄色，掺入量越大棕色越深（纳氏试剂的配置：将 10 克碘化钾溶于 20 毫升热蒸馏水中，再向其中加入热饱和的氯化汞溶液，直至朱红色的沉淀不溶解为止。之后过滤，向滤液中分别加入 80 毫升的碱溶液和 1.5 毫升的饱和氯化汞溶液。溶液冷却后用蒸馏水定容至 200 毫升，于带塞的棕色玻璃瓶内保存，使用时取上清液）。

（2）感官检验　将牛乳加热，然后闻其气味，若有刺激性氨味，则表明牛乳中掺有含氮的氮肥。

**14. 掺过氧化氢检测**　牛乳中掺入的过氧化氢可起到防腐的作用。

（1）化学试剂法　取牛乳 1 毫升置于试管中，加入 0.2 毫升碘化钾淀粉溶液，混合均匀，加入 50% 的浓硫酸 1 滴，摇匀，静置 10 分钟同时观察结果。若牛乳中有过氧化氢存在，即出现黄蓝色，下部出现点状蓝色沉淀；如果 10 分钟内仍无蓝色出现，则表明无过氧化氢的存在（碘化钾淀粉溶液配置：溶解 3 克可溶性淀粉于 5～10 毫升冷水中，用 100 毫升沸水少量地逐渐加入，冷却后加入 3 克溶解于 3～5 毫升水内的碘化钾，该试剂要求现用现配）。

（2）感官检验　将牛乳加热煮沸，若牛乳蒸煮时有异味，则说明有过氧化氢的存在。

**15. 掺人尿、畜尿检测**　原料乳中掺入人尿、畜尿可增加牛乳的比重，以便于掺水。因尿中含有肌酐，每人每日尿中含肌酐 1.5～2.4 克，肌酐与苦味酸在 pH 为 12 时生成红色-橙红色化合物，应用此原理可检测原料乳中是否掺有人尿和畜尿。检测时取待测原料乳 5 毫升，加入 4～5 滴浓度为 100 克/升的氢氧化钠，之后加 0.5 毫升的苦味酸，混合均匀后加热并观察颜色变化，若为橙红色则表明掺有人尿或畜尿，若为黄色则为正常乳。

**16. 掺甲醛检测**　甲醛常被作为防腐剂而掺入牛乳中，新鲜牛乳中的甲醛在酸性溶液中与三氯化铁产生紫色反应。检测时，取 2 毫升待测牛乳样品于小试管中，加入 0.5 毫升的三氯化铁盐酸溶液，混合均匀后在沸水浴中加热 1 分钟，观察颜色。阳性牛乳呈紫色，阴性牛乳呈黄色或淡黄褐色。该方法的最低检出量为 1/4 000。

**17. 掺洗衣粉检测**　牛乳中掺入洗衣粉可阻止酒精对乳酪蛋白的凝固，也可中和乳中过多的酸度，达到遮盖乳的高酸度的目的。洗衣粉中的十二烷基苯磺酸钠，不仅能引起动物中毒，而且尚有一定的致癌作用。

（1）化学试剂法　取新鲜牛乳样品 1 毫升于试管中，加亚甲蓝试剂 10 滴，混匀。加氯仿约 3～5 毫升，振荡数秒钟观察。正常乳氯仿层无色或呈浅灰色。掺洗衣粉的乳氯仿层呈淡蓝色，掺入量越大，氯仿层颜色越深。当加入量大于 50% 时，氯仿层呈深蓝色，乳层完全无色。

（2）紫外线分析法　待测牛乳中若掺有洗衣粉，则在暗室里于 365 纳米波长紫外线分析仪下观察荧光，能观察到银白色荧光。检测时，取 5～10 毫升待测牛乳样品于试管中，在暗室里于 365 纳米波长紫外线分析仪下观察荧光，同时用天然牛乳作对照，天然牛乳呈黄色、无荧光。该法的检出限为 0.1%。

18. 掺水解蛋白粉检测　因原料乳是以蛋白质含量计价的，部分不法奶农为了掺水不使蛋白质含量降低，同时提高非脂乳固体的含量而向原料乳中加入水解蛋白粉。水解蛋白粉不能食用，且含有致癌物质，长期食用掺有水解蛋白粉的牛乳会对人体造成很大的伤害。汞盐可使乳中蛋白质变性凝聚，通过过滤可除去，但水解蛋白不会被除去，通过加入汞盐可使乳中固有的乳蛋白与加入的水解蛋白分离。检测时取 5 毫升乳样，加入除蛋白试剂 5 毫升混合均匀，过滤。之后沿滤液试管壁慢慢加入饱和苦味酸溶液约 0.6 毫升形成环状接触面。因水解蛋白能与饱和苦味酸产生沉淀，所以若环层颜色清亮则不含水解动物蛋白，白色环状则含水解动物蛋白。

19. 掺动物胶、明胶检测　牛乳中掺入胶类物质后能增加牛乳的黏度，检测时没有稀薄感，同时也可掩盖各种能增加比重的掺杂物质。取待测牛乳样品 5 毫升，加入硝酸汞试剂 5 毫升混匀，过滤。取滤液 1 毫升，沿管壁慢慢加入饱和苦味酸溶液 0.5 毫升。正常牛乳滤液清亮，加入试剂后接触面无变化。异常牛乳滤液呈半透明，略带乳青色，加苦味酸试剂后接触面呈白色环状。掺入量越大，滤液越不透明，白色沉淀越明显。

20. 掺植脂末、油脂粉检测　为了掺水又不使乳脂率下降，会向原料乳中掺植脂末或油脂粉。植脂末和油脂粉是由棕榈油和糊精或饴糖生产而成，而糊精和饴糖中含有葡萄糖成分，所以可以利用葡萄糖尿糖试纸显色的原理来检测。检测时取一平板，取 10 毫升牛乳样品注入平板中，倾斜看平板上是否有漂浮物。由于棕榈油熔点是 24℃，通常企业把收购原奶的温度都控制在低于 15℃，而植脂末和油脂粉遇冷会有少量棕榈油综合物浮在样品上，然后取尿糖试纸一根，侵入奶样中 2 秒后取出，在 1 秒后观察结果。有植脂末和油脂粉时尿糖试纸会有颜色变化。随着添加量的增多，颜色由淡蓝→浅黄色→黄绿色→黄色。如果尿糖试纸颜色呈棕红色，则是添加了葡萄糖粉。

## 二、原料乳中黄曲霉毒素 $M_1$ 的检验

黄曲霉毒素是一种毒性很强的物质，也是第一类致癌物，共有 6 种结构型，在原料乳中主要以黄曲霉毒素 $M_1$ 的形式存在。其对热很稳定，高温杀菌后仍有毒性作用。人摄入量大时，可发生急性中毒，出现急性肝炎、出血性坏死等症状。当微量持续摄入时，可造成慢性中毒，生长障碍，还可引起纤维性病变。我国目前对原料乳中黄曲霉毒素的限量为 0.5 微克/千克。国标上规定原料乳中黄曲霉毒素 $M_1$ 的检测方法有以下 3 种。

1. **免疫亲和层析净化液相色谱—串联质谱法** 取定量混匀的样品于水浴中加热，之后离心，取上清液用免疫亲和柱净化，用氮气将洗脱液吹干，经定容、微孔滤膜过滤后，用液相色谱分离、电喷雾离子源离子化、多反应离子监测方式检测。用基质加标外标法定量。

2. **免疫亲和层析净化高效液相色谱法** 样品经加热、过滤或离心后，取上清液过亲和柱。由于亲和柱内含有的黄曲霉毒素 $M_1$ 的特异性单克隆抗体交联在固体支持物上，样品通过时，抗体选择性地与黄曲霉毒素 $M_1$（抗原）结合，形成抗体—抗原复合体。用水洗亲和柱除去柱内杂质，然后用洗脱剂洗脱吸附在柱上的黄曲霉毒素 $M_1$，收集洗脱液。之后用高效液相色谱仪测定洗脱液中黄曲霉毒素 $M_1$，用荧光检测器检测。

3. **免疫层析净化荧光光度法** 试样经过离心、过滤后，滤液用含有黄曲霉毒素 $M_1$ 的特异性单克隆抗体的免疫亲和柱层析净化，此时黄曲霉毒素 $M_1$ 交联在层析介质中的抗体上。此抗体对黄曲霉毒素 $M_1$ 具有专一性，当样品通过亲和柱时，抗体选择性地与所有存在的黄曲霉毒素 $M_1$ 结合。用甲醇含量为 10% 的甲醇-水除去免疫亲和柱上的杂质，以甲醇含量为 80% 的甲醇-水洗脱免疫亲和柱，收集全部洗脱液并用溴溶液衍生，最后用荧光光度计来测定黄曲霉毒素 $M_1$ 含量。

## 三、原料乳中抗生素残留的检验

原料乳中的抗生素不能超过一定含量，若人长期过量摄入抗生素会导致抵抗力下降。同时，原料乳的抗生素也会影响乳品的加工。特别是发酵乳制品，抗生素会抑制发酵剂的繁殖，导致乳不发酵。目前，抗生素残留的检验是验收发酵乳制品原料乳的必检指标。

1. **TTC试验** 取定量乳样，在样品中接种细菌培养，然后加入 TTC 指示剂，通过观察颜色判断样品中是否有抗生素残留。若有抗生素残留，则乳中的细菌不能增殖，加入的指示剂 TTC 未被还原，样品的颜色不发生变化。相反，如果没有抗生素残留，则试验菌就会在样品中繁殖，使 TTC 还原，样品的颜色变为红色。

2. **纸片法** 在琼脂培养基上接种指示菌，然后将纸片浸入被测样品中，取出后放在琼脂培养基上进行培养。若被检样品中有抗生素残留，则纸片上的抗生素会向四周扩散，抑制细菌的生长，从而在纸片的周围形成透明的阻止带。根据阻止带的直径，可判断抗生素的残留量。

## 四、原料乳中农药残留的检测

所谓农药残留，即农药使用后残存在生物体、农副产品和环境中的农药原体、有毒代谢物、降解物和杂质的总称。目前，牛乳中常检测的农药残留主要是有机磷和有机氯农药。

1. 有机磷农药的检测

（1）气相色谱法　取样品 20 克于锥形瓶中，依次加入 5 毫升水和 40 毫升丙酮，振荡 30 分钟后加入 6 克氯化钠，摇匀后加 30 毫升二氯甲烷，振荡 30 分钟后取 35 毫升上清液，用无水硫酸钠除水后蒸发浓缩至 1 毫升。加入 2 毫升乙酸乙酯-环己烷溶液再浓缩，重复 3 次。将浓缩液以乙酸乙酯-环己烷洗脱，经凝胶柱净化 2 次后定容至 1 毫升，最后进行气相色谱分析。根据保留时间确定物质的种类，用外标法确定物质含量。出峰顺序为：甲胺磷、敌敌畏、乙酰甲胺磷、久效磷、乐果、乙拌磷、甲基对硫磷、杀螟硫磷、甲基嘧啶磷、马拉硫磷、倍硫磷、对硫磷、乙硫磷。此方法灵敏度高，准确度好。

（2）试纸法　胆碱酯酶可催化靛酚乙酸酯水解，生成乙酸与蓝色的靛酚。有机磷农药对胆碱酯酶有抑制作用，两者结合后会使催化、水解、变色的过程发生改变，由此可判断出牛乳样品中是否含有有机磷农药。检测时首先取 2.5 毫升待测牛乳样品于比色管中，加入 5 毫升丙酮后振荡，混合均匀后在 1 000 转/分的转速下离心 3 分钟。取 1.5 毫升上层液于蒸发皿中，在 70～80℃的水浴中加热。待丙酮挥发干净后滴 3 滴洗脱液于蒸发皿中，并轻轻摇晃。将蒸发皿中液滴滴于白色药片上，放置 10 分钟后将试纸对折，使白色药片与红色药片叠合反应。若白色药片不变色则表明含有有机磷农药，若呈浅蓝色则有少量农药，若为天蓝色则无农药残留。该方法操作简便、快速，测试成本低。

2. 有机氯农药残留检测　称取 50 克待测牛乳于 500 毫升分液漏斗中，依次加入 100 毫升乙醇、1 克草酸钾，振荡后加入 100 毫升乙醚和同体积石油醚，混匀后静止 10 分钟。将上层提取液经无水硫酸钠过滤后移入 250 毫升锥形瓶中。取 100 毫升提取液，用 10 毫升浓硫酸净化，保留上层溶液。重复操作至下层溶液为无色为止。用少量石油醚洗涤分液漏斗，洗液并入提取液中。再加 10 毫升 2％硫酸钠净化，同样保留上层溶液。经无水硫酸钠过滤后用石油醚洗涤 3 次，每次 10 毫升左右，洗液并入滤液中。将所有滤液浓缩至 1 毫升，最后进行气相色谱分析。分析所用检测器为电子捕获检测器，定量方法为与标准比较定量。

除上述方法外，检测牛乳中农药残留的方法还有生物传感器法、酶联免疫分析法、活体生物测定法等。

## 五、刃天青试验

应用刃天青试验来检测牛乳被细菌污染的程度。先取 10 毫升牛乳样品于试管中，加入 1 毫升灭菌后的刃天青使用液，混匀，用胶塞塞住，但不要盖严。之后把试管放在温度为 37℃的水浴中加热，加热过程中要慢慢旋转试管，使其均匀受热，分别在加热 20 分钟和 60 分钟后观察并记录试管内容物的颜色变化。若经过 60 分钟水浴加热后，试样仍为蓝色的为合格的牛乳。

# 第四节 原料乳的预处理

原料乳的质量是影响乳制品质量的关键因素，在原料乳投入生产前为保持原料乳的新鲜度，必须立即进行净化、冷却、预杀菌等初步处理。

## 一、原料乳的净化

净化是除去乳中存在的乳尘埃、饲料屑等杂质，并减少微生物的数量。同时，乳的净化可增进杀菌效果。

原料乳经过滤后，其中的大部分杂质已被除去，但如果乳中污染了极为微小的机械杂质和细菌细胞，一般的过滤方法不能将它们除去。为了获得最好的纯净的乳，需用离心净乳机（图 2-2）进一步净化。离心净化指利用机械的离心力，将肉眼看不见的杂质除去的一种方法。净化原理为乳在分离钵内受到强大离心力的作用，大量的机械杂质被留在分离钵内壁上，而乳被净化。一般在过滤之后，冷却之前进行离心净乳。现代乳品厂多采

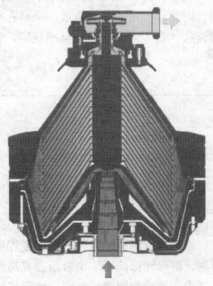

图 2-2 离心净乳机横截面示意图
(引自谢继志. 液态乳制品科学与技术. 1999)

用离心净乳机进行离心净化。离心净化时要注意以下几点：

（1）净乳时原料乳温度一般在30～40℃。

（2）若采用4～10℃低温净化，则应在原料乳冷却之后贮存之前进行。

（3）采用40℃中温或60℃高温净化的乳，最好直接加工，否则必须及时进行冷却贮藏。

（4）净化过程中要防止泡沫的产生。

（5）由于乳进入离心机内的量越少，在分离钵内层越薄，净化效果就越好。流量大时，分离钵内的乳层厚，净化不彻底。因此，一般进料量要比额定数少10%～15%。

## 二、原料乳的冷却

经初步过滤的原料乳应立即冷却，直至送到乳品厂。若其中某一阶段未冷却，则乳内的微生物开始繁殖，之后再冷却虽可以阻止微生物繁殖，但乳的质量已经降低。

1. 冷却的作用　牛乳刚挤下来时的温度大约为36℃，此温度是乳中微生物最适宜生长的温度。若不及时冷却，乳中微生物将大量生长繁殖，同时产生各种代谢产物和酶类，会造成乳的酸败、凝固变质、风味变差，乳将不能使用。因此，为保证乳的质量，原料乳净化后应立即冷却，以便抑制乳中微生物的繁殖（表2-10）。国家标准规定，验收合格的乳应迅速冷却至4～6℃。

表 2-10　牛乳中的细菌生长情况

单位：个/毫升

| 贮存温度 | 4.4℃ | 15℃ |
|---|---|---|
| 刚挤下的牛乳 | 4 000 | 4 000 |
| 24 小时后 | 4 000 | 160 万 |
| 48 小时后 | 5 000 | 3 300 万 |
| 72 小时后 | 8 000 | 3.26 亿 |

（引自骆承庠．乳与乳制品工艺．2001）

原料乳挤出后微生物的变化过程可分为抑菌期、混合微生物期、乳酸菌繁殖期、酵母和霉菌期4个阶段。有抑菌期的原因是乳中含有自身抗菌物质——乳烃素，可抑制细菌的繁殖。抑菌期的长短与原料乳贮存的温度有关，随着温度的升高而缩短（表2-11）。

表 2-11 乳温与抑菌作用时间的关系

| 乳温（℃） | 37 | 30 | 25 | 10 | 5 | 0 | —10 | —25 |
|---|---|---|---|---|---|---|---|---|
| 抑菌作用时间（小时） | 2 | 3 | 6 | 24 | 36 | 40 | 240 | 720 |

（引自吴祖兴.乳制品加工技术.2007）

因此，原料乳迅速冷却至低温，其抑菌特性可保持较长的时间（表 2-12）。此外，抑菌期的长短与原料乳被细菌污染的程度有关系，污染越严重，抑菌作用的时间越短。

表 2-12 抑菌特性与细菌污染程度的关系

| | 乳温（℃） | 37 | 30 | 16 | 13 |
|---|---|---|---|---|---|
| 抑菌特性作用时间（小时） | 挤乳时严格遵守卫生制度 | 3.0 | 5.0 | 12.7 | 36.0 |
| | 挤乳时未严格遵守卫生制度 | 2.0 | 2.3 | 7.6 | 19.0 |

（引自骆承庠.乳与乳制品工艺学.2001）

牛乳在冷却温度范围内其各项指标在 48 小时内无明显变化，故为了节约能源，一般根据贮存时间选择合适的冷却温度（表 2-13）。

表 2-13 牛乳的贮存时间与冷却温度的关系

| 乳冷却的温度（℃） | 10～8 | 8～6 | 6～5 | 5～4 |
|---|---|---|---|---|
| 乳的贮存时间（小时） | 9～12 | 12～18 | 18～24 | 24～36 |

（引自马兆瑞.现代乳制品加工技术.2010）

2. 冷却的方法

（1）水池冷却法 水池冷却法是最普遍而简易的方法，适用于奶牛养殖户。具体是将乳桶放在水池中，用冷水或冰水进行冷却，可使乳温度冷却到比冷却水温度高 3～4℃。为加快冷却速度，要经常搅拌，并根据水温进行排水和换水。该法的缺点是效率低，耗水量较多，劳动强度大。

（2）冷排冷却法 冷排冷却法又称表面冷却器冷却法，适用于小型乳品加工厂和养牛场。乳由上到下从分配槽底部流出，经过冷却器表面后进入贮乳槽，冷水或冷盐水从冷却器下部向上通过每根排管，与经过表面的乳进行热交换，从而减低乳的温度。此方法可连续处理且冷却效率较高，设备价格低廉。

（3）板式交换器法 目前乳品厂中多使用板式交换器法来冷却原料乳。该设备效率高，占地面积小，操作维修和清洗装拆都很方便。板式交换器法克服了冷排冷却器因乳暴露在空气中而易于污染的缺点，牛乳以薄膜的形式与冷却剂进行热交换，热交换率明显提高。用饱和盐水作冷却剂时，乳温可快速降到4℃。该法中的冷却剂可循环使用，减低了冷却剂的消耗量。

## 三、原料乳的贮藏及运输

1. 原料乳的贮藏　为了满足连续生产的需要，乳品厂必须有一定的原料乳贮存量。贮存量按工厂的具体条件来确定，通常总的贮乳量应不少于 1 天的处理量，原料乳一般保存在贮奶罐中（图 2-3）。

图 2-3　室外奶仓

（1）乳的保存性与温度　冷却后的乳应尽可能地持续保存在低温处，以防止温度升高。若将乳的温度降低到 18℃，对鲜乳的保存就有很好的作用，若降温到 13℃，则乳可保存 12 小时，且鲜乳的品质不变。冷却只能暂时抑制微生物的生长繁殖，若温度升高则乳中的微生物会再次开始活动。因此，原料乳在冷却后到处理前这段时间内应该一直保持在低温条件下。在不影响原料乳质量的前提下，温度越低保存时间越长。

（2）贮存罐的要求　原料乳的贮存设备要有良好的隔热性能，要在低温下能保持比较长的时间，乳贮存 24 小时后温度升高不超过 2~3℃。一般使用贮乳罐，贮乳罐的外形为圆柱体，分为立式和卧式两种，外边有绝热层或冷却夹层，以防止奶罐温度上升。内壁表面的光洁度高，通常采用不锈钢材料制造，也可采用铝材或耐酸搪瓷等材料。同时要配有搅拌器，搅拌功能良好，可使牛乳自下而上循环流动。根据工厂每天原料乳总收购量、收乳时间、运输时间及能力等决定贮乳罐的容量。通常情况下，每个罐总容量应为日收购总量的 2/3 以上，且要与生产能力相适应。通常每班的生产能力大概为两个贮乳槽的乳容量，若用多个贮乳罐贮存，则增加调罐、清洗的工作量，同时也增加了牛乳的损耗。在使用前，必须对贮乳罐进行彻底的清洗、消毒，等冷却后再贮入牛乳。如果罐内装半罐乳的话，会加快乳温的上升，不利于原料乳的贮存，所以每罐须放满，并加盖密封，贮存期要定时开动搅拌器，将乳搅拌均匀，防止脂肪上浮，但要注意搅拌时不要产生气泡。

2. 原料乳的运输　原料乳的运输是乳品生产上的一个重要环节，若运输不当，则会造成很大的损失，甚至会导致乳无法用来生产加工。目前，原料乳的运输方式有乳桶运输和乳槽车运输这两种。乳源分散的地方多使用乳桶运输，乳源集中的地方多采用乳槽车运输。

(1) 乳桶　国家标准中规定，盛装原料乳的乳桶内表面要光滑、无死角，应采用不锈钢桶、铝桶、无毒塑料桶。

(2) 乳槽车　乳槽车采用不锈钢材料制成，具有良好的绝热性，车后带有离心乳泵，便于奶的装卸。

(3) 注意事项　采用任何一种运输方式，都要注意以下几点：

① 在运输过程中要保持低温状态且没有空气混入，尤其是夏天温度高，乳温在运输中会很快升高，所以最好在夜间或早晨运输。如在白天运输，则要用隔热材料遮盖乳桶。

② 在运输过程中所用的容器要保持清洁、无菌。乳桶盖要有特殊的闭锁口，且盖内有橡胶衬垫，不可用布块、油纸、纸张等作衬垫物，更不应用麦秆、稻草、青草或树叶等。因为这些会将菌带入乳中，而且还不易把乳桶盖严。

③ 防止振荡，乳桶和乳槽车要装满并盖严，以防牛乳在容器内的振荡造成牛乳的组织状态改变。

④ 严格执行责任制，尽量缩短中途停留时间，以保证原料乳的品质新鲜。

⑤ 长途运送原料乳时，最好采用乳槽车。

## 四、原料乳的预杀菌

原料乳的预热杀菌是一种杀菌温度低于巴氏杀菌的热处理，处理条件一般为 65℃、15 秒。通常在巴氏杀菌或更严格的热处理工艺之前进行，目的在于延长原料乳的保存期。经预热杀菌处理后的牛乳，其磷酸酶试验呈阳性。预热杀菌可以杀死原料乳中的许多细菌，尤其是那些能产生耐热性脂酶和蛋白酶的嗜冷菌。由于脂酶和蛋白酶可以分别分解乳中脂肪和蛋白质，使乳产品变质，所以预热杀菌也保证了原料乳的质量。除了能杀死活菌外，预杀菌的另一个优点是在乳中几乎不引起不可逆变化。为了防止需氧芽孢菌在牛乳中繁殖，必须将预热杀菌后的原料乳迅速冷却至 4℃以下。如果处理后的原料乳冷却并保存在 0~1℃，其保存时间可延长到 7 天，且乳的品质不变。

# 第三章

# 液态乳加工 >>>>>

液态乳是指原料乳中添加或不添加其他辅料，通过不同的热处理（巴氏杀菌或灭菌），经包装后销售的产品。液态乳制品在乳品市场中占有较大比例。

在液态乳加工过程中，通常需对乳脂肪进行标准化。对脂肪的调整，一般将脂肪含量标准化到与原料乳的平均值接近。但低脂乳（半脱脂乳）和脱脂乳也有销售。有时是对蛋白质进行标准化，也强化除蛋白质以外的其他非脂乳固体。在许多国家对液态乳中蛋白质和非脂乳固体含量的最低值也有明确规定。

液态乳通常有如下几种分类方法。

## （一）根据杀菌方法分类

根据杀菌方法，液态乳可分为巴氏杀菌乳、超巴氏杀菌乳、超高温灭菌乳、保持灭菌乳。

## （二）根据脂肪含量分类

1. 全脂乳　原料不经过脂肪标准化处理，乳脂肪含量一般为 3.1%～4.5%。

2. 部分脱脂乳　对原料乳脂肪部分脱脂，要求脂肪含量为 1.0%～3.0%。

3. 脱脂乳　要求脂肪含量低于 0.5%。

## （三）根据营养成分分类

1. 纯牛乳　加工过程中不向鲜奶中添加任何其他辅料，牛乳保持其固有的营养成分。

2. 调味乳　以鲜乳为原料，添加其他调味成分（如咖啡、巧克力等），赋予牛乳相应的风味，这类产品要求乳含量为 80% 以上。

3. 营养强化乳　以鲜乳为基料，添加一些对人体有益的成分（如维生素、二十二碳六烯酸、二十碳四烯酸等）制成的液体乳。

4. 含乳饮料　又称花色乳，即在乳中添加水和其他调味成分，成品中乳的含量较调味乳低，一般为 30%～80%。蛋白质含量应大于 1%。

# 第一节 巴氏杀菌乳的加工

巴氏杀菌乳是以鲜牛乳为原料，采用巴氏消毒法，即 63℃、30 分钟或 75～90℃、10～15 秒，杀灭致病菌及有害微生物。这种温度可以保证杀死牛奶中可能含有的致病微生物，最大限度地保留牛乳中的乳球蛋白和大部分的活性酶等活性物质及其自然风味。

## 一、巴氏杀菌乳标准

### （一）国家标准

我国于 2010 年颁布了新的食品安全国家标准 GB 19645—2010《巴氏杀菌乳》。标准规定，巴氏杀菌乳是仅以生牛（羊）乳为原料，经巴氏杀菌等工序制得的液体产品。其感官指标、理化指标和微生物限量如表 3-1。

**表 3-1　巴氏杀菌乳感官指标、理化指标和微生物限量**

| | 项　目 | 要　求 | 检验方法 |
|---|---|---|---|
| 感官指标 | 色泽<br>滋味、气味<br>组织状态 | 呈乳白色或微黄色<br>具有乳固有的香味、无异味<br>呈均匀一致液体，无凝块、<br>无沉淀、无正常视力可见异物 | 取适量试样于 50 毫升烧杯<br>中，自然光下观察色泽和组织<br>状态。闻其气味，用温开水漱<br>口，品尝滋味 |

| | 项　目 | 指标 | 检验方法 |
|---|---|---|---|
| 理化指标 | 脂肪* （克/100 克）<br>蛋白质（克/100 克） | ≥3.1 | GB 5413.3 |
| | 牛乳 | ≥2.9 | GB 5009.5 |
| | 羊乳 | ≥2.8 | |
| | 非脂乳固体酸度（°T） | ≥8.1 | GB 5413.39 |
| | 牛乳 | 12～18 | |
| | 羊乳 | 6～13 | GB 5413.34 |

| | 采样方案[a] 及限量（若非指定，均以个/克或个/毫升表示） | | | | |
|---|---|---|---|---|---|
| | 项目 | 个/毫升表示 | | | 检验方法 |
| 微生物限量 | | n | c | m | M | |
| | 菌落总数 | 5 | 2 | 50 000 | 100 000 | GB 4789.2 |
| | 大肠菌群 | 5 | 2 | 1 | 5 | GB 4789.3 平板计数法 |
| | 金黄色葡萄球菌 | 5 | 0 | 0/25 克（毫升） | — | GB 4789.10 定性检验 |
| | 沙门氏菌 | 5 | 0 | 0/25 克（毫升） | | GB 4789.4 |

注：a. 样品的分析及处理按 GB 4789.1 和 GB 4789.18 执行。n 表示同一批次产品应采集的样品件数，c 表示最大可允许超出 m 值的样品数，m 表示微生物指标可接受水平的限量值，M 表示微生物指标的最高安全限量值。

巴氏杀菌乳产品包装要求主要展示面上紧邻产品名称的位置,使用不小于产品名称字号且字体高度不小于主要展示面高度 1/5 的汉字标注"鲜牛(羊)奶"或"鲜牛(羊)乳"。

## (二)技术要求

脱脂、部分脱脂巴氏杀菌乳感官指标、理化指标与上表相同外,其他指标如表 3-2。

表 3-2 脱脂、部分脱脂及全脂巴氏杀菌乳的一些技术要求

| 项 目 | 指 标 | | |
|---|---|---|---|
| | 脱脂巴氏杀菌乳 | 部分脱脂巴氏杀菌乳 | 全脂巴氏杀菌乳 |
| 杂质度/(毫克/千克) | ≤2 | ≤2 | ≤2 |
| 硝酸盐(以 NaNO$_3$ 计) | ≤11.0 毫克/千克 | ≤11.0 毫克/千克 | ≤11.0 毫克/千克 |
| 亚硝酸盐(以 NaNO$_2$ 计) | ≤0.2 毫克/千克 | ≤0.2 毫克/千克 | ≤0.2 毫克/千克 |
| 黄曲霉毒素 M$_1$ | ≤0.5 微克/千克 | ≤0.5 微克/千克 | ≤0.5 微克/千克 |
| 菌落总数 | ≤30 000 个/毫升 | ≤30 000 个/毫升 | ≤30 000 个/毫升 |
| 大肠菌群 | ≤90MPN/100 毫升 | ≤90MPN/100 毫升 | ≤90MPN/100 毫升 |
| 致病菌 | 不得检出 | 不得检出 | 不得检出 |

1. 原料要求 食品生产中产品质量很大程度取决于所用原材料的质量。劣质的原材料不可能生产出优质的产品。为了保证产品不受到污染,车间生产的首要环节是必须对原辅料和包装材料进行检验和检查。首先,从原料乳收购开始,必须严格按照国家生鲜牛乳收购标准进行验收。收购的牛乳,应符合 GB/T 6914《生鲜牛乳收购标准》的规定。添加的食品营养强化剂,应选用 GB 14880《食品营养强化剂使用卫生标准》中允许使用的品种,并应符合相应国家标准或行业标准的规定。

2. 原料乳感官、理化和卫生指标检测 原料乳送到工厂后,必须首先进行感官检验、理化检验和微生物检验及其他检验。取得原料乳的检查合格单后,才能将其冷却收进储罐,并及时进入下一步加工工序,保证原料乳在储罐内不超过 24 小时。

# 二、巴氏杀菌乳的加工工艺

## (一)巴氏杀菌乳生产的一般工艺流程

生产巴氏杀菌乳的工艺流程见图 3-1。

图 3-1 巴氏杀菌乳生产的一般工艺流程

典型的巴氏杀菌乳的加工生产线如图 3-2 所示。

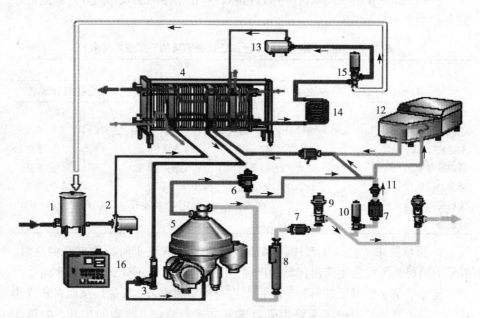

图 3-2 巴氏杀菌乳的加工生产线

1. 平衡槽　2. 进料泵　3. 流量控制器　4. 板式换热器　5. 分离机　6. 稳压阀
7. 流量传感器　8. 密度传感器　9. 调节阀　10. 截止阀　11. 检查阀　12. 均质机
13. 增压泵　14. 保温管　15. 转向阀　16. 控制盘

　　原料乳先通过平衡槽进入生产线，由泵输送到板式换热器，预热一定时间后通过流量控制器，然后至分离机，以生产脱脂乳和稀奶油。分离出来的稀奶油的脂肪率需要调整到要求标准，并在后续加工中保持稳定，这主要通过流量传感器、密度传感器、调节阀和标准化控制系统来完成。如果仅对稀奶油进行均质，考虑均质效果、投资和能源方面的问题，通过一个较小的均质机就可以很好地完成任务。然而，实际图中所示的稀奶油经标准化后分成了两条路：一是通过阀进入均质机，另外多余的稀奶油要进到稀奶油的处理线。这样可以保证满足巴氏杀菌乳最后含脂率的要求。需要强调的是进入均质机的稀奶油其脂肪率不得超过 10%，通常稀奶油的含脂率在 40% 左右，故在均质前要用脱脂乳进行"稀释",这就要精确地计算均质机的能力并确定流速。在进行巴氏杀菌前,脂肪率为10%的稀奶油与脱脂乳混合,使物料的脂肪含量始终在产品乳脂肪含量的要求范围之内并输送至热交换器和保温管杀菌。升压泵和回流阀共同保证杀菌后的巴氏杀菌乳在杀菌机内为正压,避免板式换热器出现泄漏导致的未加工乳及冷却介质污染巴氏杀菌乳。如果杀菌温度低于设定温度时,能被温度传感器迅速检测到并指示回流阀,将使物料返回到平衡槽。巴氏杀菌后,牛乳流到板式换热器的冷却段与原料乳(未处理乳)进行热交换,对杀菌乳本身起到了初步降温的作用,随后用冷水和冰水冷却,最后通过缓冲罐再泵到灌装系统。

## (二)巴氏杀菌乳生产操作要点

### 1. 预处理

(1)脱气 牛乳刚刚被挤出后约含5.5%～7%的气体,由于运输过程中搅拌和泵送时空气被搅入其中,气体含量会增加到10%以上。这些气体对乳制品加工的影响主要有:影响乳计量的准确度,增加巴氏杀菌机中的结垢,影响牛乳标准化的标准程度。在大量气体存在的状况下,乳脂肪容易被氧化,从而影响纯奶的风味等问题。因此,在牛乳处理的不同阶段进行脱气(图3-3)是非常必要的。经脱气的牛乳进行标准化和均质,然后进入杀菌器,从而完成牛乳脱气,保证了牛奶的新鲜,口味更加纯正。

(2)过滤净化 过滤就是将液体微粒的混合物,通过多孔质的材料从而将其分开。过滤法是原料乳净化的简便方法,也是乳品加工过程中最常用的方法。将原料乳转移地点、转移加工工序或者转移容器时,都需对乳进行过滤。过滤方法有常压(自然)过滤、减压过滤(吸率)和加压过滤等,所采用的过滤材料多为孔隙比较大的纱布、人造纤维金属网等,也可采用

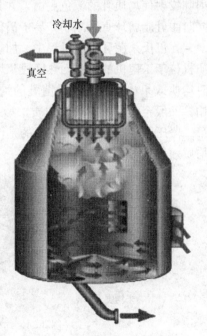

冷却水

真空

图3-3 真空脱气示意图

（引自侯建平．乳品机械与设备．2010）

膜技术除去杂质。过滤器上装有滤布、不锈钢或合成纤维制成的筛网。乳品厂

进一步过滤采用管道过滤器或双联过滤器。使用过滤器时也要保持清洁，且在正常操作条件下，进口与出口之间的压力差要保持在68.6千帕以内，如果压差过大，会使滤布上的杂质在过大压力下通过滤布，出现"跑滤"现象。

2. 标准化　对牛乳进行标准化主要是对乳脂肪含量进行的标准化。乳脂肪的标准化通过添加稀奶油或脱脂乳进行调整，如将全脂乳与脱脂乳混合，稀奶油与脱脂乳混合及将脱脂乳与无水奶油混合等。

原料乳的标准化可在生产过程中进行，即将牛乳预热至55～65℃后，分离出脱脂乳和稀奶油，并根据产品的脂肪含量要求，自动控制回流到脱脂乳中的稀奶油的流量。这是与现代化乳制品大生产相结合的方法，其主要特点为：快速、稳定、精确，与离心分离机联合运作，单位时间内处理量大。

3. 均质　均质是指对乳脂肪球进行机械处理，使它们呈较小的脂肪球，均匀一致地分散在乳中。自然状态的牛乳，其脂肪球直径大小不均匀，在1～10微米，一般为2～5微米。经均质，脂肪球直径可控制在1微米左右，脂肪的表面积增大，浮力下降，能稳定存在于乳中。另一方面，光线在牛乳中的折射和发射使均质乳的颜色更白，并具有新鲜牛乳的芳香气味，口感丰盛浓郁，同时牛乳脂肪球直径减小，易于消化吸收。

在巴氏杀菌乳生产过程中，加热的方式不同，均质机的布局也有差异。均质机位于杀菌机的第一回热区段，均质前对牛乳进行预热处理，脂肪达到熔点时均质效果更佳。巴氏杀菌乳的均质条件：温度60～65℃，压力15～20兆帕。一般企业采用二段式均质，第一段压力为10～15兆帕，使脂肪球破碎；第二段压力为5兆帕左右，目的是使一级均质后重新聚集的脂肪球分开，提高均质效果（图3-4）。

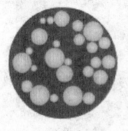  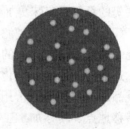

未均质　　　　　　　　一级均质后　　　　　　　　二级均质后

图3-4　均质时脂肪球变化情况

4. 杀菌　巴氏杀菌主要是使致病微生物灭活，其次尽可能多地破坏影响产品质量的其他微生物及酶类系统。牛乳的热处理越强，杀死的微生物就越多。然而，强烈的热处理对牛乳的外观、味道和营养价值也会产生不良影响。

蛋白质在高温下变性，强烈的热处理会使牛乳出现蒸煮味，甚至焦味。因此，我们需综合考虑产品中微生物和产品质量来选择时间、温度组合，达到最佳效果。一般工厂里用的方法有以下 4 种：预杀菌（63～65℃、15 秒）、低温长时间巴氏杀菌（63～65℃、30 分钟）、高温短时间巴氏杀菌（72～75℃、15～20 秒，80～85℃、10～15 秒）及超巴氏杀菌（125～138℃、4～6 秒）。

（1）预杀菌　大多数的乳制品加工厂离奶源基地较远，收到的乳并不能及时到达工厂迅速进行加工，一部分乳须在奶罐中贮藏数小时甚至几天。在这种情况下，即便是现代化的制冷技术，微生物仍有足够的时间繁殖产生酶类并且代谢产生副产物（微生物代谢产生的副产物有时是有毒的），从而影响乳的品质。因此，牛乳到达乳品厂时，尽快对其进行预热处理是非常必要的。

预杀菌主要是使嗜冷菌灭活，因为长时间低温冷藏，嗜冷菌大量繁殖产生耐热脂酶和蛋白酶。预热后的牛乳必须迅速冷却至温度≤4℃，这样有效地防止了需氧芽孢菌的繁殖。若牛乳及时到达乳制品厂进行加工，则可以省略预杀菌的步骤。

（2）低温长时间巴氏杀菌　低温长时间杀菌（LTLT）是一种间歇式的杀菌方法，该方法加热时间长，工作效率低，目前很少使用。

（3）高温短时间巴氏杀菌　巴氏高温杀菌（HTST）通常采用全套的杀菌设备，杀菌时间短，工作效率高，能够短时间连续处理大量牛乳。

（4）超巴氏杀菌　超巴氏杀菌（ultra pasteurization）的主要目的是尽可能地减少加工和包装过程中的污染。这要求极高的生产卫生条件和良好的冷链分销系统。一般产品保质期与冷链温度呈负相关，但最高温度不超过 7℃。超巴氏杀菌的条件为 125～138℃、2～4 秒，之后将产品冷却到 7℃以下贮存分销。超巴氏杀菌与超高温灭菌有根本的不同，主要区别在于超巴氏杀菌并没采用无菌灌装，不能在常温贮存和分销，超巴氏杀菌产品不是商业无菌产品。

5. 冷却　为了防止残留微生物的生长繁殖，杀菌后的牛乳必须迅速冷却到 4～7℃，暂存在缓冲罐中待灌装。

6. 灌装及包装　必须有效防止灌装机及包装材料的污染。灌装前要对灌装机杀菌处理，工人要执行良好的操作规范。巴氏杀菌乳采用的主要包装形式有：纸盒包装、玻璃瓶装、塑料包装等。

（1）纸盒包装　纸盒是一种复合材料，是由纸与聚乙烯压合而成，有砖形和屋顶形。

（2）玻璃瓶装　这是一种非常环保的包装形式，玻璃瓶可以回收反复利用。每次回收使用时应注意对瓶子的检查，确保瓶子完好无损，并经清洗、灭菌和干燥后方可使用。

（3）塑料袋包装 目前，我国的巴氏杀菌乳产品的包装中，塑料袋包装销量最大，其特点是方便、价廉。

7.冷链储运、分销 为了让消费者喝到放心的牛奶，巴氏乳产品从出厂到分销的过程中必须保证冷链（2~4℃）的持续性。一般的巴氏杀菌乳在冷藏运输中的具体要求是：产品必须冷却到10℃下，并且尽量在6℃以下避光条件下贮藏运输，分销时保证产品密封。

## 三、危害分析与关键控制点（HACCP）在巴氏杀菌乳生产中的应用

尽管巴氏杀菌乳是在一定的高温条件下杀菌后包装而成的，但这类产品仍含有一定量的细菌（国家标准规定<3万/毫升），加上该类产品营养丰富，呈液体状态，很容易出现产品质量问题，而且在乳的收购及加工过程中会由于外界环境和人为等因素造成污染，从而影响乳及乳制品的卫生安全。HACCP对巴氏杀菌乳生产过程中收购、生产、加工、包装、储存、清洗、消毒、运输等环节的危害因素进行分析、评估、确认，确定关键控制点并采取有效控制措施，使危害因素在生产经营环节中得到有效控制，确保产品质量。

HACCP体系是被世界各国广泛认可的预防性食品安全监控系统，其特点是通过对整个生产工艺过程中具有控制意义的各种因素进行监测，从而保证终产品的卫生安全。危害分析（HA）指对食品、原料及生产过程的危害性和严重性作分析和评估。关键控制点（CCP）指所有关键的影响产品生物性、化学性或物理性的危险性生产步骤或程序。巴氏杀菌乳的危害分析单见表3-3。

表3-3 巴氏杀菌乳的危害分析单

| 加工步骤 | 步骤中存在或引入的潜在危害 | 危害是否显著 | 判断危害依据 | 预防危害措施 | 是否为质量控制点 | 是否为关键控制点 |
|---|---|---|---|---|---|---|
| 原料奶（CCP1） | 生物：细菌污染 | 是 | 处理不当受到细菌污染 | 选择合格的供应商、验收原料乳检验合格证明、细菌总数超标（>50万）降等处理 | 是 | 否 |
| | 化学：抗生素残留等 | 是 | 由饲料、饮水等控制不当使药物残留 | 抽样检验：抗生素检验、酒精试验、酸度、杂质度、密度、掺假试验等 | 是 | CCP1 |
| | 物理：杂草、牛毛等环境污染物 | 是 | 环境污染 | 后续步骤可消除此危害 | 否 | 否 |

（续）

| 加工步骤 | 步骤中存在或引入的潜在危害 | 危害是否显著 | 判断危害依据 | 预防危害措施 | 是否为质量控制点 | 是否为关键控制点 |
|---|---|---|---|---|---|---|
| 过滤净化 | 生物：细菌 | 否 | 不当的清洗造成设备管道中的细菌残留 | 按《CIP操作控制》严格进行CIP清洗、消毒 后续步骤可消除此危害 | | |
| | 化学：清洗剂 | 否 | 清洗不当造成清洗剂残留 | 按《CIP操作控制》严格进行CIP清洗，pH试纸检测残液，设备管道使用前的热水循环消除此危害 | 否 | 否 |
| | 物理：微粒杂质、乳块等 | 是 | 生乳中细小杂质、微粒残留 | 分离机定时排渣 | | |
| 冷却、贮存 | 生物：细菌增殖、产毒、产酶等 | 是 | 处理不当造成细菌增殖、产毒 | 按《预处理工序作业指导书》严格操作，控制冷却贮存的温度、时间、后续步骤杀灭细菌 | 是 | 否 |
| | 化学：清洗剂 | 否 | 清洗不当造成清洗剂残留 | 按《CIP操作控制》严格进行CIP清洗，pH试纸检测残液，设备管道使用前的热水循环消除此危害 | 否 | 否 |
| | 物理：贮存容器密封不适 | 否 | 环境污染 | 容器气密性检查 | 否 | 否 |
| 配料/标准化 | 生物：细菌病原体 | 是 | 操作过程中由员工手、工器具、设备管道等带来的微生物污染 | 按《CIP操作控制》严格进行CIP清洗、消毒 后续步骤可消除此危害 | 否 | 否 |
| | 物理：纸屑、塑料纤维等 | 否 | 添加物中引入的杂物 | 过滤网过滤 | | |
| 预热 | 生物：微生物残存 | 是 | 不适合的温度、时间造成病原微生物残存 | 后续步骤可消除此危害 | | |
| | 化学：设备、管道中的清洗剂残留 | 否 | 清洗不当造成清洗剂残留 | 按《CIP操作控制》严格进行CIP清洗，pH试纸检测残液，设备管道使用前的热水循环消除此危害 | 否 | 否 |

（续）

| 加工步骤 | 步骤中存在或引入的潜在危害 | 危害是否显著 | 判断危害依据 | 预防危害措施 | 是否为质量控制点 | 是否为关键控制点 |
|---|---|---|---|---|---|---|
| 均质 | 物理：均质机泄漏造成机油混入牛奶中 | 是 | 设备故障泄漏污染 | 设备开机前检查及定期维修保养 | 否 | 否 |
| 巴氏杀菌（CCP2） | 生物：细菌 | 否 | 不适当的杀菌时间、温度造成细菌大量残留 | 严格按规定操作执行工艺参数，后续步骤可消除此危害 | 是 | 否 |
| | 化学：清洗剂 | 否 | 不适当的清洗造成设备、管道中清洗剂残留 | 按照规定程序清洗消毒，对清洗效果进行检测 | 否 | 否 |
| | 物理性：无 | — | — | — | 否 | 否 |
| 冷却 | 生物：微生物 | 否 | 冷却不当造成微生物生长 | 严格按操作规程操作 | | |
| | 化学：清洗剂 | 否 | 奶罐清洗、消毒不彻底 | 严格控制 CIP 程序 | 否 | 否 |
| 杀菌管道、灌装系统的CIP清洗（CCP） | 生物：细菌 | 是 | 不适当的清洗造成设备、管道中细菌残留 | 通过既定 CIP 程序清洗、消毒，控制碱液浓度，控制酸液浓度，控制清洗后的 pH | 是 | CCP3 |
| | 化学：清洗剂 | 是 | 不适当的清洗造成设备、管道中清洗剂残留 | 通过设备自定 CIP 程序清洗、消毒，清洗结束后用 pH 试纸检测冲洗后是否达到中性 | 是 | CCP4 |
| 无菌输送 | 生物：微生物污染 | 是 | 不合适的清洗造成设备、管道死角、拐弯、接口处细菌残留 | 建立卫生标准操作程序（SSOP），通过既定的 CIP 程序清洗、消毒 | 否 | 否 |
| | 化学：清洗剂 | 是 | 不适当清洗造成设备管道中清洗剂残留 | 建立卫生标准操作程序（SSOP），通过既定的 CIP 程序清洗、消毒 | | |
| 包装材料灭菌 | 生物：细菌 | 是 | 包装材料不合格 | 严格按照《UHT 灌装机作业指导书》进行操作，控制双氧水浓度、温度及接触时间 | 是 | 否 |
| | 化学：双氧水 | 是 | 设备故障 | 设备定期维护保养 | 否 | 否 |

（续）

| 加工步骤 | 步骤中存在或引入的潜在危害 | 危害是否显著 | 判断危害依据 | 预防危害措施 | 是否为质量控制点 | 是否为关键控制点 |
|---|---|---|---|---|---|---|
| 灌装封合（CCP5） | 生物：细菌 | 是 | 封合不佳，包装渗漏 | 严格按照《UHT灌装机作业指导书》进行灌装操作，控制封口温度、强度，定时检查封合质量；化验室进行菌落总数测定和保温试验 | 是 | CCP5 |
| | 化学：清洗剂 | 是 | 清洗不适当造成清洗剂残留 | 建立卫生标准操作程序（SSOP），按规定程序清洗、消毒。用pH试纸检测清洗效果 | 是 | 否 |
| 产品冷藏 | 生物：微生物 | 是 | 冷库温度过高 | 严格监控冷库温度 | 否 | 否 |
| 产品运输 | 生物：微生物 | 是 | 冷链温度过高 | 严格控制冷藏运输条件 | 否 | 否 |

（引自陈历俊.液态奶加工与质量控制.2008）

## 四、巴氏杀菌乳的后冷链管理

后冷链管理是指对产品杀菌后灌装、冷藏、出库、移库、运输、接收等过程中的技术条件和操作所做的要求。后冷链是冷藏食品保持品质的必要条件。各种冷藏食品对后冷链会有不同的要求。要达到这个要求，牵涉到生产环节、流通环节和消费环节。

在整个后冷链中只要有一个环节断裂，就会危及食品的质量和安全。我国食品的冷链建设明显滞后于食品工业的发展，而后冷链的水平更是冷链管理的薄弱环节。20世纪90年代以来，我国食品的零售业发生了脱胎换骨的变化，出现了连锁经营、超级市场、综合大型超市、便利店、折扣店等各种现代业态。但冷链管理与国外同行相比还有很大的差距，是当前冷藏食品安全问题的一个不可忽略的隐患。以巴氏杀菌乳为例说明后冷链的应用，技术要求如下所示。

### 1. 产品灌装

（1）巴氏杀菌乳物料灌装温度，按不同保质期要求规定：保质期为5～10天的，灌装温度为7℃以下，冻结点以上；保质期为5天以下的，灌装温度为10℃以下，冻结点以上。

（2）在灌装过程中，如果灌装间的空气不是正压，不得随意打开，应随开随关。

（3）产品在灌装过程中，应随时灌装，随时入库。因设备或其他原因造成灌装中断，在物料温度高于 10℃以上时，其半成品不得混入到正常产品中，须经品质控制部门确认后方可进入成品冷库。

**2. 产品冷藏**

（1）巴氏杀菌乳成品的冷藏温度，按不同保质期要求规定如下：保质期为 5～10 天的，冷藏在 7℃以下、冻结点以上的工厂成品库内；保质期为 5 天以下的，冷藏在 10℃以下、冻结点以上的工厂成品库内。

（2）存放在成品库内的一律为合格品，严禁堆放不合格产品。合格成品应按品种、批次分类存放，并有明显标志。成品库不得贮存其他有毒、有害物品或其他易腐、易燃品以及可能引起串味的物品。

（3）堆放在成品库内的产品，须距离墙壁 20 厘米以上，以利于空气流通及产品的搬运。产品严禁直接堆放于地面，防止交叉污染。

（4）产品搭配应在成品库内进行，既为出库作前期准备，也能有效维持产品的冷藏温度，保证产品质量。

（5）成品库应定期进行清洗消毒，做好清洗消毒记录。清洗消毒的方法必须安全、卫生，防止人体和食品受到污染。使用的消毒剂必须经卫生行政部门批准。

（6）成品库应有温度计、温度测定器或温度自动记录仪，成品库的温度应作为乳品加工过程中的质量控制点，派专人定时进行检查、记录。偏离时及时纠正并对该时段内产品重新进行检查确认。

（7）成品冷藏库中的温度计（表）应按计量器具要求定期进行检定。

**3. 产品移库或出库**

（1）移库或出库产品的中心温度，按不同保质期要求规定如下：保质期为 5～10 天的，在 7℃以下、冻结点以上；保质期为 5 天以下的，在 10℃以下、冻结点以上。

（2）当室外温度≥25℃时，产品一次移库或出库到装车完毕的时间，不宜超过 30 分钟；当室外温度≤25℃时，产品一次移库或出库到装车完毕的时间，不宜超过 1 小时。

（3）企业应建立移库单（列明移库时间、移库地点、移库品种、移库数量、产品温度和包装检查情况、执行人等）和出库单（列明出库时间、出库品种、出库数量、产品温度和包装检查情况、执行人等），承运者应随车携带。

（4）移库中所涉及的中转成品库应有关部门备案，以备查核。中转成品库的技术条件和操作要求，同上面提到的产品冷藏相同。

（5）当运输工具为冷藏车，且冷藏车性能良好，产品出库温度也达标的情况下，建议产品出库时间为生产当日 20 时以后。

（6）当运输工具为保温车时，产品出库时间应根据不同季节的室外温度而定：当室外温度≤25℃时，建议产品出库时间为生产当日 20 时以后；当室外温度为≥25℃时，建议产品出库时间为生产当日 22 时以后。

4. 产品运输

（1）运输巴氏杀菌乳应采用冷藏车或保温车。

（2）在装车前，冷藏车司机负责将车厢进行预冷，直至车厢温度低于 15℃以下，方可接货装车。车辆在运输过程中，产品中心温度不高于 10℃。并同时做好运输途中的车厢温度记录。当发现制冷设备有异常，应停止使用，及时报修，保证在运输途中每辆冷藏车的制冷设备运转良好。

（3）冷藏车（保温车）应装设可正确指示车内温度的温度计、温度测定器或温度自动记录仪，记录车辆在运输途中的车厢温度。

（4）当室外温度≥25℃时，保温车内应有相应的降温措施，尽可能降低车厢内温度，确保产品冷链的不中断。

（5）在运输站点上，建议每辆运输车卸货站点应控制在 40 个以下，以减少开门次数，保存冷气（特别在高温时期）。

（6）在没有冷藏车的条件下，每辆运输车运输时间，建议应控制在 6 小时以内。

（7）每天运输结束，运输车应进行清洗、消毒，保证车厢内、外清洁卫生。

5. 中转站（含发奶站）

（1）中转站周围不得有粉尘、有害气体、放射性物质和其他扩散性污染源；不得有昆虫大量滋生的潜在场所等易遭受污染的情形；中转站及临近区域的空地、道路应铺设混凝土、沥青或其他硬质材料或绿化，防止尘土飞扬、积水。

（2）中转站应设有流通冷藏库或通风条件良好、具备防雨措施的场地。流通冷藏库的温度应控制在 10℃以下、冻结点以上，存放产品要求同产品冷藏。流通冷藏库及发奶站的管理员应着装整齐，具备有效的健康证，每天负责对物流车辆的监控记录（包括接货时产品中心温度、车厢清洁情况、是否混装等），监控记录应准确、及时；对于没有条件设立流通冷藏库的公司，产品必须保证在到达中转站 1 小时内分流，在夏季高温季节，中转站员工还应采取一定的隔热保温措施，保持产品冷链的延续，品质不受影响。

6. **产品接收**  产品到达商场或超市的中心温度为10℃以下，冻结点以上。商场或超市应配置数量足够的冷藏库或冷风柜。如数量不足的，可安排多次配送，以确保产品接收后全部置于2～6℃的冷链下保存。冷藏库或冷风柜放置区域的墙壁、地面应当采用不透水、不吸潮、易冲洗的无毒、防霉材料建造。并有有效的防蚊蝇、防鼠、防尘、防腐、通风、照明等设施。

后冷链是合格的冷藏食品从生产过程到消费过程的必要保障，具备完善的符合要求的后冷链系统可以保持商品的价值和使用价值，减低商品的流通损耗，提高企业经营效益，确保消费者食用的安全。

# 第二节　超高温瞬时灭菌（UHT）乳的加工

原料乳在连续流动状态下通过热交换器加热至137～142℃，保持2～7秒，使产品达到商业无菌水平，然后在无菌状态下灌装于无菌包装容器中。产品可在非冷藏条件下贮藏与分销，保存期最低为6周。

## 一、UHT乳标准

我国于2010年颁布新的食品安全国家标准GB 25190—2010《灭菌乳》规范标准。标准规定UHT乳是以生牛（羊）乳为原料，添加或不添加复原乳，在连续流动的状态下，加热到至少132℃并保持很短时间的灭菌，再经无菌灌装等工序制成的液体产品。产品的感官要求和理化指标见表3-4和表3-5。此外，该标准对产品中的污染物和真菌素限量作了规定。

表3-4　超高温灭菌乳感官要求

| 项目 | 要　求 | 检验方法 |
|---|---|---|
| 色泽 滋味、气味 组织状态 | 呈均匀一致的乳白色或微黄色 具有乳固有的香味，无异味 呈均匀一致液体，无凝块、无沉淀、无正常视力可见异物 | 取适量试样置于50毫升烧杯中，在自然光下观察色泽和组织状态。闻其气味，用温开水漱口，品尝滋味 |

表3-5　超高温灭菌乳理化指标

| 项　目 | 指标 | 检验方法 |
|---|---|---|
| 脂肪*（克/100克） | ≥3.1 | GB 5413.3 |

（续）

| 项　　目 | 指标 | 检验方法 |
|---|---|---|
| 蛋白质（克/100 克） | | |
| 牛乳 | ≥2.9 | GB 5009.5 |
| 羊乳 | ≥2.8 | |
| 非脂乳固体酸度（°T） | ≥8.1 | GB 5413.39 |
| 牛乳 | 12～18 | |
| 羊乳 | 6～13 | GB 5413.34 |

\*　仅适用于全脂灭菌乳。

## 二、UHT 乳的工艺流程

UHT 处理是连续加工的过程，工艺流程如图 3-5 所示。

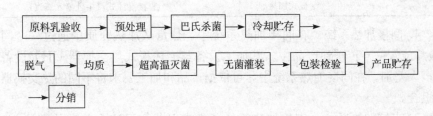

图 3-5　UHT 乳的一般工艺流程

UHT 乳的生产对原料乳的质量要求非常高，除了生产巴氏杀菌乳的原料乳的基本要求外，还有其他特殊要求，如蛋白质的稳定性以及微生物指标等。

蛋白质的稳定性测定通常用酒精试验进行鉴定，当酒精浓度为 75% 时蛋白质仍稳定则为蛋白质合格奶。牛乳贮存过程中，可能有大量的嗜冷菌繁殖，嗜冷菌代谢产生一些耐热酶类。这些酶类引起产品变质并出现不愉快的滋味与气味。因此，应严格按照国家标准来控制各种微生物数量。

生产前必须对设备进行预灭菌，以避免产品的再次污染，要求水温大于 120℃，循环 30 分钟，然后用无菌水将设备冷却至生产要求。原料乳经预热到 75℃ 后进行均质。进入超高温灭菌阶段，温度不低于 130～137℃ 保持 4 秒左右，然后进入冷却阶段。

无菌灌装时 UHT 乳生产的一个重要环节，主要包括包装材料或容器的灭菌，在无菌条件下灌入商业无菌产品。无菌罐装实现连续杀菌、灌装密封，生产效率高。包装材料的灭菌方式包括饱和蒸汽灭菌、双氧水灭菌、紫外线辐射灭菌以及双氧水与紫外线联合灭菌等。

UHT乳生产中及时对设备进行无菌中间清洗是非常有益的。仅需30分钟而又不破坏无菌条件。设备在之后不需要重新灭菌，不仅节省了停机时间，同时也使生产时间延长。

## (一) 超高温灭菌方式

根据换热方式的不同，UHT系统可分为间接加热和直接加热系统。不同的加热系统又可以通过不同的方式来完成。UHT灭菌方法如表3-6所示。

表3-6 超高温灭菌方法

| 加热系统 | 间接加热系统 | 直接加热系统 |
|---|---|---|
| 加工方法 | 板式加热<br>管式加热（中心款式和壳管式）<br>刮板式加热 | 直接喷射式（蒸汽喷入牛乳）<br><br>直接混注式（牛乳喷入蒸汽） |

1. 间接加热系统　在间接加热系统中，热量从加热介质中通过一个间壁（板片或管壁）传送到产品中。其加工设备与上述板式热交换器UHT设备没有多大差别。在间接加热系统中，可依据产品和加工要求将不同的热交换器进行组合。

2. 直接加热系统　直接加热系统通常有以蒸汽混注为基础的直接UHT设备和以板式热交换器和蒸汽喷射为基础的直接UHT设备。生产线如图3-6所示。

原料乳在牛乳平衡槽中温度保持在约4℃，由供料泵送至板式热交换器进入预热阶段，当预热温度升至80℃时，原料乳通过正弦泵加压至约0.4兆帕（此压力预防后续过程产品沸腾），并继续流动至环形喷嘴蒸汽注射器，随着蒸汽注入的完成，将产品温度迅速提升至140℃。随后进入保持管中并以UHT温度保温几秒钟。前面是加热的第一阶段，接下来产品进入闪蒸冷却。闪蒸冷却在蒸发室中进行，冷凝器和真空泵置于蒸发室中，这样提供冷却温度的同时保持蒸发室部分真空状态（真空度的控制是闪蒸出蒸汽量与最早注入产品蒸汽量相等的保证）。

UHT处理后的产品由离心泵送入二段无菌均质机中，流经板式热交换器将产品温度冷却至约20℃，直接连续送至无菌系统，进行无菌灌装机灌装或进入一个无菌罐进行中间贮存以待包装。水平衡槽提供生产过程中冷凝所需冷

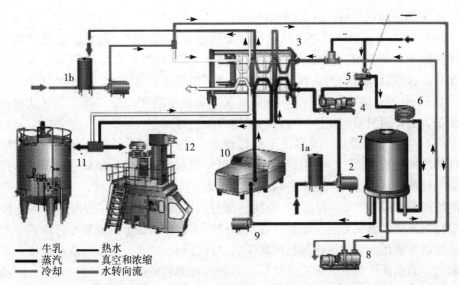

图 3-6　带有板式热交换器的直接蒸汽喷射加热的 UHT 生产线

1a. 牛乳平衡槽　1b. 水平衡槽　2. 供料泵　3. 板式热交换器　4. 正弦泵　5. 蒸汽喷射头

6. 保持管　7. 蒸发室　8. 真空泵　9. 离心泵　10. 无菌均质机　11. 无菌罐　12. 无菌灌装

水循环，并作为产品离开蒸发室后蒸汽加热器加热后的预热介质。在预热中水温降至约 11℃ 后续过程中被用作冷却剂，冷却从均质机流回的产品。若生产中出现温度降低现象，可以使产品通过一个附加冷却段后流至夹套缸，系统自动被水充满，设备被漂洗。应注意的是再次开始生产之前应对系统进行完全清洗灭菌。此系统与蒸汽直接喷射系统的主要不同在于它是牛乳和蒸汽同时进入。蒸汽混注的基本原理是通过蒸汽层对产品进行加热处理。产品喷射系统是可以改变的，但乳滴必须均匀，因为均匀的乳滴是换热效率均匀的保证。若液滴的大小不稳定，原始设计的理论模型也就破坏了。除此以外，生产过程与蒸汽喷射系统类似。

## （二）就地清洗系统（CIP）

CIP 系统包括容器罐体、管道、泵、过滤器等。在一个预定时间内，将一定温度的清洁液通过密闭的管道对设备内表面进行喷淋循环而达到清洗的目的。CIP 广泛应用于液态乳、饮料、果汁等机械化程度较高的食品饮料生产中。CIP 程序必须适应不同的乳品对操作条件的要求。通常牛乳加热到 60℃ 以上时，设备的表面就会出现乳石，主要为磷酸钙、蛋白质、脂肪等的沉积物黏附到管、泵、罐的内壁。直接、间接 UHT 设备的 CIP 循环程序基本相同，程序全部自动化控制。清洗循环包括以下几个步骤。

1. 预冲洗　对产品进行回收后立即用水进行预冲洗，防止牛乳残留物变干黏附于设备表面，造成清洗不便。另外，用来冲洗的水要温和但不能超过55℃，这样乳脂肪残留物容易被冲走，也可以避免蛋白质变性。预冲洗通常持续3～5分钟，实际应用中应根据管线长度和设备容积而定，若干乳品残留在设备表面，通过浸泡使污物松软，清洗效果更好一些。

2. 用清洗剂漂洗　受热面上的污物通常先经过碱洗，加水漂洗后，加酸性清洗剂进行清洗。冷表面只用碱洗即可，偶尔用酸清洗。氢氧化钠是最常用的碱性漂洗剂，巴氏杀菌设备碱洗浓度设为1%～1.5%，UHT设备碱清洗剂的浓度一般设为2%～2.5%，浓度不足时由浓碱罐补充。在溶液中加入一些能降低液体表面张力的润滑剂（表面活性剂为宜）来保证清洗剂与污物膜的充分接触。常用的表面活性剂有阳离子表面活性剂（烷基、芳基、磺酸盐等）及阴离子表面活性剂。多聚磷酸盐是有效的乳化剂和分散剂，可以软化水。三磷酸钠和络合的磷酸盐混合物是最常用的。通常使用的酸性清洗剂有硝酸（巴氏杀菌设备中的添加浓度为0.8%～1.0%，UHT设备的酸浓度为1.5%～2.0%，磷酸添加浓度通常为2.0%等，用来除去碱性清洗剂所不能除去的污物，如热处理设备中乳石的去除必须用酸性清洗剂。

一般而言，温度越高清洗剂的效力越强。热能在一定流量下，温度越高，黏度系数越小，雷诺数（Re）越大。温度的上升通常可以改变污物的物理状态，加快化学反应速度，同时增大污物的溶解度，便于清洗时杂质溶液脱落，从而提高清洗效果、缩短清洗时间。动能的大小是由Re来衡量的。混合清洗剂通常有一个最佳使用温度。根据加工过程中积累的经验，碱洗时其温度与加工过程中的温度基本相同，酸洗时的温度一般为68～70℃。

3. 用清水漂洗　清洗剂洗涤后会对牛乳产生再污染。因此，设备表面还需用水冲洗一定时间，保证设备的彻底干净。清水漂洗要用软化水进行，为了避免表面有钙垢形成，要求清洗水经离子交换器软化到2～40°DH（德国硬度）。经碱洗、酸洗及高温处理，系统实际达到无菌状态，但是设备中残留的清洗水很容易引起细菌生长，可通过添加磷酸或柠檬酸等创造酸性环境（pH<5）来防止细菌生长。

# 第三节　乳饮料的加工

乳饮料又称花色乳，是以鲜牛乳或乳粉为基本原料，加入水和其他辅料

（如糖、咖啡、可可、果汁、酸味剂、稳定剂、香精、色素等），采用不同的杀菌方式，生产具有相应风味的含乳饮料。花色乳中，乳的含量应大于30%，其中蛋白质和脂肪含量均应大于1%。花色乳可分为中性乳饮料和酸性乳饮料。

## 一、调制型中性乳饮料

以咖啡乳饮料为例，咖啡乳饮料是以乳（包括全脂乳、脱脂乳、全脂或脱脂奶粉的复原乳）、糖和咖啡为主要原料，另加香料和焦糖色素等制作成的饮料。

1. 工艺流程　咖啡乳饮料的工艺流程如图3-7所示。

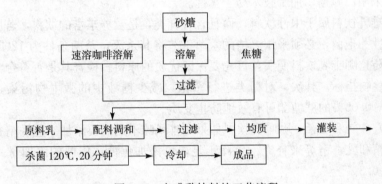

图3-7　咖啡乳饮料的工艺流程

2. 原料选择及处理

（1）乳原料　乳原料主要有全脂乳、脱脂乳、全脱脂乳粉和部分脱脂乳粉等，单独或联合按一定比例使用均可。一般市售咖啡乳饮料的非脂乳固体为3%～5%，脂肪含量为2%左右。

（2）咖啡　直接使用市售的速溶咖啡。

（3）稳定剂　咖啡中的单宁物质可使蛋白质凝固，咖啡乳饮料应加入稳定剂，提高饮料黏度，防止沉淀。咖啡乳饮料制作中常用的有海藻酸钠、明胶、羧甲基纤维素等，其用量为0.05%～0.2%。

（4）甜味剂　咖啡乳饮料使用的甜味剂有蔗糖、转化糖、葡萄糖、阿斯巴甜、蛋白糖等。其中蔗糖的标准添加量为4%～8%。当pH小于6时，饮料就很容易出现成分分离。不同种类的糖使用量影响饮料pH变化。糖受热后pH降低，表3-7为几种糖加热后的pH的变化情况。

表 3 - 7　几种常用糖加热后的 pH 变化情况

| 糖的种类 | 加热前 | 加热后 |
|---|---|---|
| | pH | pH |
| 白砂糖 | 6.99 | 6.63 |
| 果　糖 | 6.88 | 5.78 |
| 果葡糖浆 | 7.01 | 5.83 |
| 饴　糖 | 7.02 | 6.29 |
| 葡萄糖 | 7.02 | 6.10 |

注：表中的加热条件为120℃、15分钟。
(引自张兰威.乳与乳制品工艺学.2006)

　　由表 3 - 7 中可以看出，白砂糖在加热条件下 pH 变化最小。因此，咖啡乳饮料采用白砂糖，加工技术易于掌握。

　　咖啡乳饮料属于中性饮料，而且含有乳类，是营养丰富的饮料，若原料中含耐热性芽孢菌，必须采用严格的杀菌工艺将其杀灭，杀菌条件为 120℃、20分钟。防止咖啡乳饮料变质，首先要保证优质的原料，检查其是否符合咖啡乳饮料微生物指标。其次，对糖类进行杀菌，减少糖液中的微生物污染。添加0.02%～0.05%的蔗糖酯可有效地防止变质。

　　(5) 香料和色素　咖啡乳饮料如果咖啡风味不足需要添加一些香精香料如咖啡香精和乳香精等来补充。色泽不足，可添加焦糖，焦糖的添加量一般为0.1%～0.3%。

　　(6) 其他原料　碳酸氢钠、磷酸二氢钠用来调整乳饮料的 pH。食盐、植物油用于改善风味。蔗糖酯用于防止生成豆腐状凝集物，同时防止硫化腐败菌引起的变败。食品用硅酮树脂制剂用做消泡剂。

　　3. 咖啡乳饮料的配方　举例见表 3 - 8。

表 3 - 8　咖啡乳饮料的配方 (以 1 000 升成品计)

单位：千克

| 成　分 | 种　类 | | |
|---|---|---|---|
| | 含咖啡的清凉饮料 | 乳饮料 | 咖啡饮料 |
| | 罐装 | | |
| 砂糖 | 83 | 44 | 92 |
| 脱脂乳粉 | 24 | 24 | 10 |
| 全脂乳粉 | 8.0 | — | 8.0 |
| 加糖炼乳 | — | 86 | — |

（续）

| 成　分 | 种　类 | | |
|---|---|---|---|
| | 含咖啡的清凉饮料 | 乳饮料 | 咖啡饮料 |
| | 罐装 | | |
| 速溶咖啡 | 8.6 | 18 | 22 |
| 菊苣 | 0.8 | — | — |
| 特种焦糖 | 0.8 | — | — |
| 焦糖 | 1.0 | — | — |
| 食盐 | 0.3 | 0.3 | 0.3 |
| 碳酸氢钠 | 0.5 | 0.5 | 0.5 |
| 蔗糖酯 | 0.5 | 1.0 | 0.5 |
| 香精 | 1.0 | 1.0 | 1.0 |

（引自邵长富. 软饮料工艺学. 1997）

4. 工艺要点

（1）配料顺序　先溶解白砂糖和乳原料，并制成咖啡提取液。按以下顺序进行调和，防止咖啡提取液和乳液直接混合产生蛋白质凝固现象。

①将砂糖液倒入调和罐。

②将一定量的碳酸氢钠和食盐混合溶于水添加。

③将蔗糖酯溶于水加入到乳中均质（必要时可以加入消泡剂硅酮树脂）。

④加入咖啡提取液及焦糖。

⑤最后加入香精香料，充分搅拌混合。

（2）均质　物料经混合过滤均质，均质的压力一般为18～20兆帕，温度为50～60℃。均质改善饮料的组织状态及口感。

（3）灌装　均质处理后的物料，经杀菌处理后，进行灌装密封。咖啡乳饮料容易起泡，故不应装填太满，保持一定的真空度。

# 二、酸性乳饮料

## （一）调制乳饮料

调制乳饮料分为酸性含乳饮料、可可乳饮料、咖啡乳饮料等。调制型酸性乳饮料与普通调制乳饮料相比加工过程略为复杂，即增加了酸化的过程，工序基本相同，只是添加辅料不同命名不同。

典型的调配型酸性含乳饮料配料如下：鲜乳30%或乳粉3%～4%，柠檬酸钠 0.5%（调 pH 为 4.0 左右），稳定剂 0.35%～0.6%，糖 8%～10%，果汁或果味香精适量，适量的香精和色素。调配型乳酸饮料成品的理化标准如表 3-9 所示。

**表 3-9 调配型酸性含乳饮料理化标准**

| 项 目 | 指 标 | 检验方法 |
|---|---|---|
| 脂肪（克/100 克） | ≥2.5 | GB 5413.3 |
| 蛋白质（克/100 克） | ≥2.3 | GB 5009.5 |

采用灭菌工艺生产的调制乳应符合商业无菌的要求，按 GB/T 4789.26《食品卫生微生物学检验 罐头食品商业无菌的检验》规定的方法检验。调配型乳酸饮料成品的微生物限量标准如表 3-10 所示。

**表 3-10 调配型乳酸饮料成品的微生物限量标准**

| 项 目 | 采样方案及限量(若非指定，均以个/克或个/毫升表示) | | | | 检验方法 |
|---|---|---|---|---|---|
| | n | c | m | M | |
| 菌落总数 | 5 | 2 | 50 000 | 100 000 | GB 4789.2 |
| 大肠菌群 | 5 | 2 | 1 | 5 | GB 4789.3 平板计数法 |
| 金黄色葡萄球菌 | 5 | 0 | 0/25 克（毫升） | — | GB 4789.10 定性检验 |
| 沙门氏菌 | 5 | 0 | 0/25 克（毫升） | — | GB 4789.4 |

注：n 表示同一批次产品应采集的样品件数，c 表示最大可允许超出 m 值的样品数，m 表示微生物指标可接受水平的限量值，M 表示微生物指标的最高安全限量值。

1. 工艺流程 调制型酸性含乳饮料加工工艺流程如图 3-8 所示。

2. 工艺要点

（1）基本原料的要求 原料乳或奶粉经过检查后必须符合标准才能投入使用。根据要求不同，一般可使用全脂或脱脂乳粉。溶解乳的水首先加热至45～50℃，同时进行软化处理，再通过乳粉还原设备将乳粉还原，完全溶解后停止罐内搅拌，让乳粉在 45～50℃水合 30 分钟左右。国内的含乳饮料一般使用全脂乳粉。

（2）稳定剂的溶解与添加 添加稳定剂的目的：保护乳中蛋白稳定，不产生絮凝。最常用的稳定剂有：羧甲基纤维素（CMC）、羧甲基纤维素钠（CMC-Na）、藻酸丙二醇酯（PGA）、卡拉胶、果胶、琼脂等。

（3）混合 将稳定剂溶液与糖液、香精、色素和香料等加入到预热的原料乳中混匀，随后冷却至 20℃以下。

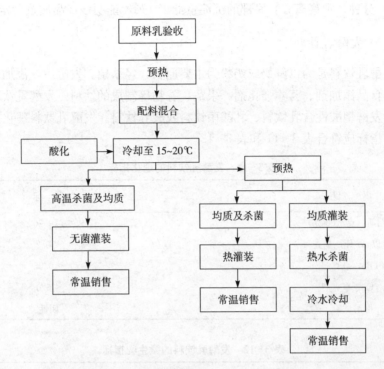

图 3-8 调制型酸性含乳饮料加工工艺流程

（4）酸化　在调制型酸性含乳饮料的加工中，酸化是关键。酸化的效果是
成品质量的决定性因素。有机酸如柠檬酸和乳酸等是酸性含乳饮料常用的酸味
剂，添加量为 0.3％～0.5％。添加时应先将酸液稀释为 10％左右的稀溶液，
然后高速（通常为 2 500～3 000 转/分）搅拌来保证酸溶液在牛奶中快速、充
分分散，防止蛋白质沉淀的产生。若工厂条件允许，可将酸液薄薄喷洒到牛乳
表面，并不断搅拌，保证牛乳的界面能不断更新，从而得到较缓和的酸化效
果。在升温及均质前，应将牛乳的 pH 调至 4.0 以下，确保酪蛋白的稳定。

（5）均质、杀菌、灌装　混合料液经过均质、杀菌后，进行灌装。杀菌温
度、时间组合有 105～115℃、15～30 秒，110℃、6 秒或 137℃、4 秒。若产品
采用塑料瓶包装，灌装后再用 85～90℃、20～30 分钟的水浴杀菌。

3. 产品蛋白稳定性的检测　蛋白质稳定性的检查有很多方法。比如，将
少量的饮料成品滴到玻璃器皿的内壁上，若形成了牛乳似的、细的并且均匀的
薄膜，证明产品质量稳定。这是最简便、快捷且不用任何仪器的方法。也可取
少量的产品样品于载玻片上，用显微镜观察。视野中颗粒细小、分布均匀，产
品质量稳定。或取 10 毫升的成品放入带刻度的离心管中，以 2 800 转/分转速

离心 10 分钟，观察离心管底部的沉淀量低于 1%，证明该产品质量稳定。

### (二) 发酵乳饮料

发酵乳饮料是为以鲜奶或奶粉为主要原料，经杀菌、发酵后，添加（或不添加）食品添加剂、营养强化剂、果蔬、谷物等制成的饮料。发酵乳饮料通常被称为发酵型酸性含乳饮料、乳酸菌饮料或酸乳饮料。发酵乳饮料理化指标和微生物指标应符合表 3 - 11 和表 3 - 12。

**表 3 - 11　发酵乳饮料的理化指标**

| 项　目 | 指　标 |
|---|---|
| 蛋白质（克/100 克） | ≥0.70 |
| 总砷（以 As 计，毫克/升） | ≤0.2 |
| 铅（Pb，毫克/升） | ≤0.05 |
| 铜（Cu，毫克/升） | ≤5.0 |
| 脲酶试验 | 阴性 |

**表 3 - 12　发酵乳饮料的微生物指标**

| 项　目 | 指　标 | |
|---|---|---|
| | 未杀菌乳酸菌饮料 | 杀菌乳酸菌饮料 |
| 乳酸菌（个/毫升） | | |
| 　出厂 | ≥1×10⁶ | — |
| 　销售 | 有活菌检出 | — |
| 菌落总数（个/毫升） | — | ≤100 |
| 霉菌数（个/毫升） | 30 | 30 |
| 酵母数（个/毫升） | ≤50 | ≤50 |
| 大肠菌群（个/毫升） | | ≤3 |
| 致病菌（沙门氏菌、志贺氏菌、金黄色葡糖球菌） | 不得检出 | 不得检出 |

典型的乳酸菌饮料成品的标准为：蛋白质≥0.7%，总固形物15%～16%。

根据产品是否含有活乳酸菌可分为活性（未经后杀菌）和非活性（经后杀菌）乳酸菌饮料。活性乳酸菌饮料系指产品经乳酸菌发酵调配后不再杀菌制成的产品，需在冷藏条件下销售。非活性乳酸菌饮料系指产品经乳酸菌发酵后调配再经杀菌制成的产品,产品可在常温下销售。活性的发酵乳饮料产品保质期为15~30天,而杀菌型的酵乳饮料在常温下有时可达3~6个月。

1. 工艺流程 活性乳酸菌饮料和非活性乳酸菌饮料的生产工艺流程图见图3-9。

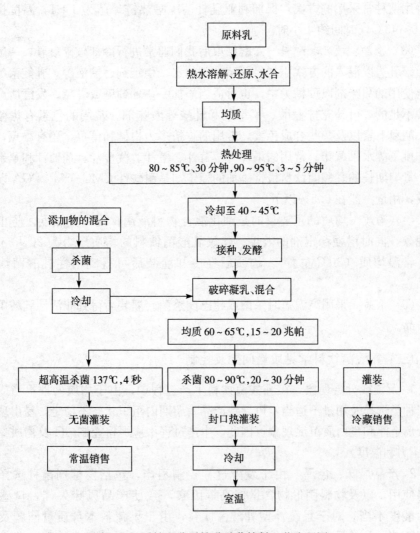

图3-9 活性和非活性乳酸菌饮料工艺流程图

2. 工艺要点

(1) 原料乳成分的调节 前面曾提到过蛋白质和脂肪含量对含乳饮料的加

工十分重要，其中蛋白质含量会直接影响到酸乳的酸度、组织状态及稳定性，可以使用全脂牛奶、脱脂牛奶、脱脂乳粉、蒸发原料乳，或添加酪蛋白粉、乳清粉等。

（2）发酵剂　发酵用菌种有保加利亚乳杆菌、嗜热链球菌、嗜酸乳杆菌以及双歧杆菌等。发酵可采取混合发酵，发酵剂用量为原料乳量的 2%～3%。发酵用菌种常采用的方案：保加利亚乳杆菌：嗜热链球菌为 1：1，温度控制在 40～45℃，时间约 4 小时。

（3）冷却、破乳和配料　发酵结束后我们通常进行冷却破碎凝乳，一般采用边碎乳边以混入的方式添加经杀菌处理的水、稳定剂、糖液等。乳酸菌类乳饮料使用的甜味剂以蔗糖为主，也可适当添加一些葡萄糖或乳糖。发酵所产生的酸不足的，可补充柠檬酸、苹果酸和乳酸等酸味剂。常用的色素有焦糖色素、胡萝卜素以及一些合成色素。常用的香精多为柑橘和草莓，还有香蕉、甜瓜和桃子等水果风味。常用的果汁有草莓汁、橙汁、菠萝汁、葡萄汁和苹果汁等。货架期长的乳酸菌饮料最常添加的稳定剂是耐酸性 CMC - Na、PGA 以及果胶，用量一般在 0.5% 以下。

（4）均质　均质的主要目的是细化混合物料液滴，提高其黏度，防止沉淀现象，同时增强稳定剂的效果。建议乳酸菌饮料的均质压力为 20～25 兆帕，常温均质（30℃左右）。均质后经冷却灌装后可得到活性乳酸菌饮料产品。

（5）杀菌　采用高温短时杀菌或超巴氏杀菌。灌装后得到非活性乳酸菌饮料产品。

### （三）乳酸菌饮料常见质量问题及控制

1. 沉淀或分层现象　在乳酸菌饮料生产过程中，由于均质处理不当或稳定剂种类选择及用量不适当，可导致产品货架期内组织状态不稳定，易出现脂肪分离上浮和蛋白质沉淀现象。因此，生产过程中应严格控制 pH 及均质参数（如压力和温度）。

2. 产品风味、色泽　由于发酵过程控制不当，包括发酵剂菌种选择和原料使用，以及物料固形物含量偏高等因素，致使产品风味欠佳，口感稀薄，酸度不当。对于果蔬汁型乳酸菌饮料，由于果蔬料本身质量问题及预处理不当，也会影响产品的色泽和组织状态，甚至污染杂菌如酵母菌，对产品风味产生不良影响。因此，应严格控制原辅料的使用、发酵剂的活力等。

# 第四节　其他液体乳制品的加工

## 一、较长保质期（ESL）牛乳

### （一）概述

较长保质期乳（extentded shelf-life，ESL）也称为延长货架期乳，简称为 ESL 乳。生产延长货架期乳制品的技术早在 1960 年北美就已存在，现已用于高附加值产品及常规液态乳领域。

由于冷链的不完善、原料乳质量差或加工和灌装工艺不合理等各种原因，液态奶的稳定性和货架期存在着很多问题。传统的巴氏杀菌乳在 4~6℃ 冷藏条件下的货架期仅 1 周左右，产品的出厂、运输、销售都会受到很大的限制。通过改进采用 UHT 杀菌、无菌灌装联合使用可延长货架期，可储藏 3~6 个月，但是产品感官质量仍不能很好地满足消费者的需求，如产品会出现蒸煮味和褐变。在这样的需求下，经过深入的研究开发出了 ESL 乳。ESL 乳生产的杀菌温度高于传统的巴氏杀菌乳，但低于 UHT，所以又称为超巴氏杀菌。采用的温度、时间组合为 125~130℃、2~4 秒。

ESL 乳制品的生产技术已经被广泛应用于其他高附加值产品以及常规的液态奶领域，并且 ESL 乳已经成为一个专有缩写词。但 ESL 乳并没有一个法定的概念，ESL 乳广义定义为比巴氏杀菌乳货架期更长的液体乳。

### （二）ESL 乳的生产

ESL 乳的生产是一项综合的生产技术，包括对原料乳的质量要求、杀菌方式的改变、灌装、产品贮藏销售条件下合理控制等关键技术。

使用微滤技术几乎可以完全除去细菌及其芽孢，这对于液体乳的加工十分有利。其加工过程如图 3-10 所示。

微滤技术与巴氏杀菌相结合生产 ESL 乳加工过程中，微滤处理后，可以有约 0.1‰~1‰ 的菌体细胞透过滤膜到滤出液中。采用孔径更小的膜才能更彻底地降低菌数甚至达到无菌状态，但是流量和连续运转时间会降低。截留液占初始原料乳的比例较小，可与稀奶油一起灭菌。

在 130℃ 下将稀奶油和截留液处理 4 秒并与过滤后的脱脂乳重新混合，经均质后在 72℃ 下进行巴氏杀菌 15~20 秒，然后冷却到 4℃。再将含脂率约为 40% 的部分稀奶油与脱脂乳重新混合，生产出脂肪标准化的巴氏杀菌乳，对多

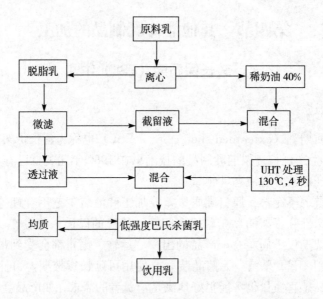

图 3-10　微滤技术与巴氏杀菌相结合生产 ESL 乳加工过程

余的稀奶油进行单独加工。产品的规定含脂率决定了重新混合的稀奶油与多余稀奶油的比例。

生产中既可以进行全部均质，也可以进行部分均质，全部均质加工的牛乳将保持新鲜风味及乳白色。此外，加工线坚持严格的卫生监控（从收购到包装和罐装系统）是获得产品较长保质期的基础。如果在消费者食用之前其温度不超过 7℃，则未开启包装的产品保质期可长达 40～45 天。

另外，只对部分产品采用短时 UHT 处理，确保蒸煮味控制到一定的程度，对牛乳的质量几乎没有影响，但应该注意这时是脂肪球处于最强烈的热处理阶段。加工过程中的离心也可以降低芽孢的数量，延长货架期。

在加工过程中乳中的一些化学成分也发生了变化，几种化学成分在不同处理时具体变化如表 3-13 所示。

表 3-13　乳中几种化学成分在不同处理时的具体变化

| 指　标 | 离心除菌 | 巴氏杀菌 | 微滤 | 高温处理 | 直接 UHT | 间接 UHT |
|---|---|---|---|---|---|---|
| 可溶性免疫球蛋白（毫克/升） | 2 700 | 3 100 | 2 500 | 1 600 | 700 | 150 |
| 乳果糖（毫克/千克） | <40 | <10 | 10 | 20 | 150 | 300 |
| 每千克蛋白质含呋喃素（毫克） | 10 | 35 | 100 | 200 | 400 | 1 200 |

（引自张兰威. 乳与乳制品工艺学. 2006）

## 二、再 制 奶

再制乳是将乳粉、奶油等产品，加水并加入一定量乳脂还原，添加或不添加其他营养成分或物质，经加工制成的与鲜乳组成特性相似的液态乳制品。

再制乳的生产是为鲜乳供应困难的地方提供类似鲜乳的乳品。近些年，全世界再制奶和其乳制品的生产发展均呈现良好的趋势，已开发了大量的加工技术和设备。

### （一）加工工艺

图3-11所示为一个大型再制乳连续生产线，在生产线上乳脂被计量泵泵入混料罐中。水加热到40℃时，经计量加入到一个混合罐中，在泵送途中水在一个板式换热器中被加热，这主要因为脱脂乳粉在温水中更易溶解。当罐被灌满一半时，循环泵启动，水流过旁通管道从混料罐进入水粉混合器料斗形成

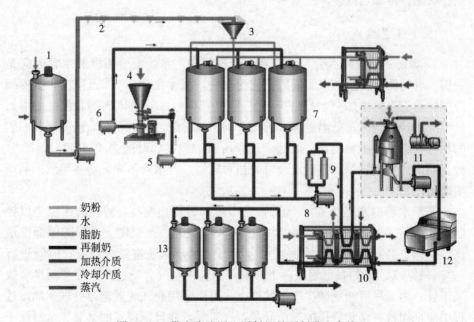

图3-11 带有脂肪混入混料缸的再制乳生产线

1. 脂肪缸 2. 脂肪保温管 3. 称量器 4. 带有高速混料器的漏斗
5. 循环泵 6. 增压泵 7. 混合罐 8. 排料泵 9. 双联过滤器
10. 板式热交换器 11. 真空脱气器（可选） 12. 均质机 13. 缓冲罐

真空，混料器将干物料吸入桨叶空隙中，从而使水、粉混合进入高速混料系统。混合罐中的搅拌器与循环泵同时启动，促使水、粉混合，在此期间水连续进入罐中。乳粉加入完毕后，将搅拌器和循环泵关停，同时罐中物被静置，直至所有的脱脂粉完全溶解，促进乳粉成分水合。在水温为 35～45℃ 的条件下，这一过程约需 20 分钟。此时，将无水奶油加入贮罐，然后由泵将其泵入称量器进入混合罐中，随后搅拌器再次启动，搅拌器开始运转 12 分钟，并将脂肪分散在脱脂乳中。输运热脂肪的管线通常为了防止脂肪的温度低于其融点，要安装运输热脂肪的管线。当所有的物料已被混合加入到一个罐中时，加工过程将在下一罐中重复进行。用泵把混合后的乳从罐中吸出，经过双联过滤器，除去机械杂质，在板式热交换器中加热到 65℃ 左右，然后在均质机中脂肪球被完全分散。均质后的混合物料进行巴氏杀菌、冷却，泵入缓冲罐，也可以直接灌装。

有时奶油添加采用管道式混合法，即溶化后的奶油通过计量泵，按比例连续与另一管中流过的脱脂乳相混合，然后通过管道混合器进行充分混合、均质、灭菌、冷却后灌装。

## （二）工艺要点

1. 水粉的混合、水合　再制乳生产过程中，水粉混合温度和水合时间是关键。乳粉的润湿度随着温度的变化而改变，温度在 0～50℃ 范围内，乳粉润湿度随温度的增加呈上升趋势，而温度在 50～100℃ 范围内随着温度的增加呈下降趋势。因此，低温处理乳粉较有利于其溶解，这对蛋白质恢复到其一般的水合状态是很重要的，一般这个过程所需的温度、时间为 40～50℃、20 分钟。品质优良的乳粉所需的水合时间相对较短，若水合不充分将会导致产品产生缺陷。

乳粉水解时水温为 40～50℃，完全溶解后停止搅拌，静置时水温建议控制在 30℃ 左右，水合时间最好为 6 小时。经研究，此温度下乳粉的湿润度最高，这样也最有利于蛋白质恢复水合状态。水合尽量避免在低温长时间进行（6℃、12～14 小时），低温条件下导致再制乳中空气含量过高，使产品水合效果不佳。为了尽可能地减少气泡的产生，可以采用脱气装置进行处理。加工过程中应仔细检查泵和管道的连接处是否有泄漏，并且搅拌器的桨要完全浸没于乳中。水合未彻底完成前不能添加脂肪。

2. 脱气　前面提到要尽可能减少再制乳中的气泡（由于再制乳中空气含量过高），气泡的存在容易在巴氏杀菌过程中形成乳垢，在均质机中产生空穴作用，增加了乳脂肪氧化的可能性。因此，需要脱气装置。在小批量生产操作中，物料混合与加工均在带有双速搅拌器的冷热缸中进行。加热至 43～49℃后，加入乳粉缓慢搅拌直至乳粉溶解水合充分，最终液体在静置状态下脱气。

3. 均质 再制乳加工过程中，国内目前常用的均质压力为 5～20 兆帕、温度为 65℃，均质后脂肪球直径为 1～2 微米。

4. 热处理 再制乳热处理方法根据产品特性的不同可采用不同的杀菌方法，如巴氏杀菌、UHT 及保持杀菌等。

5. 包装 巴氏杀菌乳制品通常采用卫生灌装，而 UHT 或灭菌处理则采用无菌包装系统。

# 第四章

# 发酵乳加工 >>>>>

## 第一节 发酵乳的分类及特性

### 一、发酵乳的分类

根据 1992 年国际乳业联合会（IDF）颁布的标准，发酵乳（culture milk）是以乳与乳制品为原料，经均质（或不均质）、杀菌（或灭菌）后，加入特定的微生物发酵剂，经发酵制成的具有特殊风味的凝乳产品。产品在保质期内必须含有大量对人体有益的微生物。

发酵乳中可以添加乳与乳制品、香味物质以及除多元醇以外的碳水化合物构成的甜味剂、着色剂、防腐剂和稳定剂等。所用菌种必须是无毒、无害、非致病性的特征微生物。

根据所用微生物种类及发酵形式的不同，将发酵乳分为两类：酸性发酵乳和醇性发酵乳。酸性发酵乳主要是利用乳酸菌进行乳酸发酵，分解乳糖产生乳酸等，并赋予产品特有的酸度、风味与口感。酸奶、发酵酪乳、保加利亚乳杆菌发酵乳、嗜酸乳杆菌乳等是比较常见的；醇性发酵乳是利用乳酸菌和酵母进行共同发酵，其代谢产物既有乳酸又含乙醇，并具有显著乙醇风味。常见的有马奶酒、开菲尔等。

还有人考虑所使用乳的种类、主要发酵微生物的种类和它们的主要代谢产物对发酵乳进行分类，可划分为 3 个主要的类型：乳酸发酵、酵母—乳酸发酵、霉菌—乳酸发酵。

常见发酵乳及其特征微生物的比较见表 4-1。

**表 4-1 常见发酵乳及其特征微生物的比较**

| 名　称 | 特征菌种 | 质量指标 | |
| --- | --- | --- | --- |
| | | 乳酸含量 | 特征菌量 [个/毫升（克）] |
| 嗜酸乳杆菌发酵乳 | 嗜酸乳杆菌 | ≥0.70% | ≥10⁷ |

（续）

| 名　称 | 特征菌种 | 质量指标 | |
|---|---|---|---|
| | | 乳酸含量 | 特征菌量［个/毫升（克）］ |
| 酸乳 | 嗜热链球菌、保加利亚乳杆菌 | ≥0.60% | |
| 开菲尔 | 马克斯克鲁维酵母、酿酒酵母、乳球菌和醋杆菌 | ≥0.60%并含有乙醇 | 乳酸菌含量≥$10^7$，酵母菌含量≥$10^4$ |
| 双歧杆菌发酵乳 | 双歧杆菌和其他发酵乳用菌混合发酵而成 | | 双歧杆菌含量≥$10^6$ |
| 酸马奶酒 | 克鲁维酵母 | ≥0.07%并含有乙醇 | |
| 浓缩发酵乳 | 单菌或混合菌 | ≥0.06% | |

## 二、发酵乳的形成及特性

### （一）发酵乳的形成

发酵乳的工业化生产是以乳酸菌等特定微生物制成发酵剂，然后接种到已杀菌的原料乳中，一定温度下乳酸菌增殖产生乳酸，与此同时发生一系列的化学和物理的变化。

随着乳酸的产生，发酵乳的 pH 降低（酸度升高），乳中的磷酸钙和柠檬酸钙逐渐溶解导致了乳清蛋白和酪蛋白复合体稳定性降低。当 pH 降到酪蛋白的等电点（pH＝4.6）时，酪蛋白胶粒聚集沉降，形成含有乳清蛋白、脂肪和水溶液的网络立体结构——凝乳。

蛋白质轻度水解，产生多种肽、游离氨基酸。脂肪水解产生多种游离脂肪酸。

乳糖是乳酸菌生长增殖的能量来源。乳酸菌的增殖过程中涉及各种酶，可以将乳糖转化为乳酸等产物（图 4-1），也有半乳糖及少量寡糖、多糖、乙醛、双乙酰、丁酮和丙酮等风味物质。

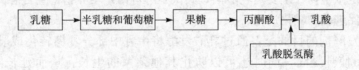

图 4-1　乳糖转化为乳酸的过程

微生物生长过程中会消耗一些维生素，如维生素 $B_{12}$、泛酸等。不过也有的乳酸菌可以产生维生素，如嗜热链球菌和保加利亚乳杆菌在生长过程中就会产生烟酸、叶酸等。磷酸盐等溶解离解出钙等，钙离子浓度增加，提高了吸收能力。牛乳的发酵使核苷酸增加，尿素分解产生甲酸和二氧化碳。由于反应，产生风味物质，如乙醛、丁二酮等，形成酸奶特有的风味和口感。

发酵产生的酸度可以抑制某些有害微生物的生长。同时一些菌种的共生关系更有助于发酵的进程。

### (二) 发酵乳的生理功效

1. 改善肠道微生物菌群的平衡　酸乳中的一些乳酸菌可以活着到达大肠，在肠道中定植并营造一种酸性环境，有利于有益菌的生存繁殖，抑制有害菌的生长，起到调节人体肠道中微生物菌群的平衡作用。

2. 缓解乳糖不耐症　我国不少人在摄入乳后就会出现腹痛、腹泻、肠痉挛、肠鸣等症状，即为乳糖不耐症。乳经过发酵后，乳中的乳糖降解形成乳酸，乳中的乳糖含量降低。因此，酸乳中的乳糖含量比原料乳中少，可明显缓解乳糖不耐的症状。

3. 降低胆固醇水平　长期食用酸乳可以降低人体胆固醇水平，减少心血管疾病发病率。

4. 降血压作用　酸奶具有较强的血管紧张肽转化酶（ACE）抑制活性，具有降血压的作用。

5. 免疫调节作用　乳酸菌细胞使某些物质（$\gamma$-干扰素的含量和 NK）数量增加，具有免疫调节的作用。

# 第二节　发酵剂的制备

## 一、发酵剂的种类与选择

发酵剂是指制造发酵产品如干酪、酸奶、发酵性稀奶油及乳酸菌饮料等）所用的特定微生物（主要是乳酸菌，其次是酵母菌）培养物，它含有高浓度乳酸菌，能促进乳的酸化过程。

使用发酵剂的目的是：通过乳酸发酵将牛乳中部分乳糖转化成乳酸，降低乳 pH，使乳凝固，同时还可以防止其他杂菌的生长，从而延长贮存期。发酵过程中产生的一些风味物质，如挥发性物质丁二酮、乙醛等，使发酵乳具有良好的风味。乳酸发酵具有一定的降解脂肪和蛋白质作用，促进乳的消化吸收。

（一）发酵剂的种类

1. 根据发酵剂最适生长温度不同

（1）嗜温菌发酵剂　这类发酵剂适合生长的温度范围较宽，通常能在10～40℃的温度范围内生长，其最适生长温度为20～30℃。用此类发酵剂生产的发酵制品有：

①多种干酪制品　发酵剂主要是产酸产气，在干酪成熟阶段产生蛋白酶和肽酶。

②黏稠状乳制品　如瑞典的 Langfil、芬兰的 Villi 等。

③酸奶油　发酵剂的主要作用是发酵柠檬酸产生风味物质丁二酮。

④乳酒　此类酒是利用嗜温菌与酵母菌组合生产的。

一般工厂常用的发酵剂的菌种有乳酸链球菌、乳脂链球菌、丁二酮乳酸链球菌、乳明串珠菌等。前两种主要利用乳糖发酵产生乳酸，常作为产酸菌；丁二酮乳酸链球菌既能发酵柠檬酸，代谢产生二氧化碳气体及风味物质乙醛和丁二酮，也能发酵乳糖产酸。乳明串珠菌只能发酵柠檬酸产生二氧化碳、乙醛及丁二酮，是风味物质的主要来源。

（2）嗜热菌发酵剂　这种发酵剂的最适生长温度为40～45℃，最常见的是嗜热链球菌和保加利亚乳杆菌组合的发酵剂，主要用于酸乳及乳酸菌饮料的生产。

2. 根据生产阶段的不同分类　作为传统中、小规模发酵乳生产的液态发酵剂，根据菌种及生产环境的不同要求分为商品发酵剂、母发酵剂、中间发酵剂及工作发酵剂。

（1）商品发酵剂　被称作发酵剂纯培养物，它是从专门的发酵剂公司或研究所购得的原始菌种。一般多接种在脱脂乳、乳清或肉汁培养基中。

（2）母发酵剂　是原始菌种的扩大再培养，其培养基一般是灭菌脱脂乳。要获得高质量的发酵剂，制备好母发酵剂是关键。

（3）中间发酵剂　是扩大生产工作中间环节的发酵剂。

（4）生产发酵剂　又称工作发酵剂，是直接用于发酵乳生产的发酵剂，是中间发酵剂再次扩大的培养物。

原始菌种质量的优劣，对以后连续扩培菌种有着重要的影响。

3. 根据发酵剂不同状态的分类

（1）液态发酵剂　一般乳品厂通过商品发酵剂制成液态发酵剂，然后供生产使用。液态发酵剂中的母发酵剂、中间发酵剂一般是由乳品厂化验室制备得到的，而生产中用的工作发酵剂由专门发酵剂室或车间生产。

液态发酵剂的优点是使用前可以给予评估和检查，价格便宜。但缺点是批次之间质量存在差异，保存期不长，乳酸菌含量低，必须经常转接传代以保存活力，费时、费力，还容易受到外界微生物的污染，接种量较大时必须由一些训练有素的人员进行操作生产。活力较高的菌种，其活菌数一般为 1 亿～10 亿个/毫升。为了保证发酵剂的活力，要求每周转接一次。要求保存在 0～5℃ 下并且不能超过 1 周。根据情况可在 4～6 天内转接 1 次。

（2）粉末状或颗粒状发酵剂　根据现代大规模发酵乳品生产的要求，近年来粉末状和颗粒状发酵剂得到广泛应用。与液态发酵剂相比，粉末发酵剂运输和保存方便，质量稳定，接种次数减少，污染机会也随之降低，然而成本较高。应该注意的是粉末发酵剂使用前一般必须经过活化。

冷冻发酵剂一般应经过浓缩而成固态状，因此被用作颗粒发酵剂。冷冻发酵剂是在乳酸菌生长活力最高点时浓缩冷冻液态发酵剂而制成的，包装后置于液氮罐中保存，保存温度为 −196℃，也可以在 −70～−40℃ 低温冻藏。超浓缩发酵剂也属于冷冻发酵剂范畴，是在培养基中加入了生长促进剂，用氨水不断中和产生的乳酸，最后用离心机浓缩菌种。浓缩发酵剂单个滴在液氮罐中由于冷冻作用而形成片状，同样保存在 −196℃ 液氮罐中。

冷冻发酵剂的优点是不仅具有粉状发酵剂的优点，而且其菌体活菌数较粉末发酵剂高。可直接用超浓缩发酵剂生产工作发酵剂；一次性使用，方便、简单，无须在生产前反复接种；很大程度上减少了污染机会，确保了每批产品质量稳定；可随时按产量接种，减少了浪费。应该注意的是该发酵剂在运输过程中不能解冻。因此，运输不便，使用受到限制（表 4 - 2）。

表 4 - 2　不同发酵剂的乳酸菌浓度及保存条件

| 物理状态 | 液态 | | 粉末及颗粒状 | | 冷冻浓缩 | |
|---|---|---|---|---|---|---|
| | | 冷冻干燥 | 浓缩冷冻干燥 | 冷冻浓缩 | 超浓缩 | |
| 乳酸菌数［个/毫升（克）］ | 5 亿 | 10 亿 | 1 000 亿～2 000 亿 | 2 万～7 万 | 1 000 亿～2 000 亿 | |
| 保存温度（℃） | 5 | −45 | 5 | −20 | 5 | −20 | −196 | −45 | −196 |
| 保存期 | 7 天 | 3 月 | 6 月 | ≥1 年 | 3 月 | ≥6 月 | ≥1 年 | 3 月 | 2～3 月 |

（引自张兰威. 乳与乳制品工艺学.2006）

4. 根据发酵剂不同组合分类

（1）单一发酵剂　只选一种菌株单独作为发酵剂，这种发酵剂的优点如下：

①容易继代培养，尤其是德式乳杆菌保加利亚亚种和嗜热链球菌在配方方面比较容易掌握。

②更换菌株较容易，尤其是要引入新菌株时，例如要引入产酸能力较强的菌时直接将以前的菌种更换即可。

③对于不同类型酸乳其要求的发酵菌种比例容易调整。

④在乳中能够进行有选择性的接种。如在果料酸乳中，可先接种球菌，一段时间后再接种杆菌。

⑤单一定向地活化不同的菌株，减弱了菌株间的共生作用，从而延缓了酸化时间。

⑥冷藏条件易于单一菌株性状的保持，且液态母发酵剂可以数周活化1次。

（2）混合发酵剂 这一类发酵剂是指含有两种或两种以上的菌种混合使用制成的发酵剂。通常所用的是德式乳杆菌保加利亚亚种和嗜热链球菌按1∶1或1∶2的比例混合后制成的发酵剂，且两种比例改变越小越好。

（3）补充发酵剂 以增加酸奶的黏稠度、风味和提高产品的功能性效果为目的，可以选择下列菌种，按单独培养方式或者混合培养后加到乳中。

①产黏发酵剂 增加发酵乳的黏稠度，额外地选择产黏菌株制备发酵剂，但是黏稠度过高同样会对发酵乳的口感产生不良的影响。因此，通常其与德式乳杆菌保加利亚亚种或嗜热链球菌分开培养。

②嗜酸乳杆菌 这类菌种在乳中生长缓慢，实践中通常与双歧杆菌配合使用或采用冷冻干燥的菌种来生产功能型酸奶。

③产香发酵剂 在生产中自然型酸奶香味不足，不能满足消费者的要求，可加入一些产生风味物质的发酵剂如嗜热链球菌、丁二酮产香菌株。

④双歧杆菌 双歧杆菌生长过程中会产生乙酸，乙酸对发酵乳的口感产生不良影响。因此，一般不单独使用，除非在生产双歧杆菌时。双歧杆菌通常单独培养，但生产前应与德式乳杆菌保加利亚亚种和嗜热链球菌一起接种于乳中，这样可以提高产品的食疗作用。

⑤干酪乳杆菌 在干酪的生产中作为补充发酵剂加入到乳中，通常将嗜酸乳杆菌、干酪乳杆菌和双歧杆菌组合使用，如日本非常有名的发酵乳"养乐多（Yakult）"。

## （二）发酵剂菌种的选择

不同的发酵剂制品有不同的产品特性要求，不同的产品对发酵剂的要求也是不同的，选择发酵剂时应考虑生产需求。表 4-3 给出了一些产品中常用的发酵剂菌种及其特性。

表 4-3　常用发酵剂的菌种及其特性

| 类别 | 种　名 | 产酸（%） | 最适生长温度（℃） | 耐盐（%） | 柠檬酸发酵 | 酒精发酵 | 产　品 |
|---|---|---|---|---|---|---|---|
| 乳酸球菌 | 乳脂链球菌 | 0.8～1.0 | 25～30 | 4 | — |  | 切达干酪 |
|  | 乳酸链球菌 | 0.8～1.0 | 约 30 | 4.0～6.5 | — | — | 人工酪乳、酸奶油 |
|  | 丁二酮乳链球菌 | 0.8 | 约 30 | 4.0～6.5 | ＋ | — | 干酪、酸奶油 |
|  | 嗜热链球菌 | 0.8～1.0 | 40～45 | 2.0 | — | — | 酸奶 |
|  | 嗜柠檬酸明串珠菌 | 少许 | 20～25 |  | ＋ | — | 干酪、酸奶油 |
| 乳酸杆菌 | 瑞士乳杆菌 | 2.5～3.0 | 40～45 | 2.0 | — | — | 酸奶、开菲尔 |
|  | 保加利亚乳杆菌 | 1.8～2.0 | 40～43 | 2.0 | — | — | 酸奶、乳酸菌饮料 |
|  | 乳酸乳杆菌 | 1.5～2.0 | 40～45 | 2.0 | — | — | 酸奶、开菲尔 |
|  | 嗜酸乳杆菌 | 1.8～2.0 | 35～37 |  | — | — | 嗜酸乳杆菌 |
|  | 干酪乳杆菌 | 1.5～2.0 | 35～40 |  | — | — | 干酪乳杆菌发酵乳 |
|  | 双歧杆菌 | 1.5 | 35～37 |  | — | — | 双歧杆菌发酵乳 |
| 酵母 | 乳酒假丝酵母 | — | 25～30 |  |  | 乙醇、二氧化碳 | 开菲尔、马奶酒 |
|  | 脆壁酵母 | — | 25～30 |  |  | 乙醇、二氧化碳 | 开菲尔、马奶酒 |

发酵剂菌种的选择应考虑以下几个方面：

1. **产酸能力**　判断发酵剂产酸能力常见有两种方法，即绘制产酸曲线和进行酸度检测。

(1) 产酸曲线　在同样条件下，通过测得酸度随发酵时间的变化关系，从而绘制出产酸曲线，从中确定哪一种发酵剂产酸能力强。

(2) 酸度检测　酸度测定也是检测发酵剂产酸能力的方法，实际上也是活力测定方法。活力是指在给定的时间内，发酵过程中酸生成率。通常在发酵过程中，产酸能力强的酸乳发酵剂会导致过度酸化和后酸化过程。一般情况下，生产中应选择产酸能力较弱或中等程度的发酵剂。

2. **后酸化**　是指酸乳生产终止发酵后，发酵剂菌种在冷却和冷藏阶段继续产酸的现象。

3. 风味物质的产生　优质的发酵乳要求具有良好的滋气味和芳香味，因此选择产生良好滋气味和芳香味的发酵剂是非常重要的。即依靠蛋白质分解菌和直接分解菌的作用形成低级分解产物而产生风味。在产生风味物质方面，柠檬酸分解起重要作用。一般发酵乳发酵剂产生的风味物质有乙醛、丁二酮、丙酮和挥发性酸。

4. 乳酸发酵剂菌种的共生关系　发酵剂所用的菌种，一般是混合发酵剂。将两种以上的菌种或菌株混合使用，主要是利用菌种之间的共生作用，相互得益，同时缩短发酵时间。如酸乳发酵剂选择保加利亚乳杆菌和嗜热链球菌混合使用，在 40~45℃条件下，发酵培养 2~3 小时即可达到所需的凝乳状态及酸度。另外，不同的发酵酸度对菌体数量及比例有不同的影响。表 4-4 给出了发酵酸度对酸乳特征菌数量的影响。

表 4-4　发酵酸度对酸乳特征菌数量的影响

| 酸度（°T） | 保加利亚乳杆菌<br>［个/毫升（克）］ | 嗜热链球菌<br>［个/毫升（克）］ | 比例<br>保加利亚乳杆菌：嗜热链球菌 |
|---|---|---|---|
| 28 | 37 | 200 | 0.18 |
| 38 | 86 | 440 | 0.20 |
| 56 | 170 | 480 | 0.35 |
| 68 | 230 | 560 | 0.40 |
| 75 | 400 | 580 | 0.64 |
| 91 | 470 | 600 | 0.78 |
| 101 | 530 | 570 | 0.93 |
| 120 | 720 | 560 | 1.28 |

## 二、发酵剂的制备

发酵剂的制备是乳品厂中最重要的操作环节之一。因此，发酵剂的生产工艺及设备的选择必须慎重。在发酵剂的制备过程中，菌种活化、母发酵剂调制应该在单独房间或无菌室中进行并且设有正压和配备空气过滤器。中间发酵剂和生产发酵剂可以在生产附近或在制备母发酵剂的房间里制备，发酵剂的转接均在无菌条件下进行。设备的清洗和灭菌必须严格。

（一）发酵剂制备所需的用具及材料

制备发酵剂时通常采用以下几种设备和仪器：

1. 干热灭菌器　用来对发酵剂容器及吸管等的灭菌。

2. 高压灭菌锅　对培养基进行灭菌。

3. 恒温箱　培养发酵剂。

4. 带棉塞试管若干个　发酵剂纯培养容器。

5. 工作发酵剂容器　一般采用大型的三角烧杯或发酵罐等，根据不同的生产量来决定。

6. 母发酵剂容器　通常采用容量为 100～300 毫升的带棉塞的三角烧瓶。

7. 灭菌吸管　一般先用硫酸纸包严进行干热灭菌（160℃、2 小时）。

8. 冰箱或冰柜　将温度调至 0～5℃，保存发酵剂。

（二）培养基的选择及制备

1. 培养基的选择　制备发酵剂所用的培养基通常与产品原料相同或相似，一般可采用高质量、无抗生素残留的新鲜的脱脂乳、新鲜优质的原料奶（不能适用异常乳，如乳房炎乳等）或再制脱脂乳粉（建议不使用全脂乳，因为全脂乳中的游离脂肪酸会抑制菌种的增殖），工作发酵剂的制备可以采用全脂乳。

2. 培养基的制备　培养基制备时必须对其进行杀菌处理，杀灭阻碍发酵剂发酵的其他微生物。不同培养基的灭菌条件也是有差别的，用作母发酵剂和乳酸菌纯培养物的培养基的热处理时，应采用 121℃、15 分钟的高压蒸汽灭菌，从而达到完全无菌状态；作为生产发酵剂的培养基应采用 80～85℃、30 分钟或 90～95℃、15～45 分钟（容易导致培养基发生褐变，从而影响发酵剂发酵产酸的能力）。

（三）发酵剂的制备

1. 纯菌种的活化　购买来的商业菌种，由于保存条件、寄送等过程中受到一些影响，活力降低，需通过反复多次接种以恢复其活力。

（1）液态纯菌种发酵剂的活化　接种时先对装菌种的试管口进行火焰杀菌，打开棉塞，用灭菌吸管从试管底部吸取脱脂乳中液体乳酸菌 0.1～0.2 毫升，并立即将其移入已灭菌的试管培养基中，放入恒温培养箱中培养（依据所用菌种的特性的不同，设定不同恒温箱的参数）。待凝固后按上述方法取出 0.1～0.2 毫升，并用同样的方法移入灭菌培养基中。如此反复数次（通常为

3～5次以上），乳酸菌充分活化后，便可进行母发酵剂的制备。

（2）粉末纯种发酵剂的活化 首先用灭菌脱脂乳将其溶解，而后用灭菌铂耳或移液管吸取少量的液体，接种于预先已准备好的灭菌的脱脂乳培养基中，并置于恒温箱中培养。待乳凝固后，取出1％～3％的培养物接种于灭菌的培养基中（方法同液态纯菌种接种方法），如此反复活化。值得注意的是，活化操作必须严格执行无菌操作，菌种充分活化后，便可以进行母发酵剂的制备。

若以维持活力为目的来保存纯培养物，可将凝固后的菌种保存在温度为0～5℃的条件下，但是频繁的移植可能出现杂菌污染或菌种比例发生失调，造成菌种退化。对于纯培养物，可每月转培一次。对于混合菌培养物，必须每7～10天转培一次。

2. 母发酵剂和中间发酵剂的制备 母发酵剂和中间发酵剂的制备其实也是一个接种传代的过程，它是对已有的发酵剂进行扩大再培养而得到更大量的发酵剂供工业化使用。例如，母发酵剂的培养基量一般为250～500毫升，而用于中间发酵剂的培养基量就为1 000～2 000毫升，每次接种时培养基要经过严格的灭菌，并且所用接种的量是发酵剂量的1％～2％。母发酵剂制备时一般将脱脂乳200毫升左右装入三角瓶中，经过高压灭菌并迅速冷却至43℃左右进行接种。接取1％～3％的充分活化的菌种于盛有灭菌脱脂乳的容器中，混匀后放入恒温箱中进行培养。凝固后再移入灭菌脱脂乳中，反复数次，制成母发酵剂。

母发酵剂和中间发酵剂的制备对卫生条件要求极其严格，制备间最好具备经过过滤的正压空气，并且操作前要用400～800毫克/升次氯酸钠溶液喷雾或紫外灯杀菌30分钟，避免杂菌污染。为了防止噬菌体的污染，每次接菌时最好用200毫克/升的次氯酸钠溶液浸湿的干净纱布擦拭容器口或用酒精灯火焰灭菌。可以根据需要将活化好的母发酵剂和中间发酵剂的单一菌种进行混合。制备好的母发酵剂和中间发酵剂可存放于0～5℃冰箱中，每周活化一次即可。为了保证产品的质量，尽可能降低杂菌的混入量，应定期更换，一般可用1～3个月。菌种的继代次数不超过15～20次，这样可以防止混合菌种中球菌和杆菌的比例失调与变异。

3. 工作发酵剂的制备 制备工作发酵剂常用全脂乳（要求干物质在12％左右）作为培养基，经90～95℃、3～5分钟杀菌，然后冷却到菌种生长的最适温度，再取2％～3％的中间发酵剂进行接种，接种后充分搅拌混合均匀，根据其特性在所需温度下培养，达到一定酸度并且凝固良好后即可降温冷藏待用。

### （四）发酵剂的质量要求

1. 发酵剂的质量要求　对于酸乳发酵剂一般应符合下列要求。

（1）凝块必须有适当的硬度，均匀、细腻、润滑而且富有弹性。组织均匀一致。表面无变色、龟裂，无气泡产生、乳清分离、分层等。

（2）具有优良的酸味和风味，不得有腐败味、饲料味等异味。

（3）凝块完全破碎后，其质地均匀，细腻滑润，略带黏性或黏稠状流体，不含任何块状物。

（4）按常规方法接种后，在规定时间内发生凝固，无延长现象。活力测定符合原菌种规定标准。

2. 检查形态与菌种比例　将发酵剂涂片，用革兰氏染色，在高倍光学显微镜（油镜头）下观察发酵菌种的形态、杆菌及球菌的比例及数量等，以判断菌种的活力。

3. 发酵剂酸度的测定　最主要的是测定滴定（乳酸度）酸度和挥发性酸。酸度一般采用滴定法，在 $90 \sim 110°T$ 或乳酸度在 $0.9\% \sim 1.1\%$ 时为宜。

4. 发酵剂的活力测定　发酵剂的活力指构成发酵剂菌种的产酸能力。活力可以用乳酸菌在单位时间内产酸的量和色素还原等方法来评定。

（1）酸度测定　在经灭菌后的脱脂乳中加入 $3\%$ 的发酵剂，$40 \sim 45°C$ 的恒温箱中培养 $3 \sim 3.5$ 小时，然后用 $0.1$ 摩尔/升氢氧化钠溶液测定其酸度。如果酸度达到 $0.9\%$ 以上则认为活力良好。

（2）刃天青还原试验　将 1 毫升发酵剂和 $0.005\%$ 刃天青溶液添加到 9 毫升脱脂乳中，放入到 $30 \sim 37°C$ 的恒温培养箱中培养 20 分钟以上，如完全褪色则表示活力良好。

### （五）发酵剂的保存

无论是液态发酵剂、干燥发酵剂，在扩培前都应置于冰箱或冷库中贮存，以保证菌种活力。

## 三、温度和 pH 对发酵剂的影响

### （一）温度对发酵剂的影响

温度的变化对发酵剂中不同乳酸菌的生长有很大的影响。例如，在酸乳生产中保加利亚乳杆菌的最适生长温度为 $40 \sim 45°C$，嗜热链球菌为 $42 \sim 45°C$。

酸奶发酵剂中的混合菌种在35℃培养时，温度偏低，起始酸度较低，含菌量少，这样导致酸乳的后熟及冷藏过程中产酸慢。50℃培养时温度偏高，菌种的生长受到抑制，产酸也会变慢，凝固时间变长，而且感官品质差，还会导致乳清分离。而在其最适生长温度（40~45℃）培养时菌种长势良好，4小时即可凝固，凝固时间缩短。

### （二）pH对发酵剂的影响

在酸奶发酵的初期，嗜热链球菌生长较快，发酵1小时后与保加利亚乳杆菌的比例为（3~4）：1。当pH从6.5降低到5.5时，乳杆菌的生长开始加快，而嗜热链球菌的生长由于受到了抑制而缓慢，这主要是因为保加利亚乳杆菌对酸的敏感性差，在介质pH为4.0~4.5时其新陈代谢活动才受到抑制。

## 第三节 发酵乳的生产

### 一、发酵乳的一般加工流程

无论是凝固型酸乳还是搅拌型酸乳，其加工的前处理过程是完全一样的，只是接种后按不同的工艺步骤来进行。

1. 原料乳的收集和贮存 原料乳要求酸度在18°T以下，杂菌数不得高于50万个/毫升，总干物质含量不低于11%，具有新鲜牛乳的滋味和气味，不得含有抗生素及外来化学药剂。原料乳在运输途中及到达工厂贮存时应处于适宜的冷藏温度。

2. 乳粉的还原 有时酸乳的生产也可以使用乳粉作为原料，这时就需要对乳粉进行还原处理。乳粉还原的方法是在40~50℃的温水中使乳粉溶解，完全溶解后在30℃左右静置水合。水合时间为40分钟至1小时。

3. 乳的标准化 标准化的目的是为了保证酸乳产品的质量要求，各批次产品质量维持一致，需要对乳的化学组成加以校正，进行标准化处理。

（1）脂肪的标准化 采用向原料乳中添加或去除部分脂肪、脱脂乳添加奶油、全脂乳和脱脂乳混合三种方法对脂肪进行标准化。一般情况下，含有4%的脂肪时，发酵乳的风味最好。但实际生产中，往往需要降低脂肪的含量，可以通过添加非乳脂固体方法来解决这一问题。

（2）非脂乳固体标准化 乳中的非乳固体主要包括乳糖、蛋白质和矿物质，会影响产品的物理质量和风味，需要对它们进行标准化处理。处理方法有：添加全脂或脱脂乳粉、酪乳粉、酪蛋白粉、浓缩等。乳粉的添加量一般为2%。

若使用脱脂乳粉作为主要原料代替原料鲜乳和脱脂乳制作脱脂酸乳，可将脱脂乳粉与水在标准化乳罐中进行混合，制成还原脱脂乳后加入糖等配料。若使用脱脂乳粉调制半脱脂酸乳，可将全脂乳粉或稀奶油通过计量加入标准化乳罐中。

4. 配料　根据配方和工艺要求，取相应的原料并将其混合。国产酸乳中一般要加糖，通常加入量为4%～7%。一般情况下，不需要在酸乳中加入稳定剂，但少量的稳定剂有助于改善凝乳质构，减少乳清的析出。酸乳中常用的稳定剂有：果胶、明胶、淀粉、琼脂、CMC、PGA等。

5. 均质　原料配合好之后，为了防止发酵乳脂肪发生分离，需进行均质处理。均质的作用包括：可使脂肪颗粒变细小、均匀，避免脂肪在发酵和保存期间分离上浮；对蛋白质发生作用，改善产品的组织结构，产品得到较大的黏度，以及细腻光滑的质地；利于人体消化吸收；当在乳中加入乳粉时，均质可以使乳粉颗粒破碎，在乳中分布得更为均匀。

6. 热处理　热处理的主要目的包括：杀死病原菌及其他微生物，比如结核杆菌、布鲁氏菌等致病菌；使乳中的酶活力钝化，抑制物质失活；使牛乳中的乳清蛋白变性，以达到改善组织状态，提高黏稠度和防止成品乳清析出的目的；热处理杀死竞争微生物，可以有利于酸乳发酵剂的生长。热处理过程中排除氧气、产生巯基等，为发酵剂的生长提供了良好的营养条件。热处理的方式以90～95℃、3～5分钟杀菌组合最为常用。

7. 接种发酵　接种发酵过程是发酵乳加工中最重要的环节。接种量要根据菌种活力、发酵方法、生产时间的安排和混合菌种配比的不同而制定。接种前应将生产发酵剂在无菌的条件下充分搅拌，使凝乳块完全被破碎，以免影响发酵效果。一般生产发酵剂的产酸活力均为0.9%～1.1%，接种量应为2%～3%。

8. 冷却　一般在发酵乳达到理想的酸度后直接进行冷却。理想酸度取决于发酵乳的类型、冷却方法、排空发酵罐所需的时间和所要求的最终酸度，一般在pH4.5～4.6或滴定酸度为80°T左右。传统的冷却方法是一步冷却到8～10℃，贮存在一个中间贮罐中，并与预先准备好的果料混合。有时还会采用两步冷却法，果料在20℃左右时添加到酸乳中，然后灌装到零售容器中，放入5℃左右的冷藏室。或先冷却至20～25℃，运至冷库中冷藏。冷却有助于酸乳产品黏稠度的恢复和改善。

9. 添加果料　添加果料有不同的方法，可以在线定量地将果料如果酱、果汁添加到已离开中间贮藏即将灌装的发酵乳中，或者在一个特殊的混合罐中添加果料与定量的发酵乳混合。

10. 配送　发酵乳和其他食品相比，保质期较短（7～21 天）。即使发酵乳产品从出厂到消费者手里的时间较短，但是凝固型酸乳对运输特别敏感，运输期间温度变化及道路颠簸等因素也会对酸乳的品质产生影响。在冷藏过程的最初 24～48 小时内，物理特性会得到改善，主要是由于水合作用和酪蛋白胶束的稳定性的改善，因此凝固型酸乳冷藏 24 小时后再配送对其品质是有益的。

## 二、凝固型酸乳工艺流程

经过处理的原料乳接种后即灌入零售容器中，色素、香料等添加剂在接种前加入，然后在零售容器中发酵。一旦达到所需的 pH 或滴定酸度后应及时冷却，最终获得凝乳状产品，因而被称为凝固型酸乳。

### （一）凝固型酸乳的工艺流程

### （二）凝固型酸乳的生产工艺与操作要点

1. 灌装　原料乳在接种后应立即灌装到零售容器中。包装容器可选用塑料杯、玻璃杯、陶瓷杯等。灌装后应及时送至发酵室中培养。

2. 发酵　容器经灌装封口后，及时装入周转箱，送至发酵室中。要求周转箱堆积高度为 8～12 层，平面上周转箱之间留有空隙，培养室的热空气的良好循环和温度的基本均一。良好构建的发酵室应该有物料进出的两道门，保证物料先进先出的原则，有利于提高酸乳的品质。发酵室的温度可以由蒸汽直接加热或电热元件产热，温度控制在 40～45℃，室内应有强力循环空气系统，保持发酵室内温度均衡。

3. 冷藏与后熟　当酸乳发酵至最适宜的 pH 或酸度时，应及时送入 2～6℃的冷库，降低酸乳中乳酸菌的生长发育，防止产酸过度，减低和稳定脂肪上浮和乳清的析出，以免影响到酸乳的质地、口感、酸度等。发酵终止后的酸乳进入冷库后，酸度会有一定的升高，并且在 12～24 小时内，风味物质（如乙醛、双乙酰）的含量会明显增加，并有利于产品黏度的增加，减少乳清析

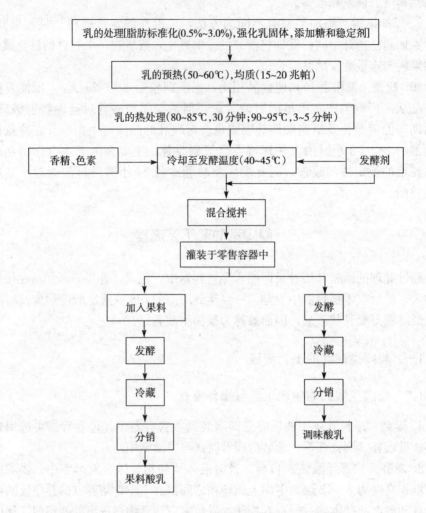

图 4-2  凝固型酸乳的工艺流程

出。凝固型酸乳应在冷库中贮存 1 天后再销售。影响后熟的主要因素有：冷却开始的 pH，进行冷却的技术手段和发酵剂的活性等。

## (三) 常见的质量问题与控制

凝固型酸乳生产过程中，由于种种原因，经常会出现一些质量问题。下面介绍这些问题的产生原因以及控制方法。

1. **凝固性差**  凝固性是凝固型酸乳质量的一项重要指标。在正常的情况下，原料乳在接种乳酸菌后，在适宜的条件下发酵一段时间便会发生凝固现象，表面光滑细腻。但有时酸乳会出现凝固性差或不凝固的现象，黏性较差，甚至出现严重的乳清分离的现象。产生这种现象有多方面因素。

（1）原料乳质量　原料乳中含有的抗生素、防腐剂、磺胺类药物都会影响乳酸菌的生长，影响正常的发酵。原料乳中掺水导致乳中总干物质含量降低，掺碱会中和掉发酵产生的酸，都会影响到酸乳的凝固。另外，原料乳进行杀菌消毒前，会污染产生抗生素的细菌，杀菌可以除去细菌，但抗生素不受热处理的影响，也会影响发酵的效果。控制方法包括：

①把好原料验收关，杜绝使用含有抗生素、农药、防腐剂及掺碱、掺水的原料乳。

②进行凝乳培养实验，样品不凝或凝固不好的原料乳不能使用。

③对于掺水的原料乳，可适当添加脱脂乳粉，提高其总干物质的含量。

（2）发酵温度和时间　乳酸菌发酵有最适宜的温度和时间，当实际发酵时，温度若低于适宜的温度和时间时，乳酸菌的活力下降，凝乳能力降低，会影响到酸乳的凝固性。此外，时间控制不当或温度控制不均匀，也会影响凝固效果。控制方法主要为在生产实践中，一定要控制好发酵温度与时间，并保持发酵室温度的稳定。

（3）噬菌体的污染　发酵乳受到噬菌体的污染是造成发酵缓慢、凝固不完全的原因之一。可通过发现发酵活力降低、产酸缓慢来判断是否受到噬菌体的污染。控制方法包括：

①由于噬菌体对菌种的选择作用，采取两种以上的菌种混合使用可防止噬菌体污染。

②国外采用经常更换发酵剂菌株的方法控制噬菌体的污染。

（4）发酵剂　发酵剂活力弱或接种量太少都会造成酸乳的凝固性下降。控制方法包括：

①适当地增加接种量或更换发酵剂。

②对灌装容器上残留的洗涤剂和消毒剂要清洗干净，提高菌种的活力。

③两种以上菌种混合使用可以避免使用单一菌种因噬菌体污染而使发酵终止的弊端。

④发酵剂的多次活化，以增强其产酸活力。

（5）加糖量　在生产发酵乳时，加入适量的蔗糖可以使产品产生良好的风味，凝块细腻光滑，提高黏度，并有利于乳酸菌产酸量的提高。加糖量过多，产生高渗透压，抑制了乳酸菌的生长繁殖，影响酸乳的凝固性，还会影响酸乳的风味。凝固型酸乳一般加糖量为 6%～8%，也可用适量其他的功能性糖部分替代蔗糖。

2. 乳清析出　在生产酸乳时，乳清析出是常见的质量问题。主要原因有以下几种：

（1）原料乳热处理不当　当热处理温度偏低或时间不够，大部分的乳清蛋白不能变性，而变性的乳清蛋白能与酪蛋白形成复合物，能够容纳更多的水分，并且具有最小的脱水收缩作用。至少有 75% 的乳清蛋白变性时，才能保证酸乳吸收大量水分并且不发生脱水收缩作用。这就要求 85℃、30 分钟或 90℃、3～5 分钟的热处理。UHT 方法不适宜这类产品的热处理。

（2）发酵时间　发酵时间过长，乳酸菌继续生长繁殖，产酸量不断增加。酸性的增强破坏了原来已形成的胶体结构，使乳清分离出来。发酵时间过短，乳蛋白质的胶体结构还未充分形成，不能包裹乳中原有的水分，也会形成乳清析出。控制方法包括：

①乳酸发酵时，应进行抽样检查，发现牛乳已完全凝固，就应该立即停止发酵。

②规定时间内，不能达到要求酸度，应更换菌种。

（3）其他因素　原料乳总干物质含量低、酸乳凝胶机械振动、乳中钙盐不足、菌种活力不强、接种量过大、发酵温度过高等也会造成乳清析出。

3. 风味不良　酸乳风味的形成主要是乳酸菌在发酵的过程中，乳中蛋白质、碳水化合物、脂类等物质发生变化而产生风味物质。风味包括口味和气味，正常酸乳应该具有发酵乳纯正的风味，但在生产中往往会出现下列不良风味：

（1）芳香味不足　由于菌种选择以及操作工艺不当所引起。

（2）酸乳的甜酸度　正常的酸乳应具有适当的甜酸比，过酸或过甜均会影响产品质量。发酵过度、加糖量较低、冷藏时温度偏高，均会导致酸乳偏酸，而发酵不足，加糖过高又会导致酸乳偏甜。

4. 口感差　优质酸乳应软滑细腻、清香可口，若出现口感粗糙，甚至有砂粒状的感觉，原因是原料乳采用了劣质乳粉，储存时吸湿而潮湿，有细小的颗粒存在，不能很好地复原。或者由于原料乳进入发酵罐中，由于净乳方式不当，奶中存在大量微小空气，发酵时造成发酵乳蛋白脱水、收缩现象。

控制方法包括：①生产酸乳时，宜采用新鲜牛乳或优质乳粉。②采取均质处理，使乳中蛋白质颗粒细微化，改善口感。③避免发酵乳中存在大量的气泡。

## 三、搅拌型酸乳工艺流程

原料乳接种之后，先在发酵罐中发酵至一定酸度，并形成凝乳，再经适当搅拌，破碎凝乳，冷却后灌装入销售容器中，再进行冷藏和销售的产品，此类产品即为搅拌型酸乳。

### （一）搅拌型酸乳的工艺流程

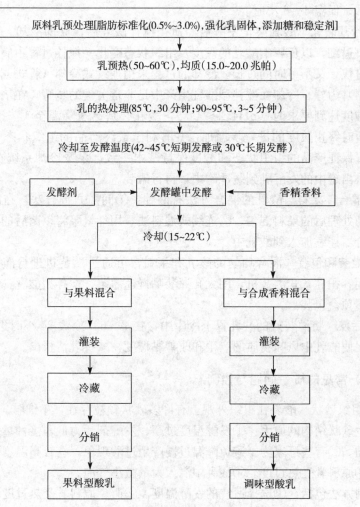

图 4-3 凝固型酸乳的工艺流程

### （二）搅拌型酸乳的生产工艺与操作要点

搅拌型酸乳的生产中，从原料乳的验收到接种发酵等过程，都与凝固型酸乳基本相同。两者最大的区别就是：凝固型酸乳是先灌装，再发酵；而搅拌型酸乳是先在大罐中发酵，再进行灌装。

1. 发酵　搅拌型酸乳的发酵是在发酵罐中进行的，发酵罐罐壁是加热介质（如温水）或隔热介质来维持酸乳的温度。典型的搅拌型酸乳生产的培养温度为 42～43℃，保温 3.5 小时。使用直投式发酵剂生产时，培养温度应在42～43℃，保温 4～6 小时。

2. 冷却破乳　酸乳终止发酵后经适当搅拌破乳后，立即冷却。要求凝乳颗粒不宜过细，以免影响酸乳的黏度及组织状态变化。搅拌过程中应注意既不可速度过快，又不可时间过长。冷却的过程采用连续式冷却（管式或宽流道板式冷却器）为好。冷却在搅拌型酸乳生产中是非常关键的步骤。在培养的最后阶段，酸度达到要求时（pH4.2～4.5），酸乳必须迅速降温至 15～22℃，这样可以暂时终止酸度的进一步增加，并有利于最终产品的组织状态与风味形成。为了保证产品的组织状态和酸度保持基本一致，泵及冷却系统在 20～30分钟内排出罐中的发酵乳到缓冲罐中，再行罐装。

3. 混合　果料与酸乳的混合方法有两种：①间隙式混合法，在罐中将酸乳与杀菌处理后的果料混匀；②连续式混料法，用计量泵将杀菌后的果料泵入在线混合器连续加入到酸乳中。

4. 灌装和包装　混合均匀的酸乳和果料，可通过灌装机进行灌装。灌装机都采用容积柱塞式灌装机，用大孔灌装嘴慢速灌装。搅拌型酸乳一般采用塑料杯或屋顶盒包装。

5. 后熟　将灌装好的酸乳置于冷库中，在 2～6℃冷藏 24 小时进行后熟，进一步促使酸乳中风味物质的产生和改善黏稠度，减少乳清析出。

### （三）常见的质量问题与控制

1. 组织砂状　酸乳在组织外观上有许多砂状颗粒存在，不细腻。
产生砂状结构的原因：①发酵温度过高、发酵剂活力低、接种量多、发酵期间振动。②有些厂家为了避免降温过慢产生过酸现象，在较高温度下就开始搅拌。③原料乳受热过度。④酸乳中混入大量微小气泡。
控制方法包括：①选择适宜的发酵温度。②避免原料乳受热过度。③减少乳粉用量。④避免干物质过多和在较高温度下进行搅拌操作。⑤尽量避免微小气泡进入发酵乳。

2. 乳清分离　酸乳搅拌速度过快，过度搅拌或泵送造成空气混入产品，将造成乳清分离。此外，酸乳发酵过度、冷却温度不适以及干物质含量不足也可造成乳清分离现象。搅拌速度的快慢对成品的质量影响较大，若搅拌速度过慢，不能使凝块破损，产品不能均匀一致；但搅拌速度过快，又使酸乳的凝胶状态破坏，黏稠度下降，在储藏过程中产生大量的乳清。

控制方法包括：①选择合适的搅拌器，注意搅拌温度。②使用适当的稳定剂，提高酸乳的黏度，防止乳清的析出，常用的稳定剂有 CMC（羧甲基纤维素）、变性淀粉等，一般用量为 0.1%～0.5%。③提高乳中乳固体（特别是非脂乳固体）含量。

3. 风味不良　除了与凝固型酸乳的相同因素外，在搅拌过程中因操作不当而混入大量空气，造成霉菌和酵母的污染。虽然酸乳较低的 pH 能抑制几乎所有细菌的生长，但却适宜霉菌和酵母的生长，也是造成酸乳的变质和产生不良风味的原因之一。另外，添加的果蔬原料若处理不当，也会造成酸乳的风味不良。

### （四）影响搅拌型发酵乳增稠的因素

黏稠度是反映搅拌型酸乳质量的重要物理指标和感官指标。

1. 乳固体和非乳固体的含量　非乳脂固体的含量对酸乳的影响效果极其明显，蛋白质和乳糖含量的增加有利于发酵乳的水合作用，增加乳的黏稠性。

2. 原料乳的均质效果　经均质处理过的全脂或部分脱脂的原料乳，脂肪球细化，不会出现脂肪上浮、分层的现象，同时也能增加蛋白质的水合作用。

3. 原料乳的热处理　原料乳经 90～95℃、3～5 分钟的热处理，其酪蛋白在发酵乳中完全凝固，乳清蛋白由于受热而完全变性。

4. 菌种特性的影响　一些菌种可以产生黏性物质，如某些嗜热链球菌、保加利亚乳杆菌等，这些黏性物质是由阿拉伯糖、甘露糖、葡萄糖和半乳糖构成的黏质多糖。

5. 搅拌　较大的凝乳颗粒对增稠有显著的作用。搅拌的原则：搅拌速度要慢、强度要中等或弱、时间要短、温度要低、pH 要低。

## 四、发酵乳的质量标准

发酵乳的质量标准应符合国家标准 GB 19302—2010《发酵乳》。包括以下几方面的内容。

## (一) 感官要求

发酵乳感官要求要符合表 4-5 的规定。

### 表 4-5 感官要求

| 项 目 | 要 求 | |
| --- | --- | --- |
| | 发酵乳 | 风味发酵乳 |
| 色泽 | 色泽均匀一致,呈乳白色或微黄色 | 具有与添加成分相符的色泽 |
| 滋味和气味 | 具有发酵乳特有的滋味、气味 | 具有与添加成分相符的滋味和气味 |
| 组织状态 | 组织细腻、均匀、允许有少量乳清析出 | 具有添加成分特有的组织状态 |

## (二) 理化指标

发酵乳的理化指标应符合表 4-6 的规定。

### 表 4-6 理化指标

| 项 目 | 指 标 | |
| --- | --- | --- |
| | 发酵乳 | 风味发酵乳 |
| 脂肪 (克/100 克) | ≥3.1 | ≥2.5 |
| 非脂乳固体 (克/100 克) | ≥8.1 | — |
| 蛋白质 (克/100 克) | ≥2.9 | ≥2.3 |
| 酸度 (°T) | ≥70.0 | |

注:脂肪含量仅适用于全脂产品。

## (三) 微生物限量

发酵乳的微生物限量应符合表 4-7 的规定。

### 表 4-7 微生物限量

| 项 目 | 采样方案及限量 (若非指定,均按个/克或个/毫升表示) | | | |
| --- | --- | --- | --- | --- |
| | n | c | m | M |
| 大肠杆菌 | 5 | 2 | 1 | 5 |
| 金黄色葡萄球菌 | 5 | 0 | 0/25 克 (毫升) | — |
| 沙门氏菌 | 5 | 0 | 0/25 克 (毫升) | — |
| 酵母 | ≤100 | | | |
| 霉菌 | ≤30 | | | |

注:样品的分析及处理按 GB 4789.1 和 GB 4789.18 执行。n 表示同一批次产品应采集的样品件数,c 表示最大可允许超出 m 值的样品数,m 表示微生物指标可接受水平的限量值,M 表示微生物指标的最高安全限量值。

### （四）乳酸菌数

发酵乳的乳酸菌数应符合表 4-8 的规定。

**表 4-8 乳酸菌数**

| 项 目 | 限量 [个/克（毫升）] |
|---|---|
| 乳酸菌数 | $\geqslant 1 \times 10^6$ |

注：发酵后经热处理的产品对乳酸菌数不作要求。

### （五）食品添加剂和营养强化剂

发酵乳中添加剂和营养强化剂的使用应符合相应的国家标准或行业标准规定，不得添加防腐剂。

## 五、新型发酵乳的加工

### （一）益生菌发酵乳

益生菌是指摄入后通过改善宿主肠道菌群生态平衡而发挥有益作用，达到提高宿主（人和动物）健康水平和健康状态的活菌制剂及其代谢产物。益生菌具有防止腹泻，缓解乳糖不耐症，增强人体免疫力，缓解过敏作用，降低血清胆固醇，预防癌症和抑制肿瘤生长等作用。益生菌包括一些乳杆菌类、双歧杆菌类、革兰氏阳性球菌、某些酵母菌和酶类。

乳制品是益生菌的最佳载体，从生产工艺方面看，许多发酵乳制品经过优化后的发酵工艺有利于发酵菌种的存活，除此之外，冷藏运输、销售和贮存条件与方式都可以在最大限度上保证到产品中的益生菌的存活，在部分传统发酵乳制品中，本身就有一些常被用作益生菌的乳酸菌参与整个发酵过程。从生产角度而言，益生菌能非常方便地融于现有生产工艺。

近年来，益生菌乳越来越受到消费者的欢迎。联合国粮农组织认定适当数量的益生菌能有利于机体的健康。市场上最早销售的益生菌乳含有嗜酸乳杆菌，商品名称为 AB 乳。目前，在北美、欧洲和远东地区，几个不同品牌的益生菌乳均含有多种乳酸杆菌和双歧杆菌。益生菌乳的生产方法是将益生菌浓缩物添加到冷巴氏低脂或脱脂牛乳中，产品在保质期内保持一定数量的活菌。目前，添加到乳中的益生菌主要有：双歧杆菌、嗜酸乳杆菌、鼠李糖乳杆菌、德氏乳杆菌保加利亚亚种、嗜热链球菌和干酪乳杆菌。

### （二）开菲尔乳

开菲尔乳是一种颇具开发潜力的营养型发酵乳。开菲尔乳是采用一种特殊的发酵剂——开菲尔粒制成的。开菲尔粒直径范围在 0.3～2.0 厘米，形状不规则，表面折叠或不平，是一种白色、略带黄色的类似大米粒的复合菌体，不溶于水，具有胶黏性，并且有典型的香味。此外，开菲尔粒菌群非常稳定，如果在适当的培养条件和生理条件下保存和培养，能存活数年。

开菲尔粒由复杂的微生物组成，其中包括约 80% 的乳酸菌、12% 的酵母菌和 8% 的乳球菌。

1. 开菲尔乳的分类  根据发酵时间的长短可分为弱酸型、中酸型和强酸型。根据原料乳不同可分为全脂、脱脂和半脱脂型的产品。

2. 开菲尔乳的加工  开菲尔乳的生产过程包括两个部分，首先是开菲尔粒的制备，然后再进行开菲尔乳的生产。在整个操作过程中，一定要严格无菌操作，避免杂菌的污染。

（1）制备工作发酵剂  先将原料乳经 95℃、10～15 分钟杀菌后，冷却至 20℃，按 1∶20 的比例添加发酵剂开菲尔粒，在 18～22℃ 恒温下发酵 24 小时。发酵 5～16 小时和 22 小时各搅拌一次，然后过筛，把滤出的颗粒状物质收集起来以备使用，过滤乳即为母发酵剂。再取一份经 95℃、10～15 分钟杀菌并冷却至 20℃ 的原料乳，按 1%～3% 的比例添加母发酵剂，混匀后在 20～23℃ 恒温下发酵 15～16 小时，经冷却后即为工作发酵剂。

（2）开菲尔乳的生产  先将原料乳加热至 50～60℃ 进行均质，然后继续加热至 85～87℃、保温 5～10 分钟，或 90～95℃、保温 2～3 分钟杀菌并冷却至 25℃。按 2%～3% 的比例往冷却乳中添加上述制得的工作发酵剂，混合均匀后，在 20～24℃ 恒温发酵 10～12 小时。发酵结束后，开动搅拌装置将酸乳凝块打碎，并继续冷却至 14～16℃，在此温度下放置 12 小时进行后熟。之后即可进行灌装。

3. 成品开菲尔的质量要求  成品开菲尔乳的酸度为 0.9%～1.0%，酒精含量为 0.01%～0.1%，并含有少量 $CO_2$。具有独特的香气，组织结构类似稀奶油的黏稠性。

目前，随着生产技术的进步，开菲尔粒的制备已经可以实现工业化生产。

### （三）乳酒

乳酒的加工原料来自山羊、绵羊和乳牛乳。这类产品有复杂的混合菌群，包括乳酸菌和不同种类的酵母菌。在酸牛乳酒中，乳杆菌通常占整个微生物总数的 65%～80%，其余的 20%～35% 由乳球菌、链球菌、不同类型的乳糖和非乳糖发酵的酵母菌组成。

工业生产乳酒的经典方法：菌种在脱脂乳中培养，通常需要 3～4 天，乳酸和酵母混合在一起为发酵剂，此时使用的乳酸酸度为 1%～1.3%。将发酵剂加入调整好的乳中，添加量为 30%，彻底搅拌，促进酵母生长，26～28℃ 发酵 50～60 分钟，或直到酸度达到 0.55%。然后，将酵素均质，冷却到 20℃，包装后，在 18～20℃ 进一步培养 1.5～2 小时，4～6℃ 储存 12～24 小时后即可出售。

传统的乳酒含有 3% 的酒精，蛋白水解程度是开菲尔乳产品的 10 倍。

### （四）发酵稀奶油

加工酸性奶油的稀奶油必须经过发酵阶段，是为了增加奶油的芳香风味，常用菌种为乳酸链球菌或乳酪链球菌发酵剂，产品发酵酸度不超过 20°T 为宜。

发酵稀奶油的生产工艺主要包括标准化、均质、热处理、冷却、接种、发酵、冷却和灌装。

1. 标准化　调整稀奶油的脂肪含量，使其达到产品所规定的值（一般是 40%～45%），如有需要，在这一过程可加入脱脂乳粉。

2. 均质　在 50～60℃ 下预热稀奶油，使脂肪液化。均质是一种乳化措施，使脂肪含量达到均一程度，但均质不能保证产品所要求的质构和黏度。因此，需要加入一些添加剂，比如变性淀粉、果胶、明胶等。另外，均质所采用的压力受脂肪含量和添加剂的不同所影响，一般脂肪含量越低，所需压力越高，压力应控制在 14～22 兆帕范围内。

3. 热处理　均质处理后的稀奶油在 75～90℃ 下保温 5～10 分钟。

4. 冷却　使热处理后的稀奶油冷却至接近嗜温菌生长所需的最适温度，一般为 20～30℃。

5. 接种　在接种发酵剂时，最好将各菌种混合使用，这些菌种会产酸、产香，通常接种量为 1%～2%。

6. 发酵　由于产品所要求的质量和发酵剂的不同，凝固时间不同，从而影响了发酵的条件。短时凝固时，温度 30～32℃，时间 5～6 小时。长时凝固时，温度 20～22℃，时间为 14～16 小时。由于发酵酸奶油也可分为凝固型和搅拌型，所以发酵可以在销售容器中进行，也可在大罐中进行。

7. 冷却　当发酵过程中的稀奶油 pH 接近于产品最终的要求时，对产品进行冷却，阻止乳酸菌继续生长产酸。

8. 灌装、贮存和分销　与酸乳生产过程相同。

# 第五章

# 乳 粉 加 工 >>>>>

## 第一节 乳粉的分类

乳粉是以新鲜牛乳或羊乳为原料（或为主要原料），加入一定量的植物或动物蛋白质、脂肪、维生素、矿物质等配料，用加热或冷冻的方法除去乳中绝大部分水分而制成的呈均匀粉末状的干燥乳制品。

1. 全脂乳粉　是以新鲜牛乳或羊乳为原料，经浓缩、干燥制成的粉末产品。能量较高，基本上保持了乳中的原有营养成分。由于脂肪含量高，易被氧化，在室温下只能保藏3个月。适用于所有消费者，最适合于中青年消费者。

2. 脱脂乳粉　将鲜牛奶采用离心方法脱去绝大部分脂肪，再经杀菌、浓缩、干燥等工艺加工制成。因其脂肪含量较少，能量含量较低，不易发生氧化反应，贮存期相对于全脂乳粉较长，通常可达到一年以上。这类乳粉适合老人，高血脂和肥胖却需要补充营养的人群食用。

3. 加糖乳粉　在原料乳中加入一定量的糖或乳糖经干燥加工而成。所加的糖必须符合国家食品添加剂使用的相关标准。国家标准规定全脂甜乳粉的蔗糖含糖量为20%以下。生产厂家一般应控制为19.5%～19.9%。

4. 调制乳粉　在原始乳中去除或强化某些营养素，再经杀菌、浓缩、干燥而制成。适于某些有特殊生理需求的消费者，如婴幼儿乳粉等。目前配制奶粉已显现出系列化的发展趋势，如孕妇乳粉、中老年乳粉、营养强化乳粉等。

5. 速溶乳粉　在制造乳粉过程中采取特殊的造粒工艺或喷涂卵磷脂而制成的溶解性、冲调性极好的粉末状产品。受附聚的影响，这种奶粉的粒度比一般奶粉大，甚至可溶于冷水中，所以颇受消费者的欢迎。

6. 乳油粉　将稀奶油经干燥而制成的粉状物，和稀奶油相比，乳油粉的保藏期较长，贮藏和运输也较方便。

7. 乳清粉　将生产干酪或干酪素排出的乳清经脱盐、杀菌、浓缩、干燥而制成的粉末状产品。乳清中含有易消化、有生理价值的乳白蛋白、乳球蛋白及非蛋白氮化物和其他物质。根据用途可分为普通乳清粉、脱盐乳清粉、浓缩乳清粉等。

8. 酪乳粉 将生产奶油产生的副产物酪乳经浓缩、干燥等制成的粉状产品。含有较多的卵磷脂，用于制造点心和再制乳等。

9. 麦精乳粉 鲜乳中加入乳制品、麦精、可可粉、蛋制品、香料等多种原料调配，经真空干燥加工而制成的酥松、多孔状的碎粒产品。

10. 冰淇淋粉 在鲜乳中添加适量的糖、蛋类、奶油香料、抗氧化剂等，经混合、干燥制成的粉末状制品，用于制作冰淇淋。

乳粉的化学组成根据原料乳的种类以及添加物的不同有所差别，见表5-1。

表 5-1　几种主要乳粉的化学组成（%）

| 种　类 | 水分 | 蛋白质 | 脂肪 | 乳糖 | 灰分 | 乳酸 | 其他 |
|---|---|---|---|---|---|---|---|
| 全脂乳粉 | 2.00 | 26.50 | 27.00 | 38.00 | 6.10 | 0.17 | 0.23 |
| 脱脂乳粉 | 3.23 | 36.85 | 0.87 | 47.89 | 7.6 | 1.57 | 1.99 |
| 婴儿乳粉 | 2.80 | 19.01 | 19.80 | 53.00 | 4.39 | 0.17 | 0.83 |
| 母乳化乳粉 | 2.50 | 13.00 | 26.00 | 55.00 | 3.19 | 0.18 | 0.13 |
| 麦精乳粉 | 3.30 | 13.20 | 7.53 | 72.31 | 3.66 | — | — |
| 乳油粉 | 0.65 | 13.43 | 65.15 | 17.86 | 2.91 | — | — |
| 甜性酪乳粉 | 3.90 | 35.88 | 4.68 | 45.84 | 7.80 | 1.55 | 0.35 |

注：麦精乳粉的乳糖包括蔗糖、麦精及糊精。

# 第二节　乳粉的生产工艺

## 一、乳粉生产方法

乳粉的生产方法分为冷冻法和加热法两类。

1. 冷冻法

（1）离心冷冻法　即采用离心法，先将牛乳在冰点以下浇盘冻结，并经常搅拌，使其形成薄片或碎片，冻成像雪花一样，然后放入高速离心机中将乳固体呈胶状分出，在真空下加微热，使之干燥成粉。

（2）升华法　低温冷冻升华法是将牛乳在高度真空下（绝对压力67帕），使乳中的水分冻结成极细冰结晶，然后在此压力下加微热，使乳中的冰屑升华，最后乳中固体物质即为粉末状。此法生产的乳粉外观似多孔的海绵状，溶解性极好；同时因加工温度低，牛乳中营养成分损失少，几乎能全部保留；可以避免加热对产品色泽和风味产生的影响。

2. 加热法　加热法是指利用加热的方法使牛乳中的水分蒸发干燥成粉末，目前实际生产中普遍使用此法。根据加热方式的不同，可分为平锅法、滚筒法和喷雾法。

（1）平锅法　是一种最简单的干燥方法，操作方法是将新鲜牛乳放于开口的平底锅中，加热浓缩成糊糊状，然后平铺在干燥架上，吹热风使其干燥，最后粉碎过筛制成乳粉。

目前仅有一些偏远地区采用此法生产，由于此法生产的乳粉质量不能得到保证，劳动强度大，且不能连续生产，因此日趋淘汰。

（2）滚筒干燥法　又称薄膜干燥法，用经过浓缩或未浓缩的鲜乳，均匀地淌在用蒸汽加热的滚筒上成为薄膜状，滚筒转到一定位置，薄膜被干燥，用刮刀刮下，再经过粉碎、过筛成粉。大体上分两类：常压滚筒装置和真空滚筒干燥装置。此法生产的乳粉呈片状，含气泡少，冲调性差，风味差，颜色较深，国内已不采用这种生产方法。真空滚筒干燥法在国外乳粉生产上仍占一定的比例。

（3）喷雾法　原料在喷雾干燥器中被高压雾化，形成雾状乳滴，在干燥室内与热风接触，浓乳表面的水分在 0.01～0.04 秒内瞬时蒸发完毕，雾滴被干燥成粉粒落入干燥室底部。水分以蒸汽形式带走，整个过程约 15～30 秒。喷雾干燥法生产的乳粉，产品质量较好，具有较高的溶解度，有利于连续化和自动化生产，所以国内外绝大多数工厂还是采用喷雾干燥。

除了上述几种方法外，国外还采用片状干燥法、泡沫干燥法、流化床干燥法等，用于生产溶解性极佳的大颗粒速溶乳粉。

## 二、工艺流程

乳粉的一般生产工艺流程见图 5-1。

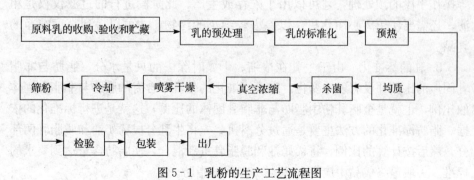

图 5-1　乳粉的生产工艺流程图

1. 原料乳的收购、验收和贮存　原料乳必须符合国家标准规定的感官、理化和微生物指标。

表 5-2　原料乳的感官指标

| 项　目 | 指　标 |
|---|---|
| 色　泽 | 牛乳色泽为乳白色或稍带黄色 |
| 状　态 | 原料乳状态应为均匀无沉淀的流体，不应呈现黏性或凝块状态，且不含肉眼可见的杂质 |
| 气　味 | 具有新鲜牛乳的香味，没有其他异味 |

用于生产乳粉的牛乳在送到乳粉加工厂之前不允许进行任何强烈的、超常的热处理，因为热处理会导致乳清蛋白凝聚，影响乳粉的溶解性气味和滋味。新鲜牛乳的微生物指标：细菌数不得超过 $5 \times 10^4$ 个/毫升，有些国家甚至不得超过 $3 \times 10^4$ 个/毫升。

对原料乳进行感官、理化、微生物性质检验。检验乳中有无抗菌物质，常采用氯化 2,3,5-三苯基四氮唑法检验。具体方法：将 9 毫升检样，以不含抗菌物质的脱脂乳为对照，置于 80℃ 水浴中保持杀菌 5 分钟，冷却至 37℃。向试管中加入试验用稀释菌液（嗜热链球菌）1 毫升，充分混合后于 37℃ 培养 2 小时，分别加入 0.3 毫升 TTC 试剂，继续培养 5 分钟，观察样品液颜色，如果与对照液一样出现红色或桃红色，说明无抗菌物质存在；若无色，说明有抗菌物质存在。可以采用过氧化物酶实验或乳清蛋白实验检测牛乳所受热处理是否强烈，而且这两个实验都能表明牛乳是否受过类似巴氏杀菌的热处理。

原料乳经过验收进入工厂后通常通过板式换热器冷却至 4℃ 以下进行冷却贮藏，然后根据原料乳情况安排加工生产。

2. 乳的预处理　经验收合格的原料乳必须使用过滤、记录、离心、冷却等操作手段的预处理，才可以用于贮存或生产。此阶段进行的过滤仅仅是粗滤，还需要使用离心净化机，以除去较细小的污物，才可以得到高度纯净的乳品。

3. 乳的标准化　由于牛乳在浓缩、干燥时除去的只是水分，脂肪与非脂乳固体的比例并没有发生变化。完成标准化的牛乳中含有的脂肪与非脂乳固体的比例，也就是全脂乳粉中脂肪与非脂乳固体的比例，这就是进行标准化的依据。脂肪标准化的方法主要是通过分离机，先将牛乳分成稀奶油和脱脂乳两部分，然后按计算的比例，将稀奶油和脱脂乳重新混合，使脂肪含量达到要求的标准。一般最终成品中应含有 25%～30% 的脂肪。

全脂甜乳粉原料乳标准化时除了要对脂肪进行调整以外，还要对蔗糖进行标准化。根据工艺条件和含糖量不同，加糖方式有以下几种：在预热杀菌前加糖；在真空浓缩后的奶中加入灭过菌的糖浆；在预热时加一部分，包装前再加一部分；在包装之前加入。

加糖的方法选择主要取决于不同产品的配方和设备条件：

①当产品的含糖量在20%以下时，可以直接加白砂糖或者糖浆到原料乳中。

②当产品含糖量在20%以上时，应在浓缩将要结束时添加糖浆或在干粉中加入蔗糖细粉。

③带有二次干燥的设备，以加干糖粉的方法为宜。

4. 均质　在生产全脂乳粉时不需要进行二级均质，而且均质前不需要进行升温处理，原因有两点：一是二级均质一般在热处理以后进行，存在二次污染的危险；二是反复或过度的受热对乳粉的质量有非常大的负面影响，如复溶性差、有蒸煮味、褐变和营养损失等。

在生产配方乳粉时，在乳粉的配料中加入了植物油或其他不易混匀的物料，需要进行均质操作。较高的温度下均质效果明显，但是过高的温度会引起蛋白质的变性。低温均质会使均质效果变差，并且可能会导致脂肪球聚集形成奶油粒。均质时压力一般为14～21兆帕，温度大约为60℃。二级均质时，第一级均质压力为14～21兆帕，第二级均质压力为3.5兆帕左右。均质以后，原料乳中游离脂肪酸的含量降低，脂肪球变小，可以有效地防止脂肪上浮，也可使乳中加入的辅料混合得更加均匀，从而增加乳粉的抗氧化能力和提高其溶解度，更易于人体的消化吸收。在加工乳粉过程中，原料乳在离心净乳和压力喷雾干燥时，不同程度地受到离心机和高压泵的机械挤压和冲击，也有一定的均质效果。因此，很多乳粉不均质。

5. 预热和杀菌　通过预热杀菌可以杀死原料乳及辅料中的致病菌和食品腐败菌，消除或抑制解脂酶和过氧化物的活性，确保产品的安全性。原料乳中的一些微生物代谢产物和酶类会影响产品的风味和保质期，加热钝化这些酶的活性，可以提高成品的保期。激活β-乳球蛋白的巯基。在生产乳粉过程中，在进行真空浓缩操作之前，需要进行预热，以提高浓缩过程中牛乳的进料温度，使进料温度超过浓缩锅相应牛乳的沸点，牛乳注入浓缩锅后即自行蒸发，从而提高了浓缩设备的生产能力，并能减少浓缩设备加热器表面的结垢现象。

加热处理使牛乳中全部微生物被杀死时称灭菌，大部分微生物被杀死时称杀菌。乳品的杀菌方法有很多，为了使这些致病菌完全被杀死，便于接下来的工艺进行得更顺利，要根据不同产品的特性，选择合适的杀菌方法。

表5-3　乳粉生产中的杀菌方法

| 杀菌方法 | 温度/时间 | 杀菌效果 | 所用设备 |
|---|---|---|---|
| 低温长时间杀菌 | 60~65℃/30分钟 70~72℃/15~20分钟 80~85℃/5~10分钟 | 杀死所有病原菌以及大部分的细菌，不能破坏所有酶类，杀菌效果一般 | 容器式杀菌缸（冷缸）、板式杀菌器 |
| 高温短时间杀菌 | 85~87℃/15秒 94℃/24秒 | 破坏乳中大部分酶类，杀死除芽孢外所有细菌，杀菌效果较好 | 连续式杀菌器，如板式、列管式 |
| 超高温瞬时灭菌 | 120~140℃/2~4秒 | 微生物几乎全部被杀死，包括芽孢，杀菌效果最好 | 板式、列管式、蒸汽直接喷射式杀菌器 |

由于低温长时间的杀菌效果不理想，严重地影响乳粉的保存期，高温杀菌虽然可有效防止乳脂肪的氧化，但是过高的温度会严重影响乳粉的溶解度。因此，在生产中最常采用的是超高温瞬时灭菌法。超高温瞬时灭菌，不仅能使乳中微生物几乎全部杀死，还可以使乳中蛋白质达到软凝块化，食用后更容易消化吸收。该法可以使原料乳的营养损失较小，制得的乳粉理化特性较好，近年来被人们所重视。但因其设备的价格较昂贵，影响了超高温瞬时灭菌的广泛应用。

影响杀菌效果的主要因素包括原料乳的污染程度，所选的杀菌方式，杀菌过程中的设备等灭菌处理或设备自身因素以及是否严格执行杀菌操作规程。

6. 真空浓缩　真空浓缩是喷雾干燥前对产品的预处理。由于喷雾干燥脱水法是非常消耗能量的加工方法，在乳粉生产中，往往不会选择喷雾干燥作为生产乳粉中的唯一脱水方法。如果固形物含量太低，喷雾干燥后会产生不良的粉末状特性，尤其是容积密度低而且乳粉的损失也较大。因此，在喷雾干燥前，应该对产品进行预处理，除去大部分的水分，通常采用真空蒸发浓缩法。以脱脂乳为例，采用真空浓缩法使总固形物含量从8.7%左右提高到50%左右，使接下来的喷雾干燥更加经济实惠，得到物理特性比较满意的乳粉。

浓缩的方法包括常压浓缩、减压浓缩、冷冻浓缩、离心浓缩、反渗透浓缩、超滤浓缩等。目前生产中被广泛使用的是减压浓缩，即真空浓缩。

　　在减压状态下进行的蒸发操作为真空浓缩（图5-2）。它是利用真空状态下，液体的沸点随着环境压力降低而下降的原理，使牛乳的温度保持在40～70℃沸腾，可将加热过程中的损失降到最小限度。当牛乳中的某些水分子获得的动能超过其分子间的引力时，就在牛乳液面汽化，而牛乳中的干物质数量保持不变，汽化的分子不断移去并使汽化的过程持续进行，最终牛乳的干物质含量不断提高而达到预定的浓度。

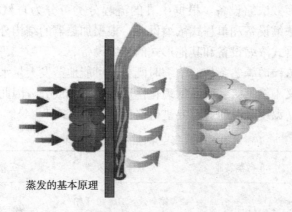

蒸发的基本原理

图5-2　真空浓缩原理示意图（通过热蒸汽对间壁
加热从而使另一侧的液体蒸发）

（引自马兆瑞．现代乳制品加工技术．2010）

　　（1）真空浓缩的优点

　　①牛乳的沸点随压力的升高或下降而增高或降低，真空浓缩可降低牛乳的沸点，避免了牛乳高温处理，减少了蛋白质的变性及维生素的损失，对保全牛乳的营养成分，提高乳粉的色、香、味及溶解度有益。

　　②真空浓缩可极大地减少牛乳中空气及其他气体的含量，起到一定的脱臭作用，这对改善乳粉的品质及提高乳粉的保存期有利。

　　③真空浓缩加大了加热蒸汽与牛乳间的温度差，提高了设备在单位面积单位时间内的传热量，加快了浓缩进程，提高了生产能力。

　　④真空浓缩为使用缩小浓缩设备及配置热泵创造了有利条件，可部分地利用二次蒸汽，节省了热能及冷却水的耗量。

　　⑤真空浓缩操作是在低温下进行的，设备与室温的温差较小，使设备的热量损失少。

　　⑥牛乳可以自动地被吸入浓缩设备中，无需料泵。

　　（2）真空浓缩的缺点

①真空浓缩必须设有真空系统，增加了附属设备和动力消耗，工程投资增加。

②牛乳液体的蒸发潜热随沸点的降低而增加，导致真空浓缩的耗热量较大。

真空浓缩的设备由加热室、蒸发室（分离室）、冷凝器、抽真空装置、泡沫捕集器等部分所组成。根据加热蒸汽被设备利用的次数可将浓缩设备分为单效浓缩设备、多效浓缩设备，根据牛乳的流程分类可分为自然循环式浓缩设备、强制循环浓缩设备和单程式浓缩设备，根据加热器的结构分类可分为盘管式浓缩设备、管式浓缩设备和其他形式的浓缩设备。

（3）真空浓缩的工艺条件　浓缩时既要尽可能地蒸发大量水分，提高总乳固体的含量，又不能损害乳制品的理化性质以及营养成分。因此，真空浓缩操作时，对压力、温度和时间等都要进行严格的控制（表5-4）。

表5-4　真空浓缩的蒸发器类型

| 蒸发器类型 | 单效蒸发器 | 双效降膜蒸发器 | 三效降膜蒸发器 |
| --- | --- | --- | --- |
| 压力 | 17千帕 | 第一效：31～40千帕<br>第二效：15～16.5千帕 | 第一效：31.9千帕<br>第二效：17.9千帕<br>第三效：9.5千帕 |
| 温度 | 50～60℃ | 第一效：70～72℃<br>第二效：40～50℃ | 第一效：70℃<br>第二效：57℃<br>第三效：44℃ |
| 时间 | 40分钟 | 时间很短 | 时间很短 |

（4）影响浓缩效果的因素

①加热器的总面积　加热面积越大，原料乳的受热面积就越大，在相同时间内原料乳所接受的热量就越大，浓缩速度就越快。

②原料乳的性质　如黏度、浓度。随着浓缩的进行，浓度提高，比重增加，乳逐渐变得黏稠，从而流动性变差。

③乳的翻动速度　原料乳的翻动速度越大，乳的对流就越好，加热器传给乳的热量就越多，乳既受热均匀，又不易发生焦管现象。另外，由于乳翻动的速度大，在加热器表面不易形成液膜，而液膜能阻碍乳的热交换。乳的翻动速度还受到乳与加热器之间的温差、乳的黏度等因素的影响。

④所加蒸汽与物料的温差　温差越大，蒸发速度就越快。

牛乳真空浓缩的程度直接影响到乳粉的质量。连续式蒸发器在稳定的操作条件下，可以正常连续出料，其浓度可通过检测而加以控制。间歇式浓缩锅需要逐锅测定浓缩终点。在牛乳浓缩到所要求的浓缩程度时，浓缩乳黏度逐渐升高、沸腾状态滞缓，微细的气泡集中在中心，表面稍呈光泽，根据经验观察即可判定浓缩的终点。也可以迅速取样，测定其比重、黏度或折射率来确定浓缩终点。通常情况下所要求的浓缩程度为：原料乳浓缩至原来体积的1/4，乳固体物质达到45%左右，乳温一般约为47～50℃。不同乳粉制品的浓缩程度见表5-5。

**表5-5 不同类型乳制品的浓缩程度**

| 乳粉类型 | 浓乳浓度 | 乳固体含量 |
|---|---|---|
| 全脂乳粉 | 11.5～13°Bé | 38%～48% |
| 脱脂乳粉 | 20～22°Bé | 35%～40% |
| 全脂加糖乳粉 | 14～20°Bé | 40%～50% |

**7. 喷雾干燥** 经过真空浓缩的原料乳仍然含有较多的水分，必须经喷雾干燥（将原料乳经过雾化后再与热空气水分交换）后才能得到乳粉。浓缩后的牛乳打入保温罐内，立即进行干燥。喷雾干燥法是乳和各种乳制品生产中最常见的干燥方法。其原理是使浓缩乳在机械力（压力或高速离心力）的作用下，在干燥室内通过雾化器将乳分散成极细小的雾状微滴（直径为10～100微米），使牛乳的表面积增大。雾状微滴与通入干燥室的热空气直接接触，从而大大地增加了水分的蒸发速率，在瞬间（0.01～0.04秒）使微滴中的水分蒸发，乳滴干燥成乳粉，降落在干燥室底部。喷雾干燥工艺可分为雾化、干燥、分离三个阶段。

（1）雾化 在此过程中，浓缩乳形成雾状细小液滴，尽可能地增加其接触面积，使其快速干燥。1升牛乳在常态下表面积约有0.05米²（装在一般容器内的总表面积），在干燥塔中被雾化后，每一滴乳液的表面积为0.05～0.15毫米²，此时1升牛乳乳滴总面积可达到35米²，为雾化前的700倍。

目前生产中存在的喷雾方式主要有离心式喷雾和压力式喷雾两种。但由于离心式喷雾的成本较大，生产时通常使用压力式喷雾。

（2）干燥 喷雾干燥的干燥过程分为两个阶段。

第一阶段：对原料乳进行热处理，使乳中的干物质含量达到40%～50%。

第二阶段：在干燥塔中进行最后的干燥。第二阶段又可分为三个过程：将原料乳分散成细小的微粒；微粒与热空气接触，快速蒸发水分；从干燥塔中分离出干的乳颗粒。工艺流程见图5-3。

喷雾干燥的干燥过程也可分为以下三阶段：

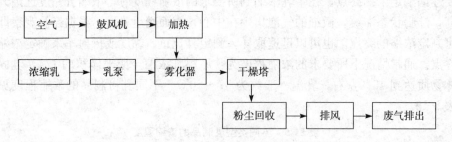

图 5-3 喷雾干燥工艺流程图

①预热阶段　此阶段热空气传给原料乳的热量与用于乳表面的水分汽化所需的热量达到平衡时为止，干燥速度迅速地达到某一个最大值，进入下一个阶段。预热处理是为了获得所要求的微生物学质量，达到特殊的热处理分类等级，延长货架期，抑制酶活性。

②恒速干燥阶段　这个阶段乳品表面的水分蒸发速度小于乳品内部水分的扩散速度。这阶段乳中水分蒸发发生在乳滴微粒的表面，蒸发所需的热量来自周围的热空气。干燥速度主要取决于热空气的状态（温度、湿度、流速等）。此阶段时间极为短暂，一般情况下仅需要几分之一秒或几十分之一秒。恒速干燥阶段中将除去乳滴中绝大部分的游离水分。

③降速干燥阶段　此阶段，水分蒸发速度大于乳品内部水分的扩散速度。水蒸气在乳滴微粒的内部形成，这时微粒表面若呈塑性状态，就会使乳滴干燥形成中空的乳粉颗粒。当乳粉颗粒水分含量接近或等于该温度下的平衡水分，即喷雾干燥的极限水分时，则完成了干燥过程。这个阶段的时间较上一阶段时间长，大约为 15～30 秒。

目前，有离心喷雾干燥、压力喷雾干燥和气流喷雾干燥三种干燥方法，国内最常采用压力喷雾干燥法。

压力喷雾干燥是浓乳借助高压泵的压力，高速地通过压力式雾化器的锐角，连续、均匀地呈扇形雾膜状喷射到干燥室内，并分散成微细雾滴与同时进入的热风接触，水分被瞬时蒸发，乳滴被干燥成粉末。

压力式喷雾干燥设备方面，立式和卧式并流型平底干燥机多数是人工出粉，立式和卧式并流型尖底干燥机机械出粉，亦可以人工出粉。

压力喷雾干燥过程中，也会出现黏壁、潮粉、焦粉等故障，出现这些现象的原因有：

①黏壁现象　热风进口处风量不均匀或者特别悬殊，喷枪与室壁距离太近，喷嘴不是圆形或者有破损，雾状液流与热风接触不良，干燥室内壁上有未

清除的余粉，干燥室预热温度过低或时间过短，热风温度太低。

②潮粉现象　雾状液体过大，加料量过多，加热时所用的蒸汽压过低等。

③焦粉现象　由于分风装置调节不当，热风在热风筒处产生涡流或逆流，干燥室内壁、过滤器或旋风分离器内有未清理干净的余粉。

在乳品生产中，很多类型的喷雾干燥机得到了广泛的应用，但都是由干燥室、雾化器及其附属设备共同组成，以下是两种主要的类型。

①一段喷雾干燥体系　一段喷雾干燥系统建立在一级干燥原理上，即将浓缩液中的水分脱除至要求的最终湿度，这个过程全部在喷雾干燥塔室内完成。相应的风力传送系统收集奶粉和乳粉末，一起离开喷雾塔室进入到主旋风分离器与废空气分离，通过最后一个分离器冷却奶粉，并送入袋装漏斗。

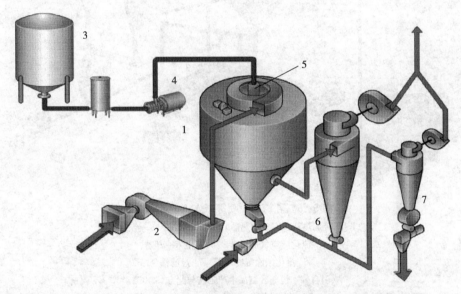

图 5-4　乳粉一段喷雾干燥工艺流程图
1. 干燥塔　2. 空气加热器　3. 乳品浓缩罐
4. 高压泵　5. 雾化器　6. 主旋风分离器　7. 旋风分离输送系统
（引自郭本恒. 乳制品生产工艺与配方. 2007）

一段喷雾干燥工艺不宜生产脂肪含量较高的乳粉，特别是脂肪含量>35%的乳粉，脂肪含量很高的乳粉容易黏附在塔壁上，由于堵塞而降低了干燥的效率。

②二段喷雾干燥体系　若粉末在完全干燥之前（水分含量5%～6%的乳粉）就从空气中分离出来，而在干燥室外继续干燥，则形成两段干燥工艺。二

段喷雾干燥过程中，第一段与上述过程相同，不同的是风力运送系统被流化床所取代。

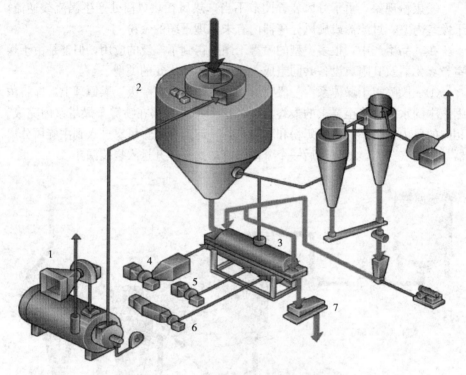

图 5-5 乳粉二段喷雾干燥工艺流程图

1. 间接加热器（空气加热器） 2. 干燥室 3. 流化床
4. 流化床空气加热器 5. 流化床冷却器
6. 流化床除湿冷却器 7. 过滤筛
（引自郭本恒.乳制品生产工艺与配方.2007）

一段喷雾干燥工艺能源消耗较大，随着二段喷雾干燥技术的发展，所能生产的产品范围逐渐扩大，其蒸汽耗量减少，大大地提高了企业的经济效益。两段式干燥能耗低（20%），生产能力更大（57%），附加干燥仅耗 5% 热能，乳粉质量通常更好，但需要增加流化床设备。乳粉在流化床干燥机中继续干燥，可生产优质的乳粉。因为在喷雾干燥机中空气进风温度高，粉末停留的时间短，仅需几秒钟；而在流化床干燥机中空气进风温度相对低（130℃），消耗很少空气，粉末停留的时间较长，可达几分钟，因此流化床干燥机更适合最后阶段的干燥。

流化床设备除了干燥作用之外，还具有其他功能，如简单地加入一个流化床冷却器，使乳粉粒附聚。附聚的主要目的是解决乳粉在冷水中分散性差的问题。在流化床中粉末之间发生强烈的相互碰撞，如粉末足够黏，即在它们边缘有足够的含水量时，则发生附聚反应。此方法生产对乳的成分几乎没有热破坏，粉末也较易分散，生产出的乳粉质量较高。

③三段喷雾干燥体系　三段干燥是两段干燥概念的延伸和发展，三段干燥中第二段干燥在喷雾干燥室的底部进行，而第三段干燥位于干燥塔外进行最终干燥和冷却。目的是节约工厂操作费用，提高工厂效益。目前主要有两种三段式干燥器：具有固定流化床的干燥器和具有固定传送带的干燥器。

真空浓缩过程大约除去了90%的水分，喷雾干燥除去了9.5%的水分，这样在乳粉中只剩下了0.5%以结合水形式存在的水分。乳的浓缩程度还受到乳的黏度、喷雾干燥设备和雾化能力的影响。

(3) 喷雾干燥的优点

①水分蒸发速度快，乳受热时间短，整个干燥过程仅仅10～12秒，这种方法处理的乳品营养成分被破坏得少，溶解度高。

②喷雾干燥时的温度较低，物料温度仅有60℃，不破坏乳品的理化性质和营养成分。

③干燥过程是密封的，不易污染，保证产品的卫生。

④操作简单，机械化、自动化程度高，适合大规模连续化生产，操作人员少，劳动强度低，具有较高的生产效率。

⑤可以通过调节工艺参数来控制不同成品的质量，还可以用来生产有特殊要求的产品。

(4) 喷雾干燥的缺点

①喷雾干燥过程中，一般需要饱和蒸汽加热干燥介质。一般需要的干燥设备体积较大，占地面积大或需要多层建筑，投资大。

②为了保证乳粉水分含量的要求，必须严格控制各种产品干燥时排风的相对湿度，需要消耗较多的空气量，增加了风机的容量及电耗，同时也增加了粉尘回收装置的负荷，在一定程度上影响了粉尘的回收，影响了产品的得率。

③干燥室体积庞大，粉尘回收装置比较复杂，设备清扫工作量大。

④体积热容小，干燥室的体积较大，热空气温度为150～170℃时，热效率仅为35%～55%，浪费严重。

8. 冷却　乳粉从干燥塔排出时，温度可达到65℃以上。在设有二次干燥设备中，乳粉经二次干燥后进入冷却床被冷却到40℃以下；在不设有二次干燥设备的情况下，为防止脂肪发生氧化作用，需要进行冷却，以免影响产品质量。目前，输粉冷却的方法可以采用气流输粉或流化床冷却床出粉。由于气流输粉冷却的效率不高，其冷却程度一般高于大气温度 9℃左右。因此，我国普遍采用的是流化床出粉冷却装置。

流化床输粉冷却的优点：①乳粉不受高速气流及管壁的摩擦，可大大减少微粉的生成。②没有高速气流的摩擦，不会影响乳粉的原有品质。③乳粉在输粉导管和旋风分离器内出粉所占比例少，可减轻旋风分离器的负担，同时可节省输粉管中消耗的能源。④从流化床吹出去的微粉，可通过导管返回到干燥室与浓缩乳结合，重新喷雾产生乳粉。⑤冷却床所需的冷风量较少，但冷却效率高，可使乳粉冷却到 20℃左右。⑥通过振动的流化板，可获得颗粒较大、均匀的乳粉。

冷却的要求：①冷却室的空气必须净化，并有完善的换气设备。②如采用自然冷却法，晾粉桶必须摆放整齐，晾粉间及时通风换气。③冷却间以及冷却设备等应进行严格杀毒，杀菌，避免交叉污染。④冷却后的乳粉温度必须降到 30℃以下，才可筛粉、包装。

9. 筛粉　筛粉目的是去除乳粉中的焦粉、块粉或其他杂质，另外还可使乳粉进一步冷却，颗粒均匀、结构蓬松。生产中的筛粉装置是机械振动筛，振动筛分为两层：第一层筛网比较粗，主要除去较大的杂质；第二层相对较细，一般在 25～45 目之间。筛网上存留的焦粉可用于饲料或肥料，块粉经粉碎后回收利用。筛后的乳粉细度可达到 25～40 目。在连续化生产线上乳粉通过振动筛后即进入锥形积粉斗中存放。

10. 包装　由于乳粉颗粒的多孔性，表面积大，吸潮性强，对称量包装操作和包装容器的种类都必须注意。尤其是全脂乳粉含有 26% 以上的乳脂肪，易受光、氧气等作用而发生变化，还需要对包装室的空气采取调湿、降温措施，包装室配备空调设施，室温控制在 18～20℃，空气相对湿度以 50%～60% 为宜。包装要求称量准确、排气彻底、封口严密、装箱整齐、打包牢固。每天在工作之前，包装室必须经紫外线照射 30 分钟灭菌后方可使用。

包装目的：①增强产品的商品性。②在保质期内保证产品的质量。③在适当的范围内，延长产品的保藏期。

包装的工艺流程见图 5-6：

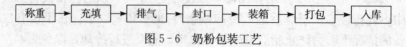

图 5-6　奶粉包装工艺

常见的包装方法如下：

（1）小罐密封包装    这种方法常采用自动称量装罐机，分为容量式和重量式。

（2）大包装    这种包装一般针对有特殊需要的时候，比如出口或原料包装。分为罐装和袋装两种方法，灌装可分为方形马口铁罐和圆形方口铁罐，袋装时内袋采用聚乙烯薄膜，外面用三层牛皮纸套装。这种方法保质期一般为3～18个月。

（3）塑料袋包装    这种方法应用较广，一般为聚乙烯薄膜和聚乙烯薄膜夹层纸，还有些采用复合铝箔层，热封口。

（4）真空包装和充氮包装    这种方法可以有效地防止脂肪氧化，采用抽真空和充氮相结合的方法，既能实现产品的长期保藏，又可防止乳粉中脂肪氧化，同时防止乳粉中添加的强化维生素受到破坏。

11. 检验    依据食品安全国家标准 GB 19644—2010《乳粉》，主要检验理化性质、微生物指标、营养成分是否达到国标所规定的要求。产品检验合格后，需加盖"检验合格"章。

12. 乳粉的贮藏和运输    乳粉储存温度应为 8～10℃，空气湿度不超过70%；不能与有挥发性气温的物品放在一起，以免乳粉吸收外来气味。脱脂乳粉具有最多约 3 年的货架期，全脂乳粉只有最长 6 个月的货架期。乳粉应在保质期内尽快发运，在运输乳粉时，要轻拿轻放，以免损坏包装；必须用篷车或帆布遮盖，以防风吹、雨淋、日晒等外界环境因素损害产品的质量。

13. 质量缺陷与控制    乳粉成品从完成包装工艺到消费者食用之前，要经过一定时期的贮藏期。此时，产品容易出现的质量问题包括吸潮结块、细菌繁殖、酸败、氧化等，使乳粉营养价值降低，严重时导致产品不能食用。

乳粉生产和贮藏时容易发生的品质变化：

①脂肪酸败味（酸败味）    乳中的解脂酶的作用，使乳中的脂肪在贮藏期间水解而产生挥发性脂肪酸，出现脂肪分解后的臭味。为了防止这一缺陷，必须严格控制原料乳的微生物数量，同时在杀菌时将脂肪分解酶彻底灭活。

②氧化味（哈喇味）    不饱和脂肪酸氧化产生的，影响因素包括空气、光线、重金属（尤其是铜）、过氧化物酶和乳粉中的水分及游离脂肪酸含量。

③褐变（棕色化）    水分在 5% 以上的乳粉贮藏时会发生羰—氨基反应（美拉德反应），使乳粉棕色化，同时还会产生陈腐味，温度高会加速这一变化。如果乳粉贮藏温度不高，其水分控制在 5% 以下，褐变现象就不会发生，

所以应严格控制乳粉的保存温度。

④吸潮　吸潮之后乳粉的水分增高，使蛋白质粒子黏结成块，溶解度下降，脂肪变为游离态并发生氧化，使乳粉产生不愉快的气味和滋味，所以乳粉最好采用密封包装。

⑤细菌引起的变质　乳粉打开包装后会逐渐吸收水分，当水分超过 5％以上时，细菌开始繁殖而使乳粉变质，故乳粉打开包装后不应放置过久。喷雾干燥后的乳粉密封包装后，通常细菌不会繁殖，当水分含量在 2％～3％时，密封包装后，细菌反而会减少。乳粉中的杂菌一般为：乳酸链球菌、小球菌、乳杆菌，有时还残留少量耐热芽孢杆菌。

细菌总数过高的原因有：原料乳污染严重，细菌总数过高，杀菌后残留量太多；杀菌温度和时间没有严格按照工艺条件的要求进行；板式换热器垫圈老化破损，导致生乳混入杀菌乳中；生产过程中受到二次污染。

⑥维生素的减少　乳粉在贮藏过程中，损失最明显的是维生素 $B_1$ 和维生素 C，这就要求降低包装内的氧气含量和渗透性。另外，也可采用不透光的包装来避免一些光敏性维生素的损失，如核黄素等。

⑦形状和大小异常　乳粉颗粒的形状随干燥方法的不同而有差别。乳粉颗粒大小及分布对产品的最终质量有很大的影响，具体表现在乳粉颗粒直径大，色泽好，则冲调性能和可湿性能好；若乳粉颗粒大小不一，而且有少量黄色焦粒，则乳粉的溶解度就会较差，且杂质度高。

⑧杂质度高　测定方法，将试样用水充分调和后，测定不溶的残留于过滤板上的可见带色杂质数量，通过与杂质度标准板比较来定量，乳粉中的杂质度应不大于 16 毫克/千克。通过杂质度可以判断乳粉加工质量情况。造成乳粉杂质度过高的原因一般有：原料乳净化不彻底，生产过程中受到二次污染，干燥室热风温度过高导致风筒周围产生焦粉，分风箱热风调节不当，产生涡流，使乳粉局部过度受热而产生焦粉。

⑨乳粉脂肪含量下降　喷雾干燥前对浓缩乳采用二级均质法，或在乳粉输送过程中，受到高压气流或机械擦伤，干燥后的乳粉处理和贮存不当，可导致乳粉中游离脂肪含量下降。

## 三、乳粉生产注意事项

### (一) 乳粉成品的理化性质要求

1. 色泽与风味　正常乳粉的色泽应呈现淡黄色，滋味、气味应有牛乳独特的乳香风味。颜色和风味的改变，将直接影响乳粉的产品质量。

影响乳粉色泽与风味的因素有：

①原料乳的酸度过高，加碱中和后生产出的乳粉颜色较深，甚至出现黄褐色。

②喷雾干燥时，温度过高或时间过长，会导致乳粉色泽加深，严重的还出现焦粉味。

③贮藏温度高、乳粉水分超过5％时，乳粉的颜色变褐，同时产生陈腐味及氧化味。

2. 乳粉颗粒的形状与大小　乳粉加工方法的不同会影响乳粉的颗粒形状大小。滚筒干燥法生产的乳粉，形状为不规则的片状，不含有气泡，平均直径为100微米。喷雾干燥法生产的乳粉形状呈球形，通常具有单个或几个气泡。不同类型的乳粉颗粒直径的大小也有所差别，见表5-6。

表5-6　不同类型的乳粉颗粒的直径大小

| 乳粉类型 | 直径大小 |
| --- | --- |
| 全脂乳粉 | 10～100微米，平均为45微米 |
| 大颗粒速溶乳粉 | 100～800微米 |
| 脱脂乳粉 | 40～60微米 |

乳粉颗粒的大小对乳粉的冲调复原性、分散性及流动性影响很大，当乳粉颗粒直径为150微米左右时，冲调复原性最好；小于75微米时，冲调复原性较差。

3. 乳粉的成分及其状态

①乳粉的脂肪含量　喷雾干燥的乳粉脂肪呈微细球状，存在于乳粉颗粒内部，其大小比原料乳中的脂肪球小，但仍有3％～14％的脂肪游离、凝聚在乳粉颗粒的边缘，形成大小不规则的团块，被称作游离脂肪。此种脂肪含量高时，乳粉极易氧化，不利于贮藏，冲调性较差。

降低游离脂肪的预防方法：将浓缩乳进行均质操作，干燥好的乳粉应立即冷却、密封包装，在适宜的温度下进行乳粉的贮藏。

②乳粉的蛋白质状态　乳粉颗粒中蛋白质的状态，特别是酪蛋白的状态，直接决定了乳粉的复原性好坏。即使是优质牛乳，在加工过程中对受热条件控制稍有不当，就会引起乳蛋白质变性，改变原来的状态，使乳粉的溶解度降低，产生不溶性沉淀物，主要成分为变性酪蛋白酸钙。

对全脂乳粉进行冲调后，有些乳粉在水表面会出现一层泡沫浮垢，这是脂肪蛋白质络合物，影响了乳粉的复原性。当乳粉在较高温度下贮藏时，会增加这种络合物的产生。因此，应在较低温度下贮藏乳粉。

③乳粉的乳糖 喷雾干燥法生产的乳粉中，乳糖呈结晶的玻璃状态，α-乳糖与β-乳糖的比例约为 1∶1.5，玻璃状态的乳糖极易吸潮，吸潮后慢慢变成含一个分子结晶水的结晶乳糖。乳糖结晶后，乳粉颗粒表面产生很多微小的裂纹，脂肪即会逐渐渗出，外界的空气也会渗透到颗粒中去，引起乳粉的氧化变质。不同类型的乳粉乳糖含量也有所不同，全脂乳粉约含 38%，脱脂乳粉约含 50%，乳清粉约含 70%。

④乳粉的水分 乳粉中的水分是与酪蛋白呈化学结合状态存在的，水分含量的高低直接影响到乳粉的质量及贮藏性。水分含量过高时，细菌容易繁殖，促使酪蛋白变性；而水分含量过低时，乳粉容易氧化变味。全脂乳粉的水分一般应控制在 2%左右，脱脂乳粉在 4%以下为宜。

⑤乳粉的气泡 喷雾干燥的乳粉一般都含有气泡，气泡的位置不一定在乳粉颗粒的中心，其大小和多少也随着制造方法的不同有所变化。含气泡多的乳粉浮力大，下沉性差，且易氧化变质。不同制造方法的乳粉颗粒中含空气量见表 5-7。

**表 5-7 不同制造方法的乳粉颗粒中含空气量**（体积分数）

|  | 全脂乳粉 | 脱脂乳粉 |
| --- | --- | --- |
| 压力喷雾法 | 7%～10% | 13% |
| 离心喷雾法 | 16%～22% | 35% |

4. **乳粉的溶解度与复原性** 溶解度是表示乳粉与水按鲜乳含水比例复原时复原性如何的重要指标，并不是真正意义上的溶解度。溶解度的高低反映乳粉中蛋白质的变性程度。优质乳粉的溶解度应在 99.90%以上，甚至达到 100%，利用水冲调复原时，呈现出均一的鲜乳状态，蛋白质和脂肪也能恢复而呈现出良好的分散状态。影响乳粉溶解度的主要因素有：原料乳的质量、乳粉制造方法、贮存条件、贮存时间等。

5. **乳粉的润湿性** 润湿性是表示乳粉颗粒的亲水性的指标。润湿性与乳粉颗粒大小、密度有关。当用水冲调乳粉复原时，出现的乳粉颗粒结团浮于液面的现象，就表明乳粉的润湿性较差，此时添加少量的食用润湿剂（如卵磷脂），润湿性就能显著提高。

6. **乳粉的密度** 乳粉的密度分为三种表示方法：即表观密度、容积密度和真密度。

①表观密度是单位容积中乳粉的重量。它包括颗粒间空隙中的空气，与乳粉颗粒大小及内部结构有关。表观密度大，则单位重量所占容积小，有利于包装。

②容积密度表示乳粉颗粒的密度。它包括乳粉颗粒内的气泡，而不包括乳粉颗粒间隙的气体。其大小表明颗粒组织松紧状态或含有气泡多少。

③真密度是指不包括空气的乳粉本身的密度。乳粉密度的影响因素有：乳的浓度和黏度、干燥时的热风温度、出粉和输粉方式等。

### （二）卫生要求

1. 生产用水的安全　符合国家生活饮用水卫生标准 GB 5749—2006《生活饮用水卫生标准》规定的 35 项指标。微生物指标：菌落总数＜100 个/毫升，大肠菌群＜3MPN/毫升，病原菌不得检出。

2. 乳品接触表面的卫生要求

接触表面包括：乳制品生产设备、操作人员的工作服和手套、操作台和操作工具、包装材料等。

卫生要求：利用臭氧、紫外线、消毒剂等方法对生产设备与工具、工作人员的工作服、空气等进行消毒。对接触面的卫生状况、生产设备、包装材料等一系列可能会影响到乳产品卫生状况的过程进行严格的监控。卫生清洁消毒的管理应有专人负责，形成书面记录的形式。

3. 防止交叉污染。

4. 防止乳品被污染物污染　污染物的来源包括：水、空气、包装材料、生产设备及工具、人员、杀虫剂等。

5. 监管有毒化学物质的标记、贮存和使用。

6. 管理工作人员的健康与卫生。

7. 防治虫鼠害的污染　苍蝇、蟑螂、鸟类、啮齿动物等会携带沙门氏菌、葡萄球菌、李斯特氏菌、大肠杆菌等病原菌，这些病原菌会严重地影响乳品的质量。因此，防治虫鼠害对乳品生产企业是至关重要的。

## 四、乳粉质量标准

### （一）国家标准

乳粉的质量标准应严格执行食品安全国家标准 GB 19644—2010《乳粉》中的要求。对乳粉和调制乳粉的质量要求包括以下内容：

（1）感官要求　感官指标包括无异物、无异味、无结块等见表 5-8。

**表 5-8　感官要求**

| 项目 | 要　求 | | | |
|---|---|---|---|---|
| | 全脂乳粉　脱脂乳粉　全脂甜乳粉 | | | 调制乳粉 |
| 色泽 | 呈均匀一致的乳黄色 | | | 具有调制乳粉应有的色泽 |
| 滋味和气味 | 具有纯正的乳香味 | | | 具有应有的风味 |
| 组织状态 | 干燥均匀，经搅拌可以迅速溶解于水中，不会产生结块 | | | 干燥均匀 |

（2）理化指标　理化指标规定了蛋白质、脂肪、复原乳酸度、杂质度、水分的标准等，见表 5-9。

**表 5-9　理化指标**

| 项　目 | 指　标 | | 检验方法 |
|---|---|---|---|
| | 全脂乳粉 | 调制乳粉 | |
| 蛋白质（%） | ≥非脂乳固体的 34% | ≥16.5 | GB 5009.5 |
| 脂肪（%） | ≥26.0 | — | GB 5413.3 |
| 水分（%） | ≤5.0 | ≤5.0 | GB 5009.3 |
| 杂质度（毫克/千克） | ≤16 | | GB 5413.3 |
| 不溶度指数（毫升） | ≤1.0 | ≤1.0 | |

（3）微生物限量　微生物指标规定了菌落总数、大肠杆菌、沙门氏菌、金黄色葡萄球菌等的质量标准，见表 5-10。

**表 5-10　微生物限量**

| 项　目 | 采样方案及限量（除特殊情况，均以个/克表示） | | | | 检验方法 |
|---|---|---|---|---|---|
| | n | c | m | M | |
| 菌落总数 | 5 | 2 | 5 000 | 200 000 | GB 4789.2 |
| 大肠菌群 | 5 | 1 | 10 | 100 | GB 4789.3 平板计数法 |
| 金黄色葡萄球菌 | 5 | 2 | 10 | 100 | GB 4789.10 平板计数法 |
| 沙门氏菌 | 5 | 0 | 0/25 克 | — | GB 4789.4 |

　　注：表中的菌落总数不适用于添加活性菌中（好氧和兼性厌氧益生菌）的乳产品。n 表示同一批次产品采集的样品件数，c 表示最大允许超出 m 值的样品数，m 表示微生物指标可接受水平的限量值，M 表示微生物指标的最高安全限量值。

（4）污染物的限量标准　应符合 GB 2762—2005《食品中污染物限量》的规定。

（5）真菌毒素限量标准　应符合 GB 2761—2011《食品中真菌毒素限量》的规定。

（6）食品添加剂和营养强化剂　其质量符合相应的安全标准和有关规定，其使用应符合 GB 2760—2011《食品添加剂使用标准》和 GB 14880—2012《食品营养强化剂使用标准》的规定。

## （二）国外标准和要求

美国全脂乳粉和脱脂乳粉的质量标准见表 5-11 和表 5-12。

表 5-11　美国全脂乳粉质量标准

| 全脂乳粉定义 | | | |
| --- | --- | --- | --- |
| 是由消毒牛乳除去水分而得到的干燥乳制品 | | | |
| 典型成分指标范围（%） | | | |
| 蛋白质 | 24.5～27 | 灰分 | 5.5～6.5 |
| 乳糖 | 38～38.5 | 水分 | 2.0～4.5 |
| 脂肪 | 26～28.5 | | |
| 微生物分析 | | | |
| 菌落总数 | ≤50 000 个/克 | 沙门氏菌 | 不得检出 |
| 大肠菌群 | ≤10 个/克 | 葡萄球菌 | 不得检出 |
| 李斯特菌 | 不得检出 | | |
| 其他特征 | | | |
| 焦粒 | 直径（最大 15.0 毫米） | 色泽 | 乳白色至乳黄色 |
| 溶解度指数 | ≤1.0 毫升 | 风味 | 洁净可接受 |
| 复原乳酸度 | ≤1.5% | | |
| 包装 | | | |
| 多层复合袋包装，带聚乙烯衬里 | | | |
| 贮存以及运输 | | | |
| 产品应该贮存在干燥、低温环境内，温度不高于 26.7℃，相对湿度不低于 65% | | | |

**表 5 - 12　美国脱脂乳粉质量标准**

脱脂乳粉定义

脱脂乳粉是由消毒牛乳除去脂肪和水分而得到的干燥乳制品，乳脂肪含量不高于 1.5%，水分含量不
高于 5%

| 典型成分指标范围（%） | | | |
|---|---|---|---|
| 蛋白质 | 34～37 | 水分 | 3.4～4.0 |
| 脂肪 | 0.6～1.25 | 灰分 | 8.2～8.6 |
| 乳糖 | 49.5～52 | | |

| 微生物分析 | | | |
|---|---|---|---|
| 菌落总数 | ≤50 000 个/克 | 李斯特菌 | 不得检出 |
| 大肠菌群 | ≤10 个/克 | 沙门氏菌 | 不得检出 |
| 葡萄球菌 | 不得检出 | | |

| 其他特征 | | | |
|---|---|---|---|
| 焦粒 | 7.5～15.0 毫米 | 色泽 | 乳白色至乳黄色 |
| 溶解度指数 | ≤1.0 毫升 | 风味 | 洁净可接受 |
| 复原乳酸度 | ≤1.5% | | |

包装

多层复合袋包装，带聚乙烯衬里

## 第三节　调制乳粉

配方乳粉是在鲜乳中添加一部分维生素、无机盐及其他一些营养成分，再经过杀菌、浓缩、干燥制成的乳制品，用于有特殊生理需求的消费者。最初的配方乳粉主要是针对婴儿的营养需求，模仿母乳的各种营养，为不能得到母乳喂养的婴幼儿提供类似母乳营养水平的安全、高质的配制乳粉。近几年，配方乳粉的发展迅速，已显示出系列化的趋势，比如最新研制出的中老年乳粉、孕妇乳粉、营养强化乳粉等。

### 一、婴幼儿配方乳粉

自 1867 年世界首次生产婴儿配方食品以来，婴儿配方乳粉的发展也有近100 年的历史，20 世纪 50 年代之后发展更为迅速。婴幼儿配方乳粉是在牛乳中添加或去除某些成分，使其组成无论在数量上、质量上还是生物功能上都无

限接近于人乳。

随着科学技术的发展，婴儿配方乳粉的发展大致经历了3个过程：①第一代婴儿配方乳粉阶段。这个阶段是简单地向牛乳或炼乳中加水，以利于消化，在牛乳中添加谷物、豆浆、蔗糖，以增加热量。②第二代婴儿配方乳粉阶段（现阶段婴儿配方乳粉）。向牛乳中添加乳清粉、植物油、维生素等，改善牛乳的品质，使之更接近人乳。③第三代婴儿配方乳粉（完善阶段）。以乳清蛋白，如β-乳球蛋白水解物为基础，经抑菌处理添加免疫活性物质，以保证婴儿正常生长发育的营养需要，提高婴儿机体免疫力和抗感染力。

随着人民生活水平的提高，人类生活方式和生活习惯已经发生了重大的变化，食品越来越朝着方便化和功能化发展，而对于母乳的部分代替品——婴幼儿配方乳粉的研究也越来越受到人们的重视，配方乳粉企业已经成为儿童食品工业中最重要的项目之一。

## （一）特点及组成

1. 牛乳和人乳成分的差别　母乳是婴儿成长需要的唯一最安全、最完整、最天然的食物，因为它营养丰富，含有婴幼儿所需的所有营养和抗体，可以保证婴儿的正常、健康发育。但由于很多原因，包括工作压力、身体健康或者传染疾病等，很多婴幼儿得不到母乳的喂养，导致了婴幼儿的营养不良，体质较弱。在这种情况下，婴儿配方乳粉就可以作为母乳代用品。目前，牛乳的成分与人乳最为相似，通常选作婴幼儿配方乳粉的原料乳。但牛乳和人乳无论在感官上，还是组成上都有一定的差别。因此，在实际生产中，需要对牛乳的各种营养成分进行调整，使之近似于人乳，更好地被婴幼儿消化吸收。牛乳和人乳的成分见表5-13。

表5-13　1升牛乳与人乳中营养物质的含量

单位：克

| 乳的成分 | 蛋白质 | | 脂肪 | 乳糖 | 灰分 | 水分 | 热量（千焦） |
| --- | --- | --- | --- | --- | --- | --- | --- |
| | 酪蛋白 | 乳清蛋白 | | | | | |
| 牛乳 | 22.1 | 6.9 | 33 | 45 | 7 | 886 | 2 260 |
| 人乳 | 4.3 | 6.8 | 35 | 72 | 2 | 880 | 2 840 |

（1）蛋白质　从表5-13可以看出，牛乳中的蛋白质含量大约为人乳中蛋白质的3倍，其中乳清蛋白含量相当，但酪蛋白含量差距较大，牛乳中含量约为人乳中的5倍。乳中蛋白质的消化过程是在胃内和胃液相混合，形成由酪蛋

白、乳清和钙等掺杂在一起的凝块。人乳中的酪蛋白含量低，形成的凝块呈柔软絮状型，易被婴幼儿消化吸收；而牛乳则因为酪蛋白含量高，所形成的凝块难以被消化，容易引起婴儿消化不良或腹泻。因此，新鲜牛乳须被均质、加热和稀释处理，才能用于婴幼儿乳粉的配制。

（2）脂肪　表5-13显示乳中的脂肪含量差距不大，但构成不同。人乳中含有的脂肪以不饱和脂肪酸为主，脂肪球小，易被吸收利用。牛乳中饱和脂肪酸多，而且人体必需的不饱和脂肪酸仅为人乳的1/3左右，牛乳的吸收利用率比人乳低20%以上。

（3）碳水化合物　人乳和牛乳中都含有乳糖，但人乳中的含量比牛乳中高出近一倍，且人乳中主要是β型，可以抑制肠道中大肠杆菌的生长，牛乳中的α型乳糖则不具备这种作用。

（4）牛乳在运输等很多途径很容易被细菌污染，必须经过消毒处理，而人乳中绝对不含有细菌。

（5）人乳中的维生素含量通常比牛乳高，所以在制作配方乳粉时，往往要强化维生素，特别是维生素A、维生素C、维生素D等，其中水溶性维生素的强化没有规定的上限，但脂溶性维生素A、维生素D长时间过量摄入时会引起中毒，因此必须按规定加入。

（6）牛乳中的无机盐量较人乳高3倍多。摄入过多的微量元素会加重婴儿肾脏的负担。配制乳粉中常采用脱盐办法除掉一部分无机盐。但牛乳中铁含量比人乳中低，应根据婴儿需要补充一部分铁。

添加微量元素时应慎重，因为微量元素之间的相互作用，微量元素与牛乳中的酶蛋白、豆类中植酸之间的相互作用对产品的营养性能影响很大。

2. 婴幼儿配方乳粉的营养成分组成以及调整　当计算婴儿调制乳粉成分配比时，应考虑到婴儿对各种营养成分的需要量，使之尽量接近于母乳的成分配比。世界各国都根据本国婴幼儿的营养需求特点制定了营养需要量标准。调制乳粉向着类似人乳的方向逐渐发展，从调整蛋白质、脂肪、乳糖、无机成分开始，在添加微量有效成分后，使之类似人乳。

（1）蛋白质　乳粉加工企业应将牛乳中的蛋白质含量加以调整，才能符合婴儿配制乳粉的需求。途径：通过加入脱盐的乳清来增加乳清蛋白的含量。由于乳清蛋白含有较多的胱氨酸，可使乳粉中酪蛋白与乳白蛋白的含量比例与人乳相似；使用蛋白分解酶对乳中多余的酪蛋白进行分解，或者直接添加大豆蛋白，使酪蛋白和白蛋白的比例接近于人乳；在牛乳中直接加入胱氨酸，可以使牛乳的蛋白效价接近人乳；配方中以大豆为基料，适用于对乳糖和乳蛋白过敏的婴儿。

（2）脂质 婴儿配方乳粉中，需要对牛乳中的脂肪酸组成进行调整。牛乳中的不饱和脂肪酸含量远远低于人乳，所以在牛乳中主要添加长链多不饱和脂肪酸。但是如单独添加二十二碳六烯酸（DHA），会导致婴儿语言障碍和生长缓慢，必须使花生四烯酸（AA）和二十二碳六烯酸（DHA）保持平衡。途径：从单细胞微生物提取的油脂中获得 DHA 和 AA，从卵磷脂中得到 AA。胆甾醇、脑磷脂、鞘磷脂、脑苷脂等磷脂类是婴儿生长时期的重要成分，在调整乳粉成分时，尽量使乳粉中的磷脂质含量接近人乳。玉米油、大豆油、橄榄油等植物油可以用来代替乳脂肪，补充不饱和脂肪酸，调整脂肪时须考虑这些脂肪的稳定性、风味等，以确定混合油脂的比例。

（3）碳水化合物 配制乳粉时，多加入乳糖或可溶性多糖类，使得乳粉中蛋白质与乳糖的比率约为 1：4，接近于人乳。途径：加入低聚糖，因为低聚糖可以阻止糖蛋白和病原菌的结合，而且低聚糖还有益生作用。

除了上述所说的蛋白质、脂质和碳水化合物以外，往往还要加入免疫因子、核苷酸、益生菌、牛磺酸等，使乳粉的营养成分更加完善，配制出适应不同年龄段婴儿的乳粉。应用益生菌是考虑其具有提高机体免疫应答和促进肠道菌群平衡的作用，但用于婴幼儿乳粉，其安全性方面仍需进一步的研究。

（4）**婴幼儿乳粉中的生物活性物质**

①免疫球蛋白 牛乳中的免疫球蛋白主要分为 IgG、IgA、IgM、IgE、和 IgD 等五类，其中只有 IgD 尚未发现具有作为功能性食品的潜力。

②乳铁蛋白 乳铁蛋白和转铁蛋白是牛初乳形成阶段、泌乳期、干乳期的主要糖蛋白之一，乳铁蛋白可以强化促进铁的吸收、抗菌、抗氧化、免疫反应、刺激溶菌酶活性再生、促进肠道免疫系统成熟等。

③牛磺酸 牛磺酸是人体必需的氨基酸，是哺乳动物乳汁中含量丰富的游离氨基酸，其主要功能是使体内胆汁酸的存量增多，改善脂肪的吸收，防止胆汁淤积等，尤其对脑及视网膜的发育最为重要。营养专家的研究曾表明，牛磺酸在人脑神经细胞增殖过程中（分化成熟过程）发挥重要作用。

④乳过氧化物酶 是乳汁中的血红素蛋白，主要作用是抗菌。

⑤溶菌酶 是一种不耐热的碱性蛋白，加入到婴幼儿配方乳粉中，有利于婴幼儿胃肠道系统的微生物细菌正常化，目前国外已经有强化溶菌酶的母乳化配方粉，溶菌酶主要来源于禽蛋类。

（5）**婴幼儿配方乳粉的配方设计原理** 按照推荐每日膳食营养供给量（RDA）强化婴幼儿生长发育需要的各种维生素和矿物质。

根据上述需要，对婴幼儿配方乳粉进行设计配方（表 5-14）。

表 5-14 婴幼儿配方乳粉的一般产品配方

| 物料名称 | 每吨投料量 | 物料名称 | 每吨投料量 | 物料名称 | 每吨投料量 |
|---|---|---|---|---|---|
| 牛乳 | 2 600 千克 | 维生素 $B_2$ | 4.5 克 | 维生素 C | 62 克 |
| 乳清粉 | 490 千克 | 维生素 E | 0.25 克 | 三脱油 | 63 千克 |
| 乳油 | 65 千克 | 叶酸 | 0.25 克 | 维生素 D | 0.11 克 |
| 亚硫酸铁 | 355 克 | 维生素 $B_1$ | 3.5 克 | 维生素 $B_6$ | 35 克 |
| 蔗糖 | 65 千克 | 维生素 A | 5 克 | 烟酸 | 40 克 |

（引自郭本恒. 乳制品生产工艺与配方. 2007）

根据婴幼儿出生的时间不同，婴幼儿配方乳粉可分为婴儿乳粉（0~6个月）、较大婴儿乳粉（6~12个月）、幼儿成长乳粉（12~36个月）。

### (二) 工艺流程

1. 湿法工艺 乳制品企业生产婴幼儿配方乳粉传统上大多采用湿法工艺生产，这种方法是在原料乳中加入乳清粉、植物油、乳糖、营养强化剂等，再经过均质、浓缩、喷雾干燥等过程，制成配方乳粉。

（1）湿法工艺优点 ①生产的乳粉产品均一性好，理化指标稳定。②乳粉颗粒与营养元素结合得比较紧密，营养成分保持良好。③奶源地与加工厂距离近，不需要奶样的储存，减少了二次污染。

（2）湿法工艺缺点 ①加工方法生产周期长，能耗大，需要设备多，成本高。②一些热敏性维生素会由于加热造成破坏，也会增加一些成本。③奶源和加工厂的距离要求很近。

（3）湿法工艺流程 见图 5-7。

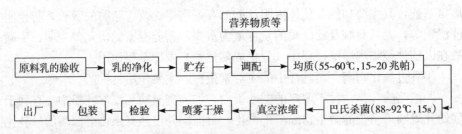

图 5-7 配方乳粉湿法工艺

①采用 10℃ 左右经过预处理的原料乳在高速搅拌缸内溶解乳清粉、糖等配料，以及维生素和微量元素。

②混合后的物料预热到 55℃，加入脂肪部分，然后进行均质，均质压力

为 15～20 兆帕。

③杀菌温度为 85℃，16 秒。

④物料浓缩至 18°Bé。

⑤喷雾干燥进风温度为 150～160℃，排风温度为 80～85℃，塔内负压 196 帕。

2. 干法工艺　目前，婴幼儿乳粉的生产仍主要采用湿法或半干法，需要将大量的粉状配料重新溶解，然后和牛乳及营养添加剂混合喷雾干燥，造成成本高、能耗大，生产周期长。干法生产婴幼儿乳粉已经成为一种趋势。

（1）干法工艺的原理　以特殊的干混设备，将婴幼儿配方乳粉的原料加以混合，同时加入营养强化剂，再进行包装、出厂等过程的一套工艺。

（2）干法工艺过程

①原料乳的计量和检验　在开始干法加工乳粉之前，对每一种原料都要进行感官、理化性质和微生物检验，保证成品的各项指标合格。

②蔗糖粉碎　一般可选用锤式粉碎机进行粉碎，也可以使用粉碎机 F 型系列，这种粉碎机具有节能、高效、低噪音的特点。

③营养强化剂和原料乳的预混　配方乳粉中微量元素和维生素的含量较少，1 吨产品只需要几千克，在加入到原料乳之前，需要先和蔗糖混合均匀，缩小混合比例。但白砂糖应先粉碎至 100 目以上，以保证和其他配料混合均匀。

④产品的检验和质量控制　配制乳粉的干法生产中要增加检验的次数，要检验乳粉的感官性质、理化指标、微生物指标和营养素，避免二次污染，保证产品的出厂品质。

（3）干法工艺的优点　①工艺中省掉了乳清粉等配料重溶再进行喷雾干燥的耗能过程，节约了能源、降低了成本。②使用的设备较湿法工艺少，缩短了生产周期。③避免了营养强化剂的加热，不会破坏热敏性维生素（维生素 C、叶酸、泛酸等）的营养成分，从而保证了产品的全价营养效能。

（4）干法工艺的缺点　①需要较高的清洁度，最低要求 30 万洁净度。②控制二次污染问题，对操作环境、工艺流程、工作人员必须有严格的设计要求和管理标准。③产品的感官质量没有湿法工艺好。

（三）注意事项

生产婴幼儿配方乳粉过程中，添加维生素时，要注意以下事项：

1. 水溶性热稳定性维生素（烟酸、维生素 $B_{12}$ 等）可以在预热操作前加入。

2. 维生素 A 和维生素 D 等溶于植物油的维生素可以在均质前加入。

3. 热敏性维生素（维生素 $B_1$、维生素 C 等）需要先和干糖粉混合均匀，在喷雾干燥后加入。

### （四）婴幼儿配方乳粉的研究趋势

1. 早产和出生低体重配方　这种婴幼儿配方乳粉要求有足够的营养密度，比正常婴儿要高，碳水化合物应为乳糖和葡萄糖的聚合体，脂肪中要有40%～50%的中链脂肪酸，同时还要有大量的维生素和微量元素（尤其是钙）。

2. 无乳糖婴幼儿配方乳粉　以新鲜牛乳为基料的无乳糖配方，乳糖的含量为每 100 克乳粉小于 0.2 克。去除乳糖的方法有两种：一是使用乳糖水解酶对牛乳中的乳糖进行水解，再进行后续加工；二是使用乳糖蛋白分离物和乳清蛋白浓缩物，通过膜处理方法除去这些原料的乳糖。

3. 低磷配方　婴儿配方乳粉的磷元素主要来自牛乳、乳清粉以及添加剂，在肠道中会影响钙的吸收。因此，在配方中尽量少用磷酸盐，合理地选择配料，降低产品中灰分含量（特别是磷酸盐）的含量。

4. 低灰分配方　新生儿过多摄入无机成分会增加婴儿肾脏的负担，会引起一系列疾病。因此，在乳粉配方中要控制无机灰分的含量在 3% 以内的水平。

5. 抗回流配方　有些婴儿在进食后会出现食道回流现象。所谓食道回流，即胃里的食物不自觉地回流到食管中。在乳粉的配方中加入一些食用胶类或增稠剂，增加进食后食物的黏度，可以降低回流的概率，减少婴儿的痛苦。

6. 免敏婴儿配方乳粉　有些婴儿在喝配方乳粉时，会出现一些不良反应，最常见的是牛奶蛋白过敏和乳糖不耐受症状。对牛奶中蛋白过敏，可能使婴儿出现湿疹、呕吐、腹泻或腹痛等症状，这时就可以选择以黄豆为基质的"免敏婴儿配方乳粉"。

7. 液态婴儿奶的开发　目前，世界上很多国家有液态婴儿奶的生产和销售，其优点是无需冲调，浓度恒定，喂食方便和安全、卫生。在美国、德国、芬兰等一些国家，液态婴儿奶已经非常普遍，在芬兰，液态婴儿奶的市场占有份额甚至已经达到 80% 以上。而在我国，消费者对这种产品还比较陌生，随着人们认识力的提高和科学技术的发展，液态婴儿奶在我国也会有良好的发展前景。

## 二、中老年配制乳粉

1. **定义**　在新鲜牛乳中加入一定量的蛋白质、碳水化合物和中老年容易缺乏的维生素和矿物质，混合均匀后经过杀菌、浓缩、干燥等过程，制成的粉末状制品。

2. **成人营养配方乳粉设计原理**　成人营养配方乳粉的配方设计主要根据《中国居民膳食推荐摄入量》推荐的膳食营养素参考摄入量（DRIs），研究不同生理年龄阶段人群的不同生理、饮食特点的需要而制定的适合于不同生理年龄阶段人群的营养素配方粉。中国居民膳食营养素参考摄入量是在 RDA 基础上发展起来的一组平均膳食营养素摄入量的参考值，主要包括平均需要量（EAR）、适宜摄入量（AI）、推荐摄入量（RNA）和最高摄入量（UL）。膳食营养素主要包括能量、宏量营养素（蛋白质、脂肪、碳水化合物）、微量营养素（矿物质、维生素）、膳食纤维和水等。

3. **组成**　中老年人由于生理机能减退，具有特殊的营养要求。老年人的饮食要求"三高三低"。所谓的"三高三低"，即高蛋白、高纤维、高钙、低脂肪、低糖、低钠。不饱和脂肪酸能有效地减少中老年易患的高血脂和肥胖症的发病率，中老年人对维生素和无机物质的需要量一般高于正常人。另外，维生素 C、维生素 E 等维生素具有抗氧化性，可以抗衰老。考虑上述综合因素，可以确定中老年乳粉的配方（表 5-15）。

**表 5-15　中老年配制乳粉的基本配方**

单位：千克/吨

| 产品原料名称 | 使用量 | 产品原料名称 | 使用量 |
| --- | --- | --- | --- |
| 鲜牛乳 | 3 000 | 牛磺酸 | 0.3 |
| 脱脂乳粉 | 655 | 钙强化剂（以钙计） | 6 |
| 精炼植物油 | 72 | 铁强化剂（以铁计） | 0.05 |
| 膳食纤维 | 10 | 复合维生素 | 适量 |
| 卵磷脂 | 3 | | |

注：鲜牛乳乳固体按 11.5%计算，成品乳粉水分按 2.5%计算。
（引自郭本恒．乳制品生产工艺与配方．2007）

## 三、孕产妇配制乳粉

1. **定义**　在新鲜的原料牛乳中加入一定量孕妇所需的叶酸、钙等微量元素，经过杀菌、浓缩、干燥等过程制成的粉末状制品。

2. 组成　孕期是女性一生中十分特殊的时期，孕期的女性需要大量的营养物质，许多营养物质的需要量大于一般人，如叶酸、钙、卵磷脂、牛磺酸等。此外，孕妇还需要其他营养物质，如蛋白质、维生素、矿物质等。综合考虑以上因素，可以设计孕产妇配制乳粉配方（表 5-16）。

表 5-16　孕产妇配方乳粉产品一般配方　　　　　单位：千克/吨

| 原　料 | 用量 | 原　料 | 用量 |
|---|---|---|---|
| 鲜牛乳 | 5 000 | 铁强化剂（以铁计） | 0.05 |
| 脱脂乳粉 | 390 | 叶酸 | 0.004 |
| 精炼植物油 | 80 | 其他复合维生素 | 适量 |
| 钙强化剂（以钙计） | 5 | | |

注：鲜牛乳乳固体按 11.5% 计算，成品乳粉水分按 2.5% 计算。
（引自郭本恒. 乳制品生产工艺与配方. 2007）

## 四、中小学生配方乳粉

中小学生由于能够正常地摄入食物，日常所需的维生素和矿物质在日常的饮食中就可以得到补充。但是由于学习压力大，心理负担较重，在乳粉中需要补充一些增进记忆力和抗疲劳的营养素。同时，因为中小学生正处于生长发育时期，需要一些营养物质来满足生长发育的需要。在设计配方时，加入一定量的不饱和脂肪酸（如亚油酸）、利于大脑发育的物质（如牛磺酸）、增强智力的物质（如 DHA、AA、亚麻酸）和减缓疲劳的大豆低聚肽、谷氨酰肽等。因此，中小学生配制乳粉的配方见表 5-17。

表 5-17　中小学生乳粉产品的一般配方　　　　　单位：千克/吨

| 产品原料名称 | 使用量 | 产品原料名称 | 使用量 |
|---|---|---|---|
| 鲜牛乳 | 6 100 | 铁强化剂（以铁计） | 0.05 |
| 乳清浓缩蛋白粉 | 125 | 锌强化剂（以锌计） | 0.02 |
| 精炼植物油 | 50 | 牛磺酸 | 0.4 |
| 大豆低聚肽 | 25 | DHA | 0.3 |
| 卵磷脂 | 3 | 花生四烯酸 | 1 |
| 钙强化剂（以钙计） | 4 | 复合维生素 | 适量 |

（引自郭本恒. 乳制品生产工艺与配方. 2007）

## 五、调制乳粉中营养素的添加要求

在制造配制乳粉的过程中，为了符合各种特殊人群的营养需要，常常要添加不同的营养素。但营养素的添加不是无限制的，也要符合相应的规定。所有营养素既有最低摄入量，也有最高摄入量的限制，即对所有个体健康都无任何副作用和危险的最高摄入量。营养素摄入量不足或超出其最高限量，都会对人体造成相应的不良作用或引起上火。在制造配方乳粉时，一定要通过合理的加工处理和配方调整，既能使牛乳的营养特点充分体现，又能避免上火等不良现象。

营养成分的调整：不足的可以通过添加来解决，过剩的则要通过水解、超滤等复杂工序来解决。蛋白质含量、乳清蛋白的比例等宏观条件容易调整，但要在微观上进行调整难度较大，如氨基酸组成、脂肪酸组成、风味成分等。调整后的产品还要考虑其安全性。

# 第四节 其他乳粉的加工

## 一、功能性乳粉

功能性乳粉是指除具有一般乳粉固有的化学成分和营养作用外，还含有某些特殊营养物质或功能性成分，兼具有一种或多种特定生理保健功能的乳制品。

### (一) 免疫乳粉

免疫是机体免疫系统对一切异物或者抗原性物质进行非特异或特异性识别和排斥清除的一种生理学功能。免疫是人体的一种生理功能，人体依靠这种功能识别"自己"和"非己"成分，从而破坏和排斥进入人体的抗原物质，或人体本身所产生的损伤细胞核肿瘤细胞等，以维持人体的健康。

免疫乳粉是指在鲜牛乳的干燥过程中，通过一定的保护措施和工艺，添加一定量的免疫活性物质而制得的，能够增强人体对疾病的抵抗力、抗感染、抗肿瘤的以及维持自身生理健康的乳粉。牛初乳中的生物活性物质是提高机体免疫力的最重要物质。此外，在免疫乳粉中还常常加入核苷酸类产品、β-胡萝卜素类抗氧化维生素。免疫乳粉的一般配方见表5-18。

表5-18　免疫乳粉的一般配方表

单位：千克/吨

| 原　料 | 用量 | 原　料 | 用量 |
|---|---|---|---|
| 鲜牛奶 | 4 000 | 核苷酸（包括AMP、CMP、UMP、IMP） | 0.3 |
| 全脂乳粉 | 355 | | |
| 脱脂乳粉 | 120 | 初乳粉 | 50 |
| 活性多糖乳粉 | 2 | β-胡萝卜素 | 0.002 |
| 牛免疫球蛋白 | 10 | 大豆卵磷脂 | 2 |

（引自郭本恒．乳制品生产工艺与配方．2007）

### （二）降血糖乳粉

糖尿病是一种内分泌代谢性疾病。糖尿病患者的饮食首先要确定日需总热量的合理供给，使各种营养素之间保持适当比例，以适应其代谢的变化。日常总热量应该根据患者的体型、年龄、劳动强度等方面的因素而定。降血糖乳粉主要适用于糖尿病患者，一般配方如表5-19。

表5-19　降血糖乳粉的一般配方

单位：千克/吨

| 原　料 | 用量 | 原　料 | 用量 |
|---|---|---|---|
| 鲜牛乳 | 3 760 | 精炼植物油 | 50 |
| 脱脂乳粉 | 450 | 可溶性纤维 | 50 |
| 吡啶甲酸铬 | 0.025 | 乳清浓缩蛋白 | 35 |

（引自郭本恒．乳制品生产工艺与配方．2007）

### （三）改善动脉粥状硬化乳粉

心脑血管疾病近年来严重危害到了人们的健康。有许多原因会影响到动脉粥状硬化，最关键的因素是血胆固醇和血甘油三酯浓度的升高。血液中胆固醇浓度每上升1%，冠心病死亡率上升2%，所以维持血液中胆固醇浓度是预防心脑血管疾病的关键。

大豆蛋白质的主要生理功能是调节血脂、降低胆固醇和甘油三酯。大豆蛋白能够与肠道内胆固醇类相结合，从而妨碍固醇类的再吸收，并促进肠道内胆固醇排出体外。对于胆固醇含量偏高的人，大豆蛋白可以降低部分胆固醇的含量；对于胆固醇含量正常的人，大豆蛋白没有促进胆固醇下降的作用（胆固醇是人体内维持生命的必需物质）；对于胆固醇含量正常的人，如果食用胆固醇含量高的食物（如肉、蛋、乳类）过多时，大豆蛋白有抑制胆固醇含量上升的作用。降血脂乳粉适用于高血脂症患者，一般配方如表5-20。

表5-20 降血脂乳粉一般配方

单位：千克/吨

| 原 料 | 用量 | 原 料 | 用量 |
|---|---|---|---|
| 鲜牛乳 | 3 400 | 精炼大豆油 | 120 |
| 脱脂乳粉 | 400 | 大豆分离蛋白 | 150 |
| 精炼玉米油 | 60 | DHA（6.25%） | 10 |

（引自郭本恒.乳制品生产工艺与配方.2007）

### （四）治疗某些疾病的乳粉

1. 嗜酸菌乳粉 用于治疗消化不良及其他肠胃疾病，如腹泻、肠炎和痢疾等。
2. 低苯丙氨酸乳粉 对苯酮尿症、发育迟缓、智能降低有特殊疗效。
3. 乳糖分解乳粉 用来缓解乳糖不耐症。
4. 双歧杆菌、异构乳糖乳粉 建立良好的肠道菌群，抵抗疾病。
5. 婴儿豆乳粉 适宜对牛乳蛋白质过敏反应，乳糖不耐症的婴儿。
6. 低钠乳粉 对肾炎、肾结石、肾性尿崩症有显著疗效。
7. 高蛋白低脂肪乳粉 适于哺育消化、吸收能力差的不足月婴儿及患者。
8. 高铁乳粉 铁质有助于制造血红素、改善贫血，早产儿、手术后及贫血的患者可根据需要食用。
9. 高蛋白乳粉 适合手术以后的恢复期患者使用，因身体内组织的恢复需要更多的蛋白质来构成新的细胞及结构；有些肾脏病因蛋白质会从小便中流失，所以也需要用额外的蛋白质来补充。但此类乳粉不适用于严重肝病患者，因其容易造成病情恶化。

### （五）羊乳粉

羊乳粉是国内外营养专家一致认为最接近人乳的乳品，羊乳不仅营养全面，且极易消化、吸收。羊乳粉的脂肪球大小与人乳相同，仅为牛乳粉脂肪球的1/3；羊乳粉的蛋白质结构构成与人乳也基本相同，含有大量的乳清蛋白，且不含牛乳中的某些可致过敏的异性蛋白。因此，几乎任何体质的婴儿都可以接受羊乳粉，特别是肠胃较弱、体质较差的婴儿；羊乳粉中还特别含有在人乳中才有的上皮细胞生长因子（牛乳中不含），临床证明上皮细胞生长因子可修复支气管、胃肠等黏膜。国外专家们根据多次追踪对比发现，从婴儿期喝羊乳的孩子，其智力发育、牙齿发育、身体灵活性、协调性都比喝牛乳的孩子指数更高。

### （六）牛初乳乳粉

牛初乳：母牛产犊后 3d 内的乳汁与普通牛乳明显不同，称之为牛初乳。牛初乳蛋白质含量高，而脂肪和糖含量较低。20 世纪 50 年代以来，由于生理学、生物化学、医学以及分子生物学的发展，发现牛初乳中不仅含有丰富的营养物质，而且含有大量的免疫因子和生长因子，如免疫球蛋白、乳铁蛋白、溶菌酶、类胰岛素生长因子、表皮生长因子等，经实验证明，牛初乳具有免疫调节、改善胃肠道、促进生长发育、改善衰老症状、抑制多种病菌等生理活性功能，被誉为"21 世纪的保健食品"。

使用牛初乳作为原料乳生产的乳粉应以低于 50℃ 的温开水冲调饮用，适用于体质较弱、非母乳喂养、食欲不振的婴幼儿，经常感冒发烧、咳嗽的婴幼儿，亚健康人群，孕产妇，体质较弱的中老年人。

## 二、速溶乳粉

### （一）速溶乳粉的特点

世界各国从 20 世纪 50 年代起就开始了速溶乳粉的研究，其目标是制备出一种可以在温水或凉水中迅速溶解的乳粉，以便于更好更方便地食用。最早的速溶脱脂乳粉是 1954 年上市销售的美国的"卡纳逊"速溶乳粉和日本的"雪印"速溶乳粉。60 年代末 70 年代初，国外工业生产上实现了使亲水性物质卵磷脂附聚到乳粉成为全脂速溶乳粉的一种加工方法，通常生产中在附聚阶段使用流化床法喷涂卵磷脂。我国 80 年代初开始研究全脂速溶乳粉的工艺和设备。速溶乳粉的研制和发展标志着乳粉制造业的重大进展。速溶乳粉是以某种特殊工艺而制得的乳粉。

普通的脱脂乳粉一般有以下三个缺点：①有焦煮气味。②溶解性差。③保藏中吸湿性大，易结块。速溶乳粉则完全没有这些缺点，速溶乳粉的特点如下：

1. 速溶乳粉颗粒直径较大，一般为 100~800 微米。

2. 这种乳粉的溶解性、可湿性、分散性等都得到了改善。当用水冲调复原时，只需搅拌一下，就能迅速溶解，不结块，即使是在冷水中，它也能直接冲调，避免冲调的麻烦。

3. 速溶乳粉中的乳糖呈结晶状，在包装和储存的过程中不易吸潮结块。

4. 速溶乳粉的直径大而均匀，在制造、包装和使用过程中不会产生粉尘飞扬的状况，改善了人员的工作环境，减少了不必要的损失。

5. 速溶乳粉的比容大，表观密度低，在一定程度上增大了包装容器的容积，增加了包装的费用。

6. 速溶乳粉中的水分含量较大，不易于保存，尤其是脱脂速溶乳粉易于褐变，并伴有一种粮谷的气味。

### （二）速溶乳粉的生产工艺

速溶乳粉中的乳糖晶型和乳粉的颗粒结构状态与一般的普通乳粉不同。乳糖溶液具有两种旋光性的异构体，即 α-乳糖和 β-乳糖。其中 β-乳糖的含量常多于 α-乳糖，在室温下，二者之比是 1.58：1，100℃时，二者之比为 1.33：1。当喷雾时，由于牛乳瞬间干燥成粉，妨碍了乳糖进行结晶，形成一种无定形的玻璃状态的非结晶的 α-乳糖与 β-乳糖的混合物。进行干燥后，就形成一种含有结晶状态乳糖的乳粉。这种乳粉的吸湿性很小，耐保藏。速溶脱脂乳粉就是根据这种特性而制造出来的，这种工艺方法称为吸潮再干燥法。

速溶乳粉的工艺流程见图 5-8：

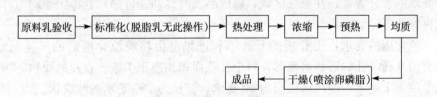

图 5-8　速溶乳粉工艺流程

速溶乳粉的生产方法分为：喷雾干燥法、真空薄膜干燥法和真空泡沫干燥法。其中的喷雾干燥法又可以分为直通法（一段法）和再润湿法（二段法）。

直通法（一段法）是不需要预先制成基粉，在喷雾干燥室的下部连接一个直通式速溶乳粉瞬间形成机，连续地进行吸潮并用流化床使其附聚造粒，再进行干燥形成速溶乳粉。再润湿法（二段法）是使用一般喷雾干燥的粉粒作为基粉，通过喷入湿空气或雾滴使其吸湿附聚成较大团粒（这时 α-乳糖开始结晶），然后进行干燥、冷却形成速溶乳粉。这种工艺可以归纳为：干燥—吸湿—再干燥工艺。

可见，速溶乳粉的生产工艺具备两个特点：一是使分散的、较小的、不均匀的粉粒，通过附聚形成疏松的大颗粒，使其能达到速溶。二是生产全脂速溶乳粉时，为解决粉粒表层游离脂肪对润湿性的影响，有时在粉粒表面喷涂一层亲水性的表面活性物质，如卵磷脂。喷涂卵磷脂总量应占乳粉总量的 0.1%～0.3%，国际标准允许添加量为 0.4%以下，添加量超过 0.5%时乳粉就会有卵磷脂的味道。

1. 直通法　在生产中，又常常将直通法分为干燥室内直接附聚法和流化床附聚法。

（1）干燥室内直接附聚法　整个操作过程一次完成，在同一干燥室内完成雾化、干燥、吸附、再干燥等过程，使制成的产品达到标准要求。直接附聚法的特点如下：①生产方法简单，经济。②对干燥设备的要求较高，要求干燥时间充足，雾化器的位置也有严格的规定。③为了避免乳糖结晶，对干乳粉颗粒和湿乳粉颗粒的水分含量有一定的要求，否则会影响产品的质量。

（2）流化床附聚法　浓缩乳经雾化器分散成微细的液滴，在干燥室内与热空气进行热交换和质交换，最后得到水分含量约为 10%～15%的乳粉。乳粉在沉降过程中衍生附聚，沉降于干燥室底时仍在附聚，然后潮湿且部分附聚的乳粉从干燥室内排出，落入振动流化床进一步干燥。流化床一般分为三个区域，由孔板隔成两层，从孔的下部分别可吹入热空气和冷空气。在第一区域，潮湿的乳粉继续附聚成稳定化的团粒；在第二区域，热空气将乳粉干燥到成品所要求的水分含量；在第三区域，将成品及时冷却、过筛，获得团粒均匀、附聚良好的干燥的乳粉。

流化床的要求：①孔板的开孔率和进风量由粉粒流化所需的风速而定。②交错开孔，孔的形状呈菱形，每个孔截面积相当于 1 毫米直径的面积。③孔板厚度为 1 毫米，冲压成波高为 60 毫米、波长为 160 毫米的波纹状。

直通法生产速溶乳粉的工艺流程见图 5-9。

2. 再润湿法　再润湿法又称为二段法，二段法是最先提出的，也是最先投入到工业生产中的方法。二段法是以喷雾干燥法生产的普通脱脂乳粉作为基粉。这种方法加工过程复杂，能源不经济，生产成本高，生产环节多，产品质量难以控制。

操作要点：

①生产基粉时，脱脂乳的杀菌温度宜采用 80℃，保温时间为 15 秒，浓缩蒸发温度采用 45～50℃。避免乳清蛋白的变性和含巯基的蛋白质分解产生异味。

②基粉定量地从螺旋输送器注入到加料斗，经振动筛板均匀地撒布于附聚室内，与潮湿空气或低压蒸汽接触，使乳粉的水分含量增加至 10%～12%，乳粉颗粒表面快速溶胀，相互附聚而使直径增大，乳糖产生结晶。

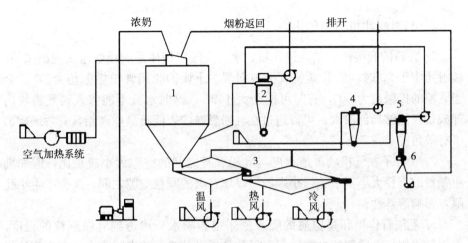

图 5-9 直通法（一段法）生产速溶乳粉过程

1. 干燥室 2. 主旋风分离器 3. 振动流化床 4. 流化床旋风分离器

5. 旋风分离器 6. 集粉器

③附聚及结晶的乳粉在流化床或与附聚室一体的干燥室内，与温度为100～120℃的热空气接触，再进行干燥，使乳粉的水分含量达到要求。

④从干燥室内出来的乳粉，在流化床上的一个长的输送带上与冷风接触，使乳粉冷却到一定的温度。

⑤过筛使颗粒大小均匀一致。

再润湿法生产速溶乳粉的工艺流程见图 5-10。

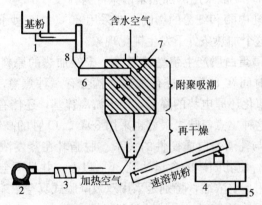

图 5-10 再润湿法（二段法）生产速溶乳粉过程

1. 螺旋输送器 2. 鼓风机 3. 加热器 4. 粉碎和筛选机

5. 包装机 6. 振动筛板 7. 干燥室 8. 加料斗

### （三）影响乳粉速溶的因素

1. 乳粉的润湿性，是通过乳粉、水、空气三相体系的接触角测定出来的。接触角小于90°时，乳粉颗粒就能被润湿。干燥的脱脂乳粉接触角为20°，全脂乳粉的接触角为50°，有时可能会大于90°，这时水分不能渗入到乳粉块内部或仅仅能够局部渗入，可以通过在乳粉颗粒的表面喷涂卵磷脂，有效地增加了有效角。

2. 水分子在乳粉的渗透程度与乳粉颗粒之间的空隙大小成正比，假如乳粉颗粒的直径大小不一致，小颗粒可以填在大的颗粒空隙之间，又会产生小孔隙，影响溶解性。

3. 毛细管作用和蛋白质的吸水膨胀也影响水分渗透到乳粉颗粒的程度。毛细管作用将乳粉颗粒粘在一起，导致乳粉颗粒之间的空隙变小。毛细管的收缩作用可以将乳粉的体积减少30%～50%，蛋白质的吸水膨胀也会导致空隙的变小，特别是在蛋白质粉中。

4. 乳粉中的乳糖溶解后产生的黏度会阻碍水分的渗透。

5. 乳粉的其他性质也会对水分渗透有一定的影响。比如乳粉颗粒的密度大小，连接在一起的颗粒润湿后能否分开等。

### （四）生产速溶乳粉时应该考虑的问题

1. 加热对乳清蛋白的影响　在生产速溶乳粉时，为了使乳清蛋白的变性率控制在5%以内，一般采用的加热杀菌条件为80℃、15秒。

2. 加热对牛乳中酶和细菌的影响　在采用80℃、15秒杀菌时，牛乳中的磷酸酶和酯酶在这个加热条件下发生钝化现象。

3. 加热对乳清蛋白质产生巯基的影响　未经加热的原料乳中并不含有活性巯基，如果长时间在80℃下进行加热，就会有一种焦煮气味产生。同时，原料乳还表现出氧化还原电势的降低，产生游离巯基，还伴有挥发性硫化物的出现。为了避免这种焦煮气味，最好也采用80℃、15秒的高温短时杀菌法。

4. 浓缩温度与乳清蛋白质变性的关系　脱脂乳在蒸发浓缩时，温度如果不超过65.5℃时，使乳固体的含量达到36%以上，并且不会使乳清蛋白质变性。实际上，采用真空浓缩，特别是采用双效降膜式真空浓缩时，温度是不会超过55℃的，而且在浓缩时，受热的时间很短。

5. 乳糖晶型的转变（吸潮）和干燥　按上述预热杀菌条件和浓缩条件所得的浓乳，如果直接按普通方法喷雾，所得的乳粉中的乳糖晶型仍然是玻璃状

态的非结晶的 α-乳糖和 β-乳糖的混合物，具有很强的吸湿性。乳糖在 35℃和相对湿度 70％情况下，很快吸收水分达 10％～12％，开始结晶。

## 三、浓缩乳蛋白粉（MPC）

新鲜牛乳是浓缩蛋白粉的主要原料。鲜牛奶经过低温超滤、高温离心分离等物理手段，除去脂肪、胆固醇、乳糖后得到乳蛋白浓缩物。

浓缩乳蛋白粉的主要成分见表 5-21：酪蛋白、α-乳白蛋白、乳铁蛋白、乳过氧化物酶和肽等，具有生物活性和保健功能，是天然的免疫增强剂。

浓缩乳蛋白粉的优点：在加工过程中，不添加任何防腐剂、人工色素、香精；由于其结构与人体蛋白质相匹配，在水中基本能够完全溶解，人体吸收率较高，口感柔和；相对于乳粉，浓缩乳蛋白粉的脂肪和乳糖含量较低，保质期长，通常能达到 24 个月，并且能克服乳糖不耐症。与乳清蛋白不同，牛奶蛋白同时含有丰富的乳清蛋白及酪蛋白，口感更加饱满，并且有极高的热稳定性。

表 5-21　浓缩乳蛋白的理化指标

| 项　目 | 单　位 | 限定值 |
| --- | --- | --- |
| 蛋白质 | ％ | ≥70.0 |
| 水　分 | ％ | ≤7.0 |
| 脂　肪 | ％ | ≥10 |
| 灰　分 | ％ | ≤5.0 |
| 乳　糖 | ％ | ≤14.0 |

## 四、营养强化乳粉

自然界中，除了母乳之外，没有一种天然食品能够满足人体的各种营养素需要。因此，在乳粉的生产过程中，为了更好地满足各类人群的营养需要，经常要加入一种或几种营养强化剂以提高食品的营养价值。加入营养强化剂的目的包括：①弥补天然食品的营养缺陷。②补充食品在加工、储存以及运输过程中营养素的损失。③简化膳食处理，方便摄食。④适应不同人群的营养需要。⑤预防营养不良。

### （一）铁营养强化乳粉

缺铁性贫血是全球性的营养问题，我国也是缺铁性贫血的高发地区。铁缺乏除了导致贫血，还会引起认知能力和学习能力的减退，在乳粉中加入铁强化剂是解决该问题的最有效途径。添加铁的同时，最好辅助地加入维生素 C，可以促进铁的吸收，同时还可以补充人体所需的维生素 C。目前使用的新型铁营养强化剂有乙二胺四乙酸铁钠、甘氨酸亚铁和包衣铁剂等。

### （二）强化乳酮糖乳粉

普通乳粉喂养的婴儿经常出现便秘、腹泻、腹胀等一系列消化不良症状，这是由于婴儿肠道中乳糖酶的分解不足，导致了乳糖不耐症。双叉乳酸杆菌能分泌促进乳糖分解的乳糖酶，异构乳糖是双叉乳酸杆菌的促进因子。由于人乳中含有异构乳糖，而牛乳中没有，因此，添加乳酮糖是使牛乳功能更接近人乳的重要手段。

### （三）强化锌乳粉

锌元素是人体生长发育的必需微量元素，它是多种酶的重要成分，参加核酸和蛋白质的代谢作用。

## 五、冰淇淋粉

冰淇淋粉是将普通冰淇淋混合原料经过配料、杀菌、均质、冷却、老化、蒸发浓缩、喷雾干燥而制成的一种粉末状冰淇淋混合粉料。使用冰淇淋粉，按每千克加入 1.65～1.70 千克水，就可以复原成相当于普通冰淇淋混合原料的化学组成。冰淇淋粉具有良好的起泡性、发泡性和乳化性。

使用冰淇淋粉的优点：①使用冰淇淋粉制作的冰淇淋，可以不经过老化，直接进行冷冻、包装，所以操作便利，节约成本。②这样制作出的冰淇淋组成是稳定的，保持稳定不变的化学组成。

使用冰淇淋粉制作的冰淇淋，所加的水应慎重选择，矿物质过多以及具有氯气臭味的水，不可以直接使用。冰淇淋粉的化学组成：

（1）蛋白质　27.5%以上。

（2）脂肪　27%以上。

（3）糖类　40%以上的糖分，添加糖分可以使制成的冰淇淋具有可口的甜味，增加营养价值，保持良好的组织构造和形态。制成的冰淇淋含有16％的糖分。制造冰淇淋粉的配料糖应选用质量优良的蔗糖和果糖。

（4）蛋品类 在配料中加入适量的全蛋或蛋黄，可以增加冰淇淋的膨胀率、缩短冷冻的时间。

## 六、麦乳精粉

麦乳精粉是采用真空干燥而制成的一种速溶调制乳粉。因为干燥的方法是采用真空手段，所以其外形为酥松清脆的多孔状碎片，吸湿性强，故应采用密封包装。而表观密度低，导致包装容器体积增大，一般采用高型罐包装容器。

麦乳精粉的配料以乳粉、炼乳、蛋粉、麦精为主，再加入可可粉、砂糖、葡萄糖、奶油以及香料、维生素等。麦乳精配方见表5-22。

表5-22 麦乳精粉的一般配方　　　　单位：％

| 原　料 | 质量分数 | 原　料 | 质量分数 |
|---|---|---|---|
| 乳粉 | 4.9 | 葡萄糖粉 | 2.7 |
| 炼乳 | 42.7 | 奶油 | 2.1 |
| 蛋粉 | 0.7 | 柠檬酸 | 0.002 |
| 麦精 | 18.6 | 碳酸氢钠 | 0.2 |
| 可可粉 | 8 | 香精 | 0.3 |
| 砂糖 | 19.8 | | |

## 七、焙烤专用乳粉

根据饼干等焙烤行业的特殊营养需求和生产加工工艺的特殊功能需要，要求专用乳粉可代替焙烤行业中使用的通用型乳粉，具有理想的水合性、乳化性、起泡性、发泡性和凝胶性。

焙烤专用乳粉是近几年出现在焙烤食品原料中的一种新型烘烤原料。它结合了全脂乳粉和脱脂乳粉的特点，既具有全脂乳粉的香浓，又具有脱脂奶粉的操作简易等特点。焙烤专用乳粉在焙烤食品中的具体作用：①提高了产品的营养价值。这种乳粉可以在面团中加入维生素、氨基酸等营养物质。②提高了面团的吸水率。酪蛋白的含量影响面团的吸水率，而焙烤专用乳粉中就含有大量的蛋白质，其中80％～82％为酪蛋白。③提高了面团的筋力和搅拌能力。焙烤专用乳粉中的大量乳蛋白质增强了面团的筋力，尤其对于低筋面粉更为有利。④提高面团的发酵力。因为乳粉中的大量蛋白质对面团发酵过程中的 pH 变化具有一定的缓冲作用。⑤改善制品的组织。⑥延缓制品的老化。⑦还可作为良好的着色剂。⑧赋予制品浓郁的奶香味。

# 八、酸 乳 粉

生产酸乳粉的目的是使产品稳定贮存并可方便食用。传统方法是将低脂的天然（纯）酸乳浓缩，制成平卷状，然后晒干。沙漠里的居民经常食用酸乳粉，他们使用酸乳粉来调制食物、汤菜，甚至和茶一起食用。

根据目前发酵乳制品采用复原乳和发酵剂的要求，将乳粉和粉末状发酵剂采用特殊的加工工艺，使两者充分混合，生产厂商只需要复原酸乳粉即可完成良好发酵乳制品的制造。

目前销售的酸牛奶在制作过程中，菌种要经过多次活化和扩大培养才能投入生产，生产环节多，周期长，耗费劳动量大，操作技术繁琐复杂，且易被污染。而酸乳粉是采用筛选和驯化后的乳酸链球菌及乳酸杆菌混合接种于鲜牛乳中，经发酵、喷雾干燥而制成的。酸乳粉能保持原来发酵剂的活力、营养成分及风味。它可作为发酵剂直接用于酸奶生产，无需再经过活化与扩大培养，这样就可以解决目前酸乳生产中的技术难题。

在加工过程中，可以添加蔗糖、葡萄糖、稳定剂、螯合剂等物质，使酸乳粉在复水时有类似酸乳的外观和味道。

# 第六章

# 干 酪 加 工 　　>>>>>

## 第一节　干酪概述

干酪又称奶酪，是一种乳浓缩物，其基础干固物主要是蛋白质，实际是酪蛋白和脂肪，液体成为乳清。在生产硬质干酪和一些半硬质干酪时，乳中的酪蛋白和脂肪被浓缩约 10 倍。其中未经发酵成熟的产品称为新鲜干酪，经长时间发酵成熟而制成的产品称为成熟干酪。

干酪营养成分丰富，主要为蛋白质和脂肪，其含量较原料乳中的蛋白质和脂肪提高了 10 倍。此外，所含的钙、磷等无机成分，除能满足人体的营养需要外，还具有重要的生理作用。干酪中的维生素主要是维生素 A，其次是 B 族维生素如烟酸等。经过成熟发酵过程后，干酪中的蛋白质在凝乳酶和发酵剂微生物产生的蛋白酶的作用下分解生成胨、肽、氨基酸等可溶性物质，极易被人体消化、吸收。干酪中蛋白质的消化率为 96%～98%。

近年，人们开始追求营养价值相对较高、保健功能更为全面的食品，功能性食品的研制与开发引起了世界各国的足够重视。功能性干酪产品已经开始生产并正在进一步开发之中，如钙强化型、低脂肪型、低盐等类型的干酪；还可以向干酪中添加食物纤维、N-乙酰基葡萄糖胺（N-acetyl-glucosamine）、低聚糖、胶体状磷酸钙（CPP）等具有良好保健功能的成分，旨在促进肠道内优良菌群的生长繁殖，增强人体对钙、磷等矿物质的吸收率，降低血液内胆固醇水平，以及防癌、抗癌等。这些功能性成分的添加，给高营养价值的干酪制品增添了新的魅力。

干酪的生产历史悠久，主要干酪品种第一次记载的日期见表 6-1。

根据 IDF 统计数据表明，世界上大约有 500 个以上被 IDF 认可的干酪品种。通常，根据凝乳方法的不同，可将干酪分为以下四个类型：

（1）凝乳酶凝乳的干酪品种　大部分干酪品种都属于此种类型。

（2）酸凝乳的干酪品种　如农家干酪、夸克干酪和稀奶油干酪。

（3）热/酸联合凝乳的干酪品种　如瑞考特（Ricotta）干酪。

（4）浓缩或结晶处理的干酪品种　麦索斯特（Mysost）干酪。

表6-1　主要干酪品种第一次记载的日期

| 种　类 | 年 | 种　类 | 年 |
|---|---|---|---|
| 哥根索拉干酪（Gorgonzola） | 897 | 帕马臣干酪（Parmesan） | 1579 |
| 绿干酪（Schabzieger） | 1000 | 高达干酪（Gouda） | 1697 |
| 洛克菲特干酪（Roquefort） | 1070 | 格洛斯特硬干酪（Gloucester） | 1783 |
| 玛瑞里斯干酪（Maroilles） | 1174 | 斯提耳顿干酪（Stilton） | 1785 |
| 帕达诺干酪（Grana Padano） | 1200 | 坎培波尔特干酪（Camembert） | 1791 |
| 塔雷吉欧干酪（Taleggio） | 1282 | 圣保罗干酪（St. Parlin） | 1816 |
| 契达干酪（Cheddar） | 1500 | | |

　　由于凝乳酶凝乳的干酪品种之间仍然存在很大的差异，因此可根据其成熟因素（如内部细菌、内部霉菌、表面细菌、表面霉菌等）或工艺技术再对这些干酪进行进一步的分类（图6-1）。

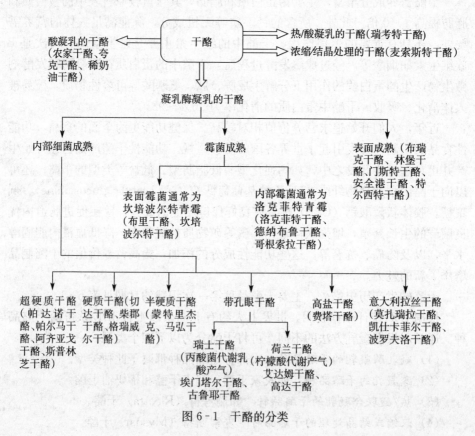

图6-1　干酪的分类

此外，国际上常把干酪划分为下列三大类：即天然干酪、再制干酪和干酪食品。这三类干酪品种的主要规格、要求见表6-2。

**表6-2 天然干酪、再制干酪和干酪食品的主要规格**

| 名称 | 规　格 |
|------|--------|
| 天然干酪 | 以乳、稀奶油、部分脱脂乳、酪乳或混合乳为原料，经凝固后，排出乳清而获得的新鲜或成熟的干酪产品，允许添加天然香辛料以增加香味和口感 |
| 再制干酪 | 用一种或一种以上的天然干酪，添加食品卫生标准所允许的添加剂（或不加添加剂），经粉碎、混合、加热融化、乳化后制成的产品，乳固体含量在40%以上。此外，还有下列两条规定：①允许添加稀奶油、奶油或乳脂以调整脂肪含量。②在添加香料、调味料及其他食品时，必须控制在乳固体总量的1/6以内，但不得添加脱脂乳粉、全脂乳粉、乳糖、干酪素以及非乳源的脂肪、蛋白质及碳水化合物 |
| 干酪食品 | 用一种或一种以上的天然干酪或再制干酪，添加食品卫生标准所规定的添加剂（或不加添加剂），经粉碎、混合、加热融化而成的产品。产品中干酪的重量须占总重量的50%以上，此外，还规定：①添加香料、调味料或其他食品时，须控制在产品干物质总量的1/6以内。②可以添加非乳源的脂肪、蛋白质或碳水化合物，但不得超过产品总质量的10% |

# 第二节　干酪加工用发酵剂及凝乳酶

## 一、干酪用发酵剂的加工

### （一）发酵剂的类型

1. 经验型发酵剂　最初，牛乳的发酵是依靠原料乳中存在的乳酸菌自然发酵实现的，这种"天然发酵剂"又称经验型发酵剂。它的主要优点是菌种成分比较复杂，除乳酸菌外，还有酵母等微生物，发酵产物成分较多，易形成多种风味物质，可赋予产品独特的风味。但它也存在着缺点，由于存在太多不确定的因素，发酵条件控制不严格，易使杂菌大量繁殖，导致发酵失败，产物不易控制，无法得到预期的产品。

2. 选择性发酵剂　乳酸菌是乳制品发酵的核心，它的发现为分离、研究和利用乳中的微生物奠定了基础。通过对这一纯乳酸菌分离、提纯制得的纯乳酸菌经活化、扩培后作为发酵剂，叫做选择性发酵剂。选择性发酵剂的发展经历了传统发酵剂、冷冻发酵剂和真空冷冻浓缩干燥发酵剂。

（1）传统发酵剂　指使用者将少量自己保存的菌种，经活化、扩培后制备的普通液体发酵剂。传统发酵剂含菌量低（$10^7 \sim 10^8$ 个/毫升），不能直接用于生产，在生产工艺中需要经过菌种活化、母发酵剂、中间发酵剂、生产发酵剂等逐级扩大培养才能用于生产。传统发酵剂的优点是菌种纯正、发酵性能稳定。缺点是活菌数较低，用量大（一般生产中为3‰左右）从而导致生产成本高；制作过程繁杂且周期长、保藏期短，容易污染杂菌和噬菌体而使质量不易控制，从而影响产品品质；需要专门的技术人员，严格的无菌条件，复杂的操作步骤和繁重的体力劳动完成，加大了乳制品厂的人员配置和设备投资。

（2）冷冻浓缩发酵剂 将菌体通过浓缩培养、离心等手段，把制成的浓缩悬浮液添加抗冻保护剂，在−80℃左右的温度下速冻，再置于低温下深冻保藏而成，其活菌数和活力在6个月内变化不大。由于此种冷冻浓缩发酵剂的保存需要特殊的制冷系统，维持冷冻费用成本较高，运输不方便，需要配备专用冷藏车，在生产中应用存在一定的困难。

（3）真空冷冻浓缩干燥发酵剂 将离心分离后得到的高浓度的乳酸菌悬浮液，添加抗冻保护剂，经冻结，再在真空条件下升华干燥，制成干燥粉末状的固体发酵剂，又称直投式发酵剂。该发酵剂不需要经过活化和扩培，能直接应用于生产。它具有以下优点：①活菌含量高（$10^{10}$～$10^{12}$个/毫升）。②保存和管理方便，大大提高了发酵乳制品的劳动生产率和产品质量，保障消费者的利益和健康。③接种方便，只需简单的复水处理，就可直接用于生产。④减少了污染环节，并能够直接、安全有效地生产乳制品，使发酵乳制品的生产标准化，并减少了菌种的退化和污染。⑤发酵剂活力强，接种量低，菌株比例适宜。⑥宜于进行工艺管理和质量控制。

## （二）发酵剂的生产工艺

一般发酵剂生产工艺见图6-2。

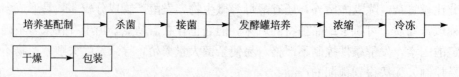

图6-2 发酵剂的生产工艺

1. 准备培养基 干酪生产主要使用乳酸菌发酵剂，培养基可以选择全脂乳、脱脂乳、复原脱脂乳等。培养基中的乳固体物含量越高，其缓冲作用越大，形成的凝块越好，这能够提高发酵剂的产酸能力和活性。

2. 菌株接种 选择适合使用生产目的和要求的菌种，考虑菌株的最适温度、耐热性、产酸力等。乳酸菌发酵剂的接种量通常为脱脂乳的0.4%～1%。

如果初始菌种的发酵活性低，制备时培养温度低，生产上需要迅速制备时，则必须采用较大的接种量。

3. 培养过程 培养过程需要控制温度、时间和 pH。培养温度和时间取决于发酵微生物的活性、产酸、产香和凝块形成的能力等。控制 pH 是为了中和乳酸，以获得高浓度的菌体细胞。

4. 培养后处理 发酵剂乳酸菌培养过程中，滴定酸度达到 0.7％时即可停止培养，并迅速冷却，离心分离后，浓缩的菌体细胞被打到罐里在液氮下进行冷冻或是被喷淋到搅动的液氮室中进行造粒。在冷冻干燥之前需要加入低温保护剂来增加存活率，通常使用的低温保护剂有抗坏血酸盐和谷氨酸二氢盐。此外，多羟基化合物如甘露醇、丙三醇、山梨醇或二糖化合物如乳糖、蔗糖等都能够起到防止细胞内外冰晶形成的作用。

### (三) 发酵剂的作用

发酵剂在干酪加工过程中起到产酸、促进乳凝固、加速乳清排出等作用。在干酪成熟期能够产生多糖、乳酸菌素以及一些酶类，在干酪的成熟期内对蛋白质水解、风味物质形成、质地的改变以及加速干酪成熟起到重要作用。一般用于干酪生产中的发酵剂见表 6-3。

**表 6-3 用于干酪生产的发酵剂**

| | 发 酵 剂 | 举 例 |
| --- | --- | --- |
| 嗜温发酵剂 | 乳油链球菌、乳油链球菌乳脂亚种 | 高达干酪 |
| | 乳酸链球菌、乳酸链球菌丁二酮亚种 | 斯提尔敦干酪 |
| | 明串珠菌 | 飞达干酪、克洛美尔干酪 |
| | 乳油链球菌、乳酸链球菌丁二酮亚种 | 克洛美尔干酪、农家干酪、夸克干酪 |
| | 乳油明串珠菌 | 稀奶油干酪 |
| 嗜热发酵剂 | 植物乳杆菌、保加利亚乳杆菌 | 帕马臣干酪 |
| | 嗜热链球菌、乳酸乳杆菌 | 林堡干酪 |
| 混合发酵剂 | 乳酸链球菌、嗜热链球菌 | 莫扎瑞拉、波罗夫洛干酪 |
| | 粪链球菌 | |

(引自张和平，张列兵. 现代乳品工业手册. 2012)

乳酸菌的主要作用是酸化，将乳中的乳糖转化为乳酸，产生低 pH 的环境，有效抑制致病菌和食品腐败微生物的生长。在干酪加工工艺中，酸化能够促进排除凝乳块中的乳清，减少水分，提高保藏效果。

　　乳酸菌产生的乳酸能够在很大程度上控制干酪的质构。乳酸菌细胞内存在蛋白质分解酶，这些酶属于胞内酶，在乳酸菌死亡后，菌体细胞自溶，细胞内的蛋白质分解酶扩散至周围的干酪凝块中，促进干酪的成熟，在成熟期间将乳蛋白质分解为各种氨基酸，而氨基酸对风味和硬度的影响至关重要。

　　乳杆菌对干酪中风味物质的形成有重要的作用。作用方式可能有以下3种。第一，乳酸菌为酶促和非酶促反应的发生提供了一个合适的环境；第二，乳糖和柠檬酸代谢产生风味物质；第三，使乳中的蛋白质和脂肪降解，释放出肽类、氨基酸和挥发性物质。

# 二、干酪用凝乳酶的加工

## （一）凝乳酶的种类

　　生产中所采用的凝乳酶主要来源于动物、植物和微生物。

　　犊牛皱胃酶是应用最为广泛的凝乳制剂，也有少量皱胃酶来源于小绵羊和小山羊的胃部。其中包含皱胃酶和胃蛋白酶两种酶类。

　　目前干酪生产中除了应用皱胃酶外，其他来源的凝乳酶也有应用。近几十年干酪产量大幅提升，对凝乳酶的需求量也大幅增长，皱胃酶的产量已不能满足生产需求。因此，研究其他来源的凝乳酶来代替皱胃酶受到重视。其他凝乳酶主要包括以下酶类。

　　很多凝乳酶来自于植物，一般通过浸提方式从植物的各个部分提取出来。如木瓜蛋白酶、无花果蛋白酶以及菠萝蛋白酶等。这些酶制剂通常具有很高的蛋白水解活性，给生产带来很多不便，所以只在部分地方采用。

　　在过去40年中全世界的发酵工业都得到了迅速发展。发酵工业如今已经应用于生产包括酶类在内的大量产品。使用微生物方法具有很多优点：①微生物酶的生产几乎不受量的限制，也不会受原料供应的影响。微生物的生长与植物和动物相比周期非常短。②利用成熟的技术对酶进行提取和纯化能够有效保证产品的成分和纯度。通常倾向于选择产胞外酶的微生物，因为其分离纯化更加容易，而采用产胞内酶的微生物则需要将其细胞破坏才能释放其酶类。③生产技术很直接而且需要的设备可以调整，因此成本较低。④微生物酶制剂应用不受法律宗教限制，因此可以应用在不允许使用其他凝乳酶的地方。目前，全世界一半以上的凝乳酶都是利用微生物生产的。国际上用于生产凝乳酶的微生物主要有米黑毛霉、微小毛霉和寄生内座壳菌（粟疫霉）三种。

　　基因工程方法也用于皱胃酶的生产，主要是通过基因克隆诱导产生皱胃酶前体。从应用角度看,在凝乳、排乳清和成熟等工艺中,基因重组酶与传统的犊牛皱胃酶没有区别。

### (二) 凝乳酶的凝乳原理及活力的测定

1. 凝乳酶的凝乳原理 凝乳酶具有与酪蛋白结合的专一性,这一特性使牛乳凝结。在乳中加入凝乳酶后,酪蛋白微球表面的 $\kappa$-酪蛋白在凝乳酶的作用下水解形成副酪蛋白和糖配巨肽。这一过程称为酶性变化。糖配巨肽可溶,乳浆中的游离钙作用于副酪蛋白,使其微球之间形成"钙桥",使副酪蛋白微球能够相互作用,形成凝胶体。这一反应称为非酶变化。以上变化体现了酪蛋白的酶凝固和酸凝固是不同的,酶凝固时钙盐和磷酸盐不会从酪蛋白微球中游离出来,但在实际生产中,在高于室温的温度下,酶性变化和非酶变化会相互重叠,不能明显区分。凝乳酶作用的时间过长会使酪蛋白进一步水解,对干酪的成熟有很大影响。

2. 凝乳酶的活力及活力测定 凝乳酶的活力单位是指凝乳酶在 35℃ 条件下使牛乳在 40 分钟凝乳时,单位重量的凝乳酶能使牛乳凝固的倍数。也就是 1 克或 1 毫升凝乳酶在 35℃、40 分钟内能凝固的牛乳的克数或毫升数。

测定的方法为:用 0.01 摩尔/升氢化钙溶液配制 10% 脱脂乳。此溶液配制后在室温下放置 40 分钟后使用,取 5 毫升 10% 脱脂乳于 35℃ 保温 10 分钟,加入适量稀释的酶制剂,震荡均匀并开始计时,观察管壁上开始出现凝乳颗粒为终点,记录凝乳时间。活力计算公式如下:

$$凝乳酶活力 = \frac{实验用乳量}{凝乳酶} \times \frac{2\ 400\ (秒)}{t\ (秒)}$$

# 第三节 天然干酪生产工艺及技术要求

## 一、天然干酪的生产工艺

天然干酪的生产工艺如图 6-3 所示。

### (一) 原料乳

生产干酪用的原料乳须经过严格的检验。除牛乳外也可使用羊乳。鲜乳挤出后应尽快用于生产,否则即使在 4℃ 条件下贮存 1~2 天,生产出的干酪质量也会波动。原因有以下两个。

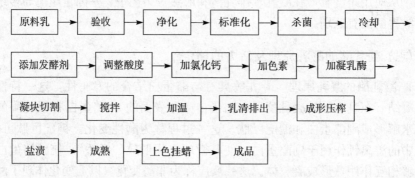

图 6-3　天然干酪生产工艺

（1）在贮存过程中，乳中的蛋白质和盐类特性发生改变，从而影响干酪的生产特性。有研究证实，在 5℃经 24 小时贮存后，会出现约 25％的钙以磷酸盐的形式沉淀下来。巴氏杀菌处理乳之后，钙重新溶解而乳的凝固特性也基本恢复。在贮存中，β-酪蛋白也会脱离酪蛋白胶束，进一步降低干酪的生产性能。

（2）由于再次污染，微生物菌群混入牛乳中，尤其是假单胞菌属，其生成的酶如蛋白质水解酶和脂肪酶在低温环境下能分别使蛋白质和脂肪降解。这一反应的结果是在低温贮存时，脱离酪蛋白胶束的 β-酪蛋白被降解释放出苦味。

因此，如果牛乳已经过了 1～2 天的贮存且到达乳品厂后 12 小时内仍不能进行加工处理时，最好对其进行预杀菌。抑制乳中嗜冷菌的生长。预杀菌后乳可在 4℃条件下贮存 12～48 小时。

### （二）标准化

首先正确称取原料乳的质量，测定原料乳脂肪、蛋白质、乳糖、灰分、柠檬酸的含量，根据以下数据计算原料乳中应有的含脂率。

$$原料乳中应有的含脂率 = \frac{FDM \times (P \times P_0 + L \times L_0 + A \times A_0 + C \times C_0)}{F_0 \times (100 - FDM)}$$

式中：FDM——干酪中所需相对含脂率；

　　　$P$——原料中蛋白质含量，％；

　　　$L$——原料中乳糖含量，％；

　　　$A$——原料中灰分含量，％；

　　　$C$——原料中柠檬酸含量，如果使用产香菌发酵剂，柠檬酸含量为 0；

$F_0$、$P_0$、$L_0$、$A_0$、$C_0$——脂肪、蛋白质、乳糖、灰分和柠檬酸的保留率。

然后，根据下式或表计算酪蛋白的含量：

酪蛋白含量$=0.4 m_F+0.9\%$

或酪蛋白含量$=(m_C-3)\times0.4+2.1$（%）；

标准化后：$m_C/m_F=0.70$

式中：$m_F$——脂肪质量；

$\qquad\quad m_C$——酪蛋白质量。

由表 6-4 可知，对应含脂率 3.8% 的酪蛋白含量是 2.42%。

表 6-4　常乳中脂肪与酪蛋白的关系

| 脂肪含量（%） | 酪蛋白含量（%） | $m_C/m_F$ | 脂肪含量（%） | 酪蛋白含量（%） | $m_C/m_F$ |
|---|---|---|---|---|---|
| 3.0 | 2.10 | 0.70 | 4.2 | 2.58 | 0.614 |
| 3.2 | 2.18 | 0.681 | 4.4 | 2.66 | 0.605 |
| 3.4 | 2.26 | 0.665 | 4.6 | 2.74 | 0.596 |
| 3.6 | 2.34 | 0.650 | 4.8 | 2.82 | 0.588 |
| 3.8 | 2.42 | 0.637 | 5.0 | 2.90 | 0.580 |
| 4.0 | 2.50 | 0.625 | | | |

（来自李凤林．乳及发酵乳制品工艺学．2008）

例：现有原料乳 1 000 千克，含脂率为 3.8%，用含酪蛋白 2.6%、脂肪 0.01% 的脱脂乳进行标准化，使 $m_C/m_F=0.70$，计算脱脂乳用量。

解：①全乳中的脂肪量$=1\,000\times0.038=38$（千克）

全乳中的酪蛋白含量$=1\,000\times0.024\,2=24.2$（千克）

②$m_C/m_F=0.70$

$m$（必要的酪蛋白）$=38\times0.70=26.6$（千克）

③不足的酪蛋白量$=26.6-24.2=2$（千克）

④所需脱脂乳含量$=2/0.026=76.92$（千克）

即全乳 1 000 千克中加入 76.92 千克脱脂乳后，$m_C/m_F$ 即可达到 0.70。

## （三）杀菌

杀菌处理是为了杀死微生物或去除对干酪加工和消费者有害的酶类、病原菌，另外，杀菌能够使产品质量较为恒定，并且能够提高产率，在生产中的控制特别是对酸度的控制更为准确。但是，很多酶类和微生物对干酪的加工是有益的，为了保护乳中原有的酶类（主要是脂酶），应该采取较低的杀菌温度（63℃，30分钟或72℃，15秒）。

### （四）添加发酵剂和预酸化

1. 发酵剂　干酪加工生产中采用的微生物主要分为两大类：发酵剂微生物和非发酵剂微生物。干酪中发酵剂微生物的主要作用是产生乳酸，促进 pH降低。对于发酵剂微生物的要求主要包括以下几方面。

（1）产酸能力　干酪生产中的发酵剂需要在整个凝块制作过程中保持稳定的产酸速度、提供稳定的 pH 变化曲线，这样能够有效地抑制有害微生物的生长，从而保证食品安全。不同种类的干酪需要采用不同的发酵剂，使发酵强度和速度符合不同要求。绝大部分干酪需要发酵剂在发酵的最初阶段快速产酸，经过 6～8 小时将使 pH 降至 5.2～5.5，从而保证高产率并且能有效防止有害微生物生长的双重要求。之后，产酸速度下降。不同干酪品种最终的 pH 也不相同，一般情况下，硬质干酪的最终 pH 较高，而新鲜干酪较低。

（2）对噬菌体不敏感。

（3）对盐敏感　在达到预定 pH 后进行加盐处理，可以明显抑制发酵剂的生长代谢，使干酪的 pH 不再继续下降。

（4）在成熟过程中发挥作用　发酵剂须提供充分的酶类促进风味的形成。

非发酵剂微生物在干酪的生产加工中不产生乳酸，而是形成不同干酪相应的风味和质地，也称为二级菌系。添加的非发酵剂微生物可以是已知菌种的培养物，但是很多情况下都是由外源微生物组成的，它们从原料或者环境中进入到干酪，主要分为以下四个主要菌群。

①丙酸菌　如费氏丙酸杆菌，主要在瑞士干酪的内部生长，能够促进干酪气孔的形成。

②霉菌　主要有娄地青霉，在蓝纹干酪的内部生长，形成相应的菌丝，赋予产品特有的风味和质地。还有沙门柏干酪青霉，生长于坎培波尔特干酪和布里干酪的外部。

③细菌和酵母菌　在涂抹的成熟干酪表面生长（如特尔西特干酪、门斯特干酪、Saint Paulin 干酪）。

④非发酵剂乳酸菌（NSLAB）　处于成熟期的很多干酪内部都含有NSLAB，主要有嗜温型乳杆菌、片球菌属和肠球菌属，还有明串珠菌属也被认为是 NSLAB 混合物中的一部分。

2. 预发酵　在工业生产中，预发酵一般分为两个过程，第一过程在凝乳

前的牛乳贮存中进行，8～13℃低温发酵16～24小时；第二过程在添加凝乳酶
之前将温度升高到凝乳温度，时间一般为10～60分钟，随后添加凝乳酶凝乳。

接种量会影响牛乳的pH，硬质和压榨干酪的接种量最低，软质干酪略有
增加，新鲜干酪的接种量最大。预发酵时采用的温度远远低于所采用菌种的最
适生长温度，主要目的是防止过度酸化破坏酪蛋白结构和降低干酪产率。不同
种类干酪的接种量和菌种通过实验来确定。

### （五）加入添加剂

1. 氯化钙　氯化钙可以屏蔽酪蛋白中的阴离子，与酪蛋白胶束结合增加
了疏水键的作用，降低酪蛋白胶束之间的排斥力，降低牛乳的pH，提高钙离
子和胶体磷酸钙的浓度。如果胶束中胶体磷酸钙的含量降低，则会出现凝乳时
间延长、影响凝乳硬度等现象。如果原料乳的凝乳性较差，形成的凝块松散，
那么切割后会形成较多的碎粒，酪蛋白和脂肪都会有较大的损失，同时排乳清
困难，干酪质量很难保证。为了保持正常的凝乳时间和凝块硬度，通常在100
千克乳中加入5～20克氯化钙，以改善凝乳状态。但是，过量的氯化钙会使凝
块过硬，难于切割。

2. 色素　原料乳中的脂肪色泽影响干酪的颜色。而脂肪色泽受季节和饲
料影响，使产品颜色不一。色素的添加量需要视季节和市场需要的变化而定。
如青纹干酪的生产中，有时需要添加叶绿素来反衬霉菌产生的青绿色条纹。

3. 硝酸盐　当丁酸菌或者产气菌混入乳中时，会产生异常发酵，可以利
用亚硝酸盐来抑制这些细菌的生长。硝酸盐的用量需要根据乳成分和生产工艺
精确计算，因为过多的硝酸盐会抑制发酵剂中细菌的生长，影响干酪的成熟；
同时使干酪容易变色，产生红色条纹和一种不纯的味道。通常情况下，亚硝酸
盐的添加量每100千克原料乳中不超过20克。

4. 调整酸度　添加发酵剂后发酵的酸度不易控制，为了使干酪成品质量
一致，可以使用1摩尔/升盐酸调整酸度，具体的酸度值根据不同品种而定。

### （六）添加凝乳酶

如果凝乳酶添加量太少，会造成凝乳强度差，蛋白和脂肪等成分在乳清析
出过程中损失过多，干酪产率低；如果凝乳酶添加量过多，滞留在干酪中的酶
过多，会导致干酪成熟过程中水解过度，从而影响干酪的风味和功能特性。凝
乳酶的添加量应该通过预实验，根据凝乳酶的活力和预期的凝乳时间及凝乳效
果来确定，通常以30℃保温条件下，在35～40分钟能进行切割为宜。应用时

须将凝乳酶用适量（约 10 倍）的清水稀释后再添加，以保证凝乳酶在乳中能够分布均匀，稀释后的皱胃酶活力降低很快，光线也会降低其活性。因此，应该尽量减少稀释后的放置时间。

原料乳中添加凝乳酶后应该迅速搅拌，使其均匀分布于乳中，搅拌时间小于 5 分钟。搅拌时间短，凝乳酶分布不均匀，会使凝乳不均匀，而且会导致脂肪上浮、切割时脂肪损失量增加、乳清表面有脂肪层。搅拌时间过长，会打破刚刚形成的凝乳，致使乳清分离和脂肪损失，甚至凝乳失败。

### （七）凝乳切割

进行切割的目的是使大凝块变为小颗粒，加快乳清的析出，同时增加了凝块的表面积，从而改善凝块的收缩脱水特性。正确的切割对于成品干酪的质量和产量都具有重要意义。不正确的切割和凝乳处理如切割过细，会导致凝乳细粒所包埋的乳清脂肪也会随着排乳清而丢失。

1. 切割时间的确定　一般在凝乳形成后的 25～120 分钟开始切割。典型凝乳时间大约是 30 分钟。切割时间过早或过迟都会对干酪得率及产量有不良影响。过早切割使凝块颗粒太弱，搅拌或堆积时容易破碎；过迟切割则会使凝块太碎，乳清析出时损失较大。将消毒后的温度计以 45℃插入凝块中，挑开凝块，如果裂口如锐刀裂痕，并呈现透明乳清即可开始切割。

2. 切割的尺寸　切割尺寸的大小对乳清的析出有着重要作用，能够影响干酪的水分含量。切的块越大，则含有的水分越高；切的块越小，则含有的水分越低。高温处理而且含水量低的干酪，如意大利硬质干酪要求切得细小，通常连续切割至米粒大小。水分含量适中的干酪，如契达干酪和带孔眼的组织缜密性干酪，其颗粒直径为 5～7 毫米。水分含量高的干酪，主要是软质干酪德纳布鲁（Danablu）干酪、坎培波尔特干酪，切割的颗粒直径为 1～2 厘米。

3. 切割的方式　通常用固定有金属丝的不锈钢框架来切割。在切割的过程中凝乳不断地翻动，总的切割时间应该小于 5 分钟。切割过程应该干净利落，切割刀不要来回拖动。用旋转刀片进行切割时，机械切割不容易获得均匀一致的凝乳粒。不同的干酪类型，金属丝和刀刃的间距也有所不同。

### （八）排乳清

乳清排放是指将乳清和凝乳颗粒分离的过程。通过酸度和凝乳颗粒的硬度判断排乳清的时机。乳清排出的方式有很多，常用的方式有捞出式、吊袋式和堆积式。

1. 捞出式　捞出式是指将凝乳颗粒用滤框等工具从乳清中捞出来，倒入带孔模子中排出乳清的一种方式。将凝乳颗粒捞出后倒入模子中，因其与空气接触而不能完全融合。压榨成型后，干酪的内部形成不规则的细小空隙。在成熟过程中，乳酸菌产生的二氧化碳进入空隙中使孔隙进一步增大，最后形成这类干酪所特有的不规则多孔结构，也叫做粗纹质地。

2. 吊袋式　吊袋式是指用粗布将凝乳颗粒和乳清全部包住，然后吊出干酪槽，使乳清滤出的方式。采用这种方式生产的干酪由于凝乳颗粒自动聚集成块，与空气没有接触，因此其内部的孔隙充满了乳清。在这些孔隙中的乳清，乳酸菌继续生长繁殖，产生二氧化碳，形成小孔。由于二氧化碳的扩散，无数的小孔汇集成数个较大的孔洞，形成的干酪具有特有的圆孔结构。

3. 堆积式　堆积式是指将乳清通过滤筛从干酪槽中排出后，将凝乳颗粒在热的干酪槽中堆放一段时间，以排出内部孔隙中的乳清的方式。契达干酪是典型的采用这种方式的干酪品种，其最终组织结构均匀光滑，即使有孔，数量也很少。这种结构称为致密结构。

## （九）加盐

在干酪中加入盐的目的主要是为了改善干酪的风味、组织和外观，排出内部乳清或水分，增加干酪的硬度，限制乳酸菌的活力，调节乳酸的生成和干酪的成熟，防止和抑制杂菌的繁殖。

加盐的方式主要有以下四种。

1. 凝块加盐法　将适量的食盐加入切碎的凝块中，混匀后再压榨成形，使盐分在干酪内部均匀溶解。这种加盐方式，盐是在乳清已经分离后添加的。

2. 表层加盐法　将干盐或盐浆涂在压模好的干酪的表层，干酪中的水分将食盐溶解并带入干酪的内部。这种加盐方式常用于蓝纹干酪的制作。

3. 盐水浸泡法　将压模好的干酪浸入一定浓度的盐水（15%～23%）中。在浸泡时，干酪吸收盐分并同时进一步排出水分。对硬质干酪来说，盐渍时间通常为3～4天，最后的成品含盐量为1%左右。艾达姆（Edam）、高达、埃门塔尔（Emmental）和坎培波尔特干酪通常使用盐水浸泡法。

4. 混合法　只有少数干酪采用混合法进行加盐。如莫扎瑞拉凝块在延展和压模前切碎排除乳清后，用干盐腌渍、压模，然后浸入盐水或在表面涂盐浆或干盐。

## （十）干酪的成熟

干酪的成熟是一个复杂的生物化学过程，压榨后的凝块中化学成分在特定的条件下，在残留的凝乳酶和微生物酶的作用下经复杂的生物化学反应分解产生芳香物质。

1. 成熟的条件　干酪的成熟通常在成熟库内进行。成熟时低温效果好于高温，一般为 5～15℃。一般细菌成熟的硬质和半硬质干酪的相对湿度为 85％～90％，而软质干酪及霉菌成熟的干酪为 95％。

2. 成熟的过程

（1）前期成熟　将未成熟的干酪放在湿度和温度适宜的成熟库中，每天用洁净的棉布擦拭其表面，防止霉菌的繁殖。为了使表面的水分均匀蒸发，擦拭后要反转放置。前期成熟一般维持 15～20 天。

（2）上色挂蜡　将前期成熟后的干酪清洗干净后，用食用色素染成红色（也有不染的）。色素完全干燥后，在 160℃的石蜡中进行挂蜡，以防霉菌生长并增加美感。为了方便食用和防止形成干酪皮，目前多采用塑料真空及热缩密封。

（3）后期成熟和贮藏　为使干酪能够完全成熟，以形成良好的口感、风味，还要将挂蜡后的干酪放在成熟库中继续成熟 2～6 个月。成品干酪应该放置在 5℃、相对湿度在 80％～90％条件下贮藏。

## 二、干酪的质量缺陷及控制

### （一）干酪标准

1. FAO/WHO 干酪标准　FAO/WHO 制定的干酪标准在世界范围内有较高的认可度，具有一定的代表性（表 6 - 5）。

表 6 - 5　FAO/WHO 干酪标准

| 标准号 | 标准名称 | 标准号 | 标准名称 |
|---|---|---|---|
| CODEX STAN 208 - 1999 | 盐渍干酪 | CODEX STAN C - 9 - 1966 | 埃门塔尔干酪 |
| CODEX STAN A - 6 - 1978, Rev. 1 - 1999 | 干酪 | CODEX STAN C - 11 - 1968 | 特尔西特干酪 |
| | | CODEX STAN C - 13 - 1968 | Saint - Paulin |
| CODEX STAN A - 7 - 1971, Rev. 1 - 1999 | 乳清干酪 | CODEX STAN C - 15 - 1968 | 波罗夫洛干酪 |
| | | CODEX STAN C - 16 - 1968 | 农家干酪 |
| CODEX STAN C - 1 - 1966 | 契达干酪 | CODEX STAN C - 18 - 1969 | 克洛美尔干酪 |
| CODEX STAN C - 3 - 1966 | 丹博干酪 | | |
| CODEX STAN C - 4 - 1966 | 艾达姆干酪 | CODEX STAN C - 31 - 1973 | 稀奶油干酪 |
| CODEX STAN C - 5 - 1966 | 高达干酪 | CODEX STAN C - 33 - 1973 | 坎培波尔特干酪 |
| CODEX STAN C - 6 - 1966 | 哈瓦蒂多孔干酪 | CODEX STAN C - 34 - 1973 | 布里干酪 |
| CODEX STAN C - 7 - 1966 | 萨姆索 | CODEX STAN C - 35 - 1978 | 超硬分级干酪 |

2. 我国干酪的标准  我国目前只有关于硬质干酪的国家标准（表6-6至表6-10）。而其他类型的干酪标准一直是空白。这主要是由于国内的干酪产品较少。随着中国加入 WTO，越来越多的干酪产品进入中国，将推动国内干酪市场的发展及干酪标准的建立。

**表6-6  硬质干酪感官指标各项分数**

| 项　目 | 分　数 | 项　目 | 分数 |
|---|---|---|---|
| 滋味及气味 | 50 | 色　泽 | 5 |
| 组织状态 | 25 | 外　形 | 5 |
| 纹理图案 | 10 | 包　装 | 5 |

**表6-7  硬质干酪产品等级与评分**

| 等　级 | 总评分 | 滋味与气味最低得分 |
|---|---|---|
| 特　级 | ≥87 | 42 |
| 一　级 | ≥75 | 35 |

**表6-8  硬质干酪感官评分**

| 项　目 | 特　征 | 扣分 | 得分 |
|---|---|---|---|
| 滋味和气味<br>（50分） | 具有该种干酪特有的滋味和气味，香味浓郁 | 0 | 50 |
| | 具有该种干酪特有的滋味和气味，香味良好 | 1～2 | 48～49 |
| | 滋味和气味良好，但香味较淡 | 3～5 | 45～47 |
| | 滋味和气味良好，但香味淡 | 6～8 | 42～44 |
| | 滋味和气味平淡，无乳香味者 | 7～12 | 53～58 |
| | 具有饲料味 | 9～12 | 38～41 |
| | 具有异常酸味 | 6～10 | 40～44 |
| | 具有霉味 | 9～12 | 38～41 |
| | 具有苦味 | 9～15 | 35～41 |
| | 氧化味 | 9～18 | 32～41 |
| | 有明显的其他异常味 | 9～15 | 35～41 |
| 组织状态<br>（25分） | 质地均匀、软硬适度，组织极细腻，有可塑性 | 0 | 25 |
| | 质地均匀、软硬适度，软硬细腻，可塑性较好 | 1 | 24 |
| | 质地基本均匀、稍软或稍硬，组织较细腻，有可塑性 | 2 | 23 |
| | 组织状态粗糙、较硬 | 3～9 | 16～22 |
| | 组织状态输送，易碎 | 5～8 | 17～20 |
| | 组织状态呈碎粒状 | 6～10 | 15～19 |
| | 组织状态呈皮带状 | 5～10 | 15～20 |

（续）

| 项　目 | 特　征 | 扣分 | 得分 |
|---|---|---|---|
| 纹理图案<br>（10分） | 具有该种干酪正常的纹理结构 | 0 | 10 |
| | 纹理图案略有变化 | 1～2 | 8～9 |
| | 有裂痕 | 3～5 | 5～7 |
| | 有网状结构 | 4～5 | 5～6 |
| | 契达干酪具有孔眼 | 3～6 | 4～7 |
| | 断面粗糙 | 5～7 | 3～5 |
| 色泽<br>（5分） | 色泽呈白色或淡黄色，有光泽 | 0 | 5 |
| | 色泽略有变化 | 1～2 | 3～5 |
| | 色泽有明显变化 | 3～4 | 1～2 |
| 外形<br>（5分） | 外形良好，具有该种产品正常的形状 | 0 | 5 |
| | 干酪表皮均匀，细致，无损伤，无粗厚表皮，有石蜡混合物涂层或塑料膜真空包装 | 0 | 5 |
| | 外形无损伤，但外形稍差者 | 1 | 4 |
| | 表层涂蜡有散落 | 1～2 | 3～4 |
| | 表层有损伤 | 1～2 | 3～4 |
| | 轻度变形 | 1～2 | 3～4 |
| | 表面有霉菌者 | 2～3 | 2～3 |
| 包装<br>（5分） | 包装良好 | 0 | 5 |
| | 包装合格 | 1 | 4 |
| | 包装较差 | 2～3 | 2～3 |

表 6-9　硬质干酪理化指标

| 项　目 | 指标 | 项　目 | 指标 |
|---|---|---|---|
| 水分（%） | ≤42.00 | 食盐（%） | 1.50～3.00 |
| 脂肪（%） | ≥25.00 | 汞（以汞计，毫克/千克） | 按鲜乳折算≤0.01 |

表 6-10　硬质干酪的微生物指标

| 项　目 | 指标 |
|---|---|
| 大肠杆菌（近似数，个/克） | ≤0.9 |
| 霉菌数（个/克） | ≤50 |
| 致病菌（肠道致病菌及致病性球菌） | 不得检出 |

### （二）干酪的质量缺陷

#### 1. 外观缺陷

（1）形状缺陷

①变形  由于压榨不均匀或者发酵贮存时翻转干酪次数不够导致。

②松散塌陷  造成松散塌陷的原因可能是干酪中水分含量过高和酸化太弱，也可能由于发酵贮存时温度和湿度过高导致。通过控制干酪中水分含量、酸化程度以及发酵贮存时的温度和湿度可以加以控制。

（2）蜡衣缺陷

①蜡衣过厚  由于挂蜡温度过低或者浸蜡时间过短而导致。通过提高挂蜡温度、延长挂蜡时间可以加以控制。

②蜡衣过薄  由于挂蜡温度过高或者浸蜡时间过长而引起。防止方法是降低挂蜡温度或缩短浸蜡时间。

③蜡衣开裂  软质干酪和弱的外皮容易发生这种现象。可以适当强化外皮的形成。

④蜡衣松散  清洁工作不当或在挂蜡前干燥，过早挂蜡都会引起蜡衣松散。通过加强清洁工作并严格掌握挂蜡时机可以防止蜡衣松散。

⑤蜡衣内含气泡  蜡衣包裹过紧或挂蜡过早，以至于从干酪内部产生的二氧化碳不能从蜡衣中排除，因此引起蜡衣内含气泡。可以通过选准挂蜡时机，蜡衣包裹适度对其改善。

（3）外皮缺陷

①外皮脆弱  即外皮过薄，导致这一缺陷的原因有：干燥程度不够；涂层形成过强，涂层中的微生物分解外皮。可以通过增强干酪干燥程度以及减弱涂层形成来加以控制。

②外皮过厚  由于过强的干燥而导致，可以通过适当减弱干燥强度来加以控制。

③外皮开裂  干酪外皮太弱、机械损伤和压榨强度过低均可导致外皮开裂。对于混揉干酪过度揉搓和过高的杀菌温度也会引起外皮开裂。可以通过避免机械损伤，增加压榨强度来防止外皮开裂。

④外皮液化  外皮可被含气泡蜡衣下的细菌、霉菌或酵母分解、液化，也会被干酪蛆分解成一种干粉。引起液化的微生物一般在中性或者微酸性条件下发育。

⑤变色  根据变色机理不同，可分为金属性黑变和微生物性变色。

金属性黑变是指由铁、铅等金属离子产生黑色的硫化物，依据干酪不同的质地呈现绿、灰、褐等颜色，操作时除考虑设备、模具本身外，还需要注意外部污染。

微生物性变色是由可产生色素的微生物形成色素而导致的。

2. 内部缺陷

(1) 颜色缺陷

①硝酸盐颜色　干酪总体出现微红色，可能是由于原料乳中添加过量的硝酸盐所导致。应该严格控制硝酸盐的用量。

②红色边缘　由于盐水温度过低，盐水中亚硝酸盐含量过高导致干酪的表层呈红色或褐色，这是因为干酪架上的硝酸盐细菌将氨转化为硝酸盐，而后又降解成亚硝酸盐，从而分散进入干酪。防止方法是通过调整盐水温度，控制盐水中亚硝酸盐的含量。

③褐色边缘　形成原因可能是涂层形成过强，涂层中的色素进入干酪，使干酪边缘呈褐色，应该控制涂层的形成。

④酸性边缘　是指在干酪外皮下呈现白色的区域，在干酪入模和压榨时过度冷却，表层温度降低比内部迅速，所以表层停止乳清排除的时间较早。因此，过度冷却增加了干酪表层的酸化作用。这类干酪的硬度特点是脆裂易碎，表层反射光线使其呈现白色区域。

(2) 质地缺陷

①干酪中存在裂缝　酸化作用或盐渍作用过强会导致干酪中存在裂缝。应该适当减弱酸化或盐渍作用。

②质地干燥　凝乳在较高温度下"热烫"，使干酪中水分排除过多而导致制品干燥。另外，凝乳切割过小，搅拌时温度过高，酸度过大，处理时间较长及原料乳含脂率低都会导致制品干燥。可以通过改进加工工艺或采用石蜡、塑料包装以及在高温条件下进行成熟改善。

③组织紧密　孔眼极少或没有，这是由于发酵剂中产气菌太少，原料中硝酸盐含量过多或发酵储存期温度过低所导致的。

④组织疏松　当酸度不够，乳清残留于凝块中压榨时或最初成熟时温度过高，都会引起这种缺陷。可以通过充分加压及低温成熟加以防止。

⑤膨胀　由于气体产生过多导致。主要是由大肠杆菌发酵、丁酸发酵或非常强烈的丙酸菌发酵而引起。

⑥多气孔凝块　多气孔凝块是指在凝块中存在不规则的孔眼并带有易破的薄膜，造成这种现象的原因可能是在搅拌或大肠杆菌发酵过程中形成团块

所致。

⑦斑点 由于操作不当所致。特别是在切割以及热烫工艺中操作过于剧烈或过于缓慢都会引起斑点的形成。在不同阶段的搅拌应该严格控制时间以及转速。

⑧"外皮发酵" 这是由于盐分过早渗入还没有完全分散的凝乳粒中，可以在盐渍前通过冷却和干燥加以控制。"外皮发酵"也可能由于在装模前冷却干燥所导致。

⑨"部分外皮发酵" 由于在搅拌过程中形成团块所导致。

⑩脂肪渗出 由于凝块表面（或其中）存在过量脂肪导致。其原因大多是操作温度过高，凝乳处理不当（如堆积过高）而使脂肪压出。可以调整生产工艺以防止脂肪渗出。

⑪发汗 在干酪成熟过程中有液体渗出。导致发汗的原因可能是干酪内部的游离液体数量及内部的压力过大。一般酸度过高的干酪容易发生这种情况。除了改进工艺外，酸度的控制也十分必要。

⑫霉菌生长 指过多、过少或过于不规则的霉菌生长，由于干酪中生长条件过好或过差而导致。

⑬非典型的组织状态 在揉混和浸渍干酪中，由于装模时凝乳粒聚集成团块，导致不规则的组织状态。

（3）硬度缺陷

①弹性 由于酸化作用弱，在酪蛋白网状结构中酪蛋白分子之间钙键过多，导致干酪呈现弹性。

②脆性（非塑性、碎性） 由于酸化和盐渍的作用过强，在酪蛋白网状结构中酪蛋白分子间钙键过少而导致。

③硬、干 干酪中水分过低导致干酪出现硬、干现象，可能与干酪中脂肪碘值低有关。

④软 干酪中水分过高导致干酪变软，可能与干酪中脂肪碘值高有关。

⑤松弛 软质干酪在生产加工过程中酸化太弱会引起干酪松弛。

⑥面糊状 软质干酪酸化太强可能会导致干酪呈现面糊状。

⑦外皮软 由于外皮下干酪外层中水分含量过高所引起。

⑧海绵状 混揉和浸渍的干酪中产生气体过于强烈，导致干酪呈海绵状。

⑨切片干化 干酪在切片后干化的趋势是一个重要特性。水分含量多、蛋白质分解程度低、脂肪含量低的干酪在切片后干化速度快于水分含量低、蛋白质分解程度高、脂肪含量高的干酪。

（4）滋味、气味缺陷

①酸味　由于酸化过强导致。

②乳清味、酵母味　水分含量过多，酸化过慢、过弱，大肠杆菌或酵母生长旺盛的干酪会出现这种状况。

③苦味　干酪的苦味是极为常见的质量缺陷。过多凝乳酶引起水解蛋白质产生苦味肽，导致了苦味的产生。产生苦味的乳酸菌或非发酵剂菌及酵母也都有可能引起苦味的产生。另外，高温杀菌也易产生苦味，其原因为凝乳酶向干酪中转移得较多所致。原料乳的酸度较低，凝乳酶添加量大以及成熟温度过高均会导致苦味的产生。凝乳凝块的加热温度在 35℃ 以上时，因凝乳酶向干酪中转移较少，能够避免苦味的产生。增加食盐的添加量也可以降低苦味的强度。

④苦-甜味　与丁酸发酵有关。

⑤麦味　与发酵剂污染有关。

⑥平淡　与食盐含量低和成熟过弱有关。

⑦咸盐味　食盐含量过高。

⑧饲料味　原料乳带有异味导致。

⑨恶臭　如果干酪中存在厌气性芽孢杆菌，则会分解蛋白质生成硫化氢、硫醇、亚胺等物质产生恶臭味。生产加工过程中要防止这类菌的污染。

⑩酸败　污染微生物分解乳糖或脂肪等产酸会引起酸败。污染微生物主要来自原料乳、牛粪及土壤等。

## （三）干酪质量控制

### 1. 对生产设备要求

（1）设备的材料与性能　干酪槽、凝块输送带和凝块成型设备都应该加盖，避免敞开作业。干酪凝块和乳清应该采用管道式输送，以保证整个干酪制作过程处于封闭的状态。

（2）设备的清洗与消毒　第一阶段为预冲洗，器具设备及管路使用之后，要立即用冷水或温水冲洗，水温在 60℃ 以下。第二阶段是碱洗，通常用 60～75℃ 1% 的碱液在设备中循环 15 分钟左右。最后是酸洗阶段，通常用 0.5%～0.8% 的硝酸进行酸洗 20 分钟左右。模具、网纱、切割刀等用碱水清洗后浸泡在酸液中备用。

消毒可以使用化学消毒剂，也可使用清洁的热水。干酪槽、搅拌器、切割刀、模具及预压器等器具经过上述清洗后，用低于 27℃ 的 200～300 毫克/千克次氯酸钠溶液浸泡消毒。发酵罐、阀门、管道用蒸汽消毒 10 分钟，个别部位用 250～300 毫克/千克次氯酸钠溶液浸泡 5 分钟以上。

2. 干酪加工厂卫生

（1）生产设备卫生　使用设备之后应立即清洗，然后通过热处理或使用化学消毒剂消毒。同一天使用过的干酪槽如果要再次使用，需要在清洗和用次氯酸盐溶液消毒后再加入牛乳。

（2）车间卫生　干酪生产车间的地面应用非渗透性的建材建成，应当一直保持清洗。墙面和天花板材质应该表面光滑，并定期清洗，包装区域尤为重要。控制车间的温度和湿度，有助于控制霉菌的生长，减少霉菌的污染。

（3）盐渍室和成熟室卫生　成熟室和储藏室的墙壁、屋顶应用杀酶液洗刷。干酪架用热的洗涤剂清洗干净，并用杀毒液处理。用紫外灯定期照射杀菌。

（4）操作人员的卫生　操作人员必须有从事食品业的证明。进入车间时，工作服、鞋帽必须经过消毒，人员也必须经脚踏消毒池消毒。操作时要佩戴口罩。生产过程中手要保持清洁，操作时要严格消毒。

# 第四节　典型干酪的生产工艺

## 一、契达干酪

如图 6-4 所示，契达干酪加工的前期阶段与其他类型的酶凝乳干酪基本相同，将原料乳进行标准化和巴氏杀菌处理，最佳热处理的温度为 68～70℃、15 秒，热处理后到达凝乳管的乳温度不应低于 21℃，然后向乳中加入适量发酵剂。生产契达干酪所使用的发酵剂菌株通常为同型乳酸发酵的嗜温型菌株，通常是乳酸乳球菌乳酸亚种和乳酸乳球菌乳脂亚种，静置培养 15～30 分钟后添加凝乳酶，在添加凝乳酶之前，为了弥补原料乳的不足，以达到足够的硬度，通常添加一定量的氯化钙。加入凝乳酶的目的是使酪蛋白胶粒表层的 κ-酪蛋白发生水解，从而使胶粒聚集并形成凝胶体。契达干酪的凝乳温度通常为 30～32℃，凝乳时间大约为 40 分钟，在凝乳足够硬时，用钢刀或尼龙绳制成的框架将整块凝乳切成均匀的体积较小的凝块，然后对其缓慢升温，同时进行搅拌，以促进乳清从凝块中迅速排出。以每 5 分钟升高 0.5℃ 的速度对混合物

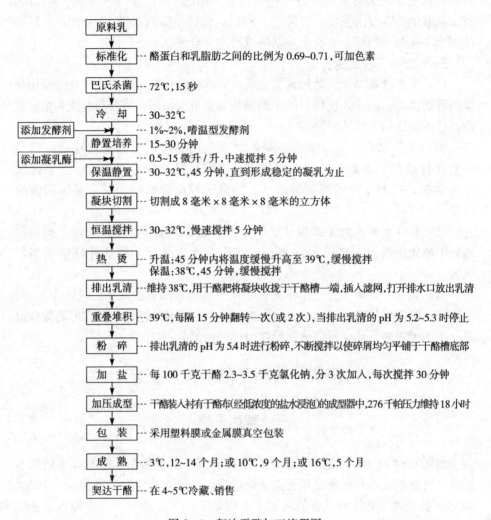

图 6-4 契达干酪加工流程图

进行加热，45 分钟之后，温度达到 39℃，之后的 45 分钟继续搅拌混合物，使凝块沉淀。升温过程不宜过快，当温度在超过 45 分钟的时间内由 30℃升高至 39℃时，凝块开始收缩，同时排出大量的水分。如果将温度控制在 39℃，并继续缓慢搅拌 45 分钟将会大大提高乳清排出的效率，发酵剂中乳酸菌的持续生长和代谢产酸也将起到同样的效果。当乳清的酸度和水分含量到达某一合适的水平时，便可利用生产设备中的排水系统将乳清排出干酪槽。

然后可进行重叠堆积过程，此过程是契达干酪所特有的。当干酪槽中剩余乳清的液面距凝块表层 2.5 厘米时，将凝块在干酪槽底部平摊开，使凝块形成厚度均匀的片层。将乳清全部排出之后，静置 15 分钟。然后对凝乳层分别进行纵向和横向切割，使其形成多个尺寸一致的"板片"，并使这些"板片"之间保持约 2.5 厘米的间隔。但应注意在凝块板片的中心部位留一个小孔，以备后期压榨过程中乳清的排出。静置 15 分钟之后，对其进行翻转，此后每 15 分钟翻转两次，以促进松散凝块的相互交连和融合。将独立的凝乳板片相互重叠，每 15 分钟翻转一次，以促进新的表层形成。如果需要，还可将三层板片进行重叠和堆积，翻转的时间间隔相应延长（如 30 分钟）。但重叠堆积的层数越多，最终产品中的水分含量将会越高。堆积过程中排出的乳清的酸度不断发生变化，当其 pH 为 5.2~5.3 时，便可停止此项操作。此时的干酪凝块厚度将从 10 厘米压缩至 5 厘米。在现代化的生产系统中，反复堆积的过程主要是由高度自动化的连续生产线或塔状系统来完成。干酪凝块的堆积主要在带孔的托盘中进行，这样通过个体凝乳粒子间的相互挤压可以起到排出乳清的效果，同时也会使凝块出现"鸡胸纹"的结构，这是契达干酪所特有的。

当干酪凝块中的酸度、含水量以及凝块的组织结构达到合适水平时，对干酪凝块进行粉碎和盐化。粉碎后，要对干酪碎屑进行充分搅拌，使其均匀分布在干酪槽的底部，然后在干酪屑表面分批撒入盐粉，每次搅拌 30 分钟使加入的盐粉完全溶解后再加入下一批盐粉。盐的加入量是干酪生产的重要参数，当含盐量超过 2% 时，不仅会导致产品水分含量过低，而且会在很大程度上减少干酪成熟的速度，从而影响最终产品的风味质量。美国生产的契达干酪中的含盐量通常为 1.4%~1.5%。在实际生产中，氯化钠的添加量通常为每 100 千克干酪 2.3~3.5 千克，加盐的目的是为了弥补由于乳清排出而引起的盐分损失，同时有助于促进水分含量的进一步降低，并可以极大程度地抑制发酵剂菌株的生长，从而阻止了干酪的进一步酸化。在传统的工艺中，需将盐化之后的干酪凝块放入模型中，同时施加一定的压力，静置过夜。然而，在高度自动化的生产系统中，粉碎后的干酪颗粒将被气流输送到成型塔中，利用自身在垂直方向上的重力来完成进一步的挤压过程，并使乳清在成型塔底部排出。另外，在成型塔底部装有特定型号的切割刀具，可将挤压后的干酪凝块切割成特定大小的块状结构，并通过输送带直接送入真空包装系统。契达干酪的成熟过程所需的温度在 5~12℃ 之间，成熟时间可以为 3、6、12 或 18 个月，具体时间可以根据产品所需的风味类型而定。

## 二、农家干酪

　　农家干酪是典型的非成熟软质干酪，是一种块状、软质、不经发酵、酸凝乳的新鲜干酪。它的酸化程度较低，并且在加工过程中需要进行水洗处理。内部含有的氯化钠、乳酸、乙酸以及双乙酰等多种风味化合物使产品具有轻微的咸味和酸味及浓郁的乳香味道。颗粒细致均匀，口感爽滑绵软，柔而不腻。

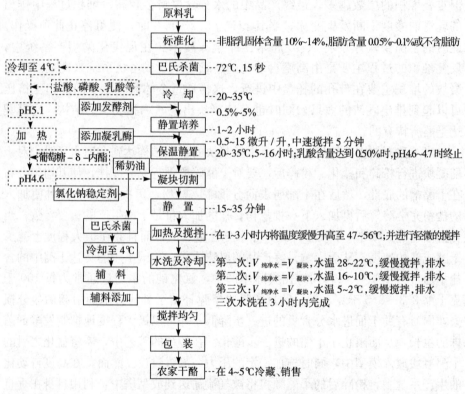

图 6-5　农家干酪加工流程图

　　如图 6-5 所示，农家干酪通常是由经过巴氏灭菌的脱脂牛乳或低脂牛乳加工而成，但是相对于其他的酸性新鲜干酪而言，其灭菌温度相对略高一些，而且通常需要向脱脂乳中添加一定量的脱脂乳粉（NFDM）或超滤截流物，以使原料乳的总固体物含量提高到 10%～14%。就切割之前的凝乳时间而言，农家干酪的加工工艺至少存在三种完全不同的方案，即长时凝乳、短时凝乳及

中等时间的凝乳。切割之前的凝乳时间为 5～16 小时不等，凝乳温度通常在
22～35℃。相对于长时间慢速凝乳而言，短时间凝乳通常需要较高的接种量和
接种温度。发酵剂菌株通常采用嗜温型的乳酸菌菌株，如乳酸乳球菌乳酸亚种
和乳酸乳球菌乳脂亚种等。

除发酵剂之外，向乳中添加少量的凝乳酶，将会在一定程度上促进凝乳的
形成，并在较短的时间内达到切割所需的硬度。凝乳酶通常在发酵剂菌株的酸
化过程进行一段时间之后（如 1～2 小时之后）再添加到乳中。凝乳酶的添加
将会使乳在稍高的 pH（pH 4.8）下凝结并达到适合切割硬度，而不需等到
pH 下降到 4.6 以下。

切割之后，需要保持凝块原有的状态和位置，并在原有的温度条件下静置
15～35 分钟。凝块的大小依切割时所用的干酪刀的型号而定。切割时的滴定
酸度取决于脱脂乳的干物质含量，范围为 0.42%～0.60%。

切割后对凝块进行缓慢的加热，并进行轻微的搅拌，此过程将持续
1～3 小时，直到温度达到 47～56℃ 为止。此时的干酪凝块非常脆弱，极
易被强烈的机械刺激所损坏。接下来采用与凝块体积相同的灭菌纯净水对
其进行冲洗冷却，共进行三次，水温依次降低，可分别控制在 28～22℃、
16～10℃ 和 5～2℃。由于水流将会带走大量的乳糖和乳酸，因而限制了
凝块的进一步酸化和脱水收缩过程。水洗和排水过程总体所用时间大约维
持在 3 小时。

当所有的水分排出之后，将经过巴氏杀菌，且含有少量盐分和稳定剂
（如黄原胶、角叉藻聚糖、瓜尔豆胶等）的稀奶油（含有 10%～20% 的脂
肪）冷却到 4℃，并作为辅料添加到干酪中，然后搅拌均匀。在美国，农
家干酪通常含有 79% 的水分、16% 的非乳脂固体物、4% 的脂肪以及 1%
的盐分。最后将调制好的干酪装入容器当中，并在 4～5℃ 进行保存以备
销售。农家干酪通常为带有弹性的块状结构，但不具有黏稠和拉丝的特
征。其货架期通常为 2～3 周，也可以添加一定量的防腐剂如山梨酸，以
延长产品的货架期。

另外，可以将酸直接添加到冷（4℃）的牛乳中，使其 pH 降到 5.2～
4.7，以用于农家干酪的生产。通常情况下，先用盐酸、磷酸、乳酸或其他酸
将乳的 pH 调至 5.1，然后逐渐加热至较高的温度，如 32℃；最后加入少量的
葡萄糖酸-δ-内酯（GDL），使乳的 pH 降到 4.7 左右。乳凝结之后的处理方法
与第一种生产程序完全相同。在较高的温度条件下添加较高浓度的 GDL，将
会在一定程度上加快乳中 pH 下降的速度。

### 三、蓝纹干酪

蓝纹干酪属于内部霉菌成熟干酪，大部分蓝纹干酪属于半硬质类，乳中成分被凝块中的霉菌产生的酶分解，得到强刺激性的风味，这种独特的风味吸引了众多消费者。

蓝纹干酪的主要特征是由不完全融化的凝块间隙中生长的娄地青霉菌形成的。霉菌孢子可以添加在乳中，也可以在排乳清时添加到凝块中，后者可以降低对环境的污染。蓝纹干酪的凝块是一种酸性凝块，很少甚至几乎不经过热烫，只需要在破乳后硬度和酸度足够时，简单地让乳清缓慢流出即可，在这一过程中需要轻轻搅拌，使游离的乳清不会汇集起来。当凝块的酸度和干物质的量达到一定标准时，将凝块装入模具中成型。压榨的要求与其他干酪不同，因为需要在凝乳粒子中间留出空隙来使青霉菌生长。在模具中的凝块需要不停地反转，使乳清顺利排出。同时，也可以在半干的凝乳表面撒盐促进乳清的排出。

制作蓝纹干酪有很多方法，所有的方法都是为了获得开放式的凝乳结构，凝块中蛋白质的降解产物为霉菌的成长提供了培养基质。当蛋白质降解达到一定程度后，需要用针在干酪上刺孔，使更多的氧气进入干酪，同时使二氧化碳排出。随着干酪的成熟，霉菌的颜色会由绿变青，最后由青变蓝。在传统的工艺中，发酵剂通常含有能够进行异型乳酸发酵的明串珠菌，它能够代谢生成二氧化碳，因此可以使干酪组织变得较为酥松，有利于内部青霉菌的生长。蓝纹干酪中霉菌发酵剂通常与乳酸菌发酵剂一起添加到原料乳中。

蓝纹干酪的主要缺陷是凝块太过致密，着蓝不够或不均。乳中含有的抗生素会阻止乳酸菌的生长，并导致软而紧密的凝块结构。若乳酸菌生长过度会导致高酸凝块的形成，使外皮容易破碎，导致风味的损失。

### 四、混揉干酪

混揉干酪的代表是 Pasta Filata 干酪（图 6-6），起初这种干酪是由普通凝乳酶凝乳，再将凝块置于 63～65℃的热乳清中保温，最后成型而得到的。在这个过程中，凝块的酸度不断升高，凝块发生酸化并固化成型，形成两种类型的新凝块。混揉干酪可以分为两类：第一类是混揉干酪，另一类是塑性成型干酪。莫扎瑞拉属于 Pasta Filata 类干酪，世界很多国家都有生产，原料主要有牛乳、水牛乳甚至奶粉。莫扎瑞拉形态和尺寸多样，意大利的加工采用水牛乳，脂肪占干物质量要达到 45%，若用牛乳则只需 44%。

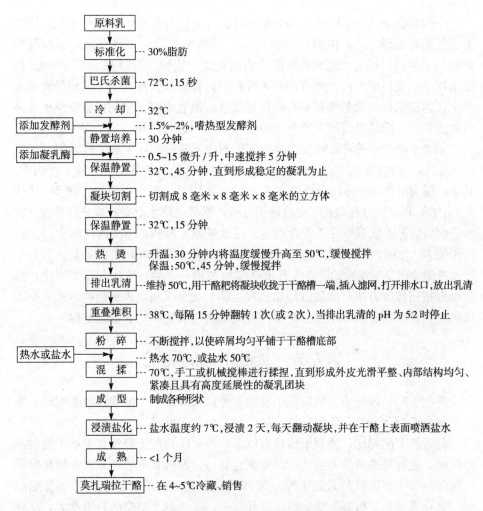

图 6-6 低水分含量莫扎瑞拉干酪生产流程

通常，水分含量低的莫扎瑞拉干酪的发酵剂使用嗜热型的混合发酵剂，其中的菌株主要包括嗜热链球菌和德氏乳杆菌保加利亚亚种或瑞士乳杆菌等。这些嗜热型的发酵剂菌株能够在热烫和重叠堆积过程中承受相对较高的温度（如 42℃），并在此温度条件下能够保持旺盛的代谢活力。在 Pasta Filata 干酪的不同品种中，波罗夫洛干酪以及用于加工比萨饼的莫扎瑞拉干酪的水分含量较低，且需要经过较长时间的成熟过程。其热烫过程中所用的温度较高，如48～52℃；而对不经过成熟过程且水分含量较高的传统型莫扎瑞拉干酪而言，其热烫温度相对较低，为32～34℃。

一般情况下，当pH达到5.2左右时，开始进行凝乳块的重叠堆积。将凝乳进行粉碎处理之后，向颗粒中注入70℃的热水或50℃的淡盐水，使凝乳颗粒均匀受热并达到适当的弹性强度（表面光滑、柔软、可拉伸、不断裂）。然后采用手工或机械对高温弹性的凝乳颗粒进行揉捏和挤压，使之形成外皮光滑平整、内部结构均匀紧凑且具有高度延展性的凝乳团块。它们将被制作成各种形状或装入干酪成型器中，并放入冷水或盐水中进行冷却。

随着干酪产量的增加和人们对传统干酪的不断研究，干酪生产者们对传统的干酪生产工艺进行了很大的改进，并已经将其广泛地应用到了工业生产当中。其中，最为明显的改进在于新的工艺中将凝乳块置于温水中浸泡，使pH达到5.2左右，用这一过程取代了重叠堆积过程；然后用冷水对凝乳块进行冲洗，将水分排出后置于低温条件下贮存过夜，在此期间，凝块的pH达到5.3。但是，与传统方法相同的是新工艺仍然采用高温混揉的方法对凝块进行处理。另外一种改进的方法是用连续的搅拌代替重叠堆积过程，直到pH达到5.3为止；然后可以按照传统方法对凝块进行加热和混揉，或者采用蒸汽加热的方式将凝块加热至半弹性状态后，不经过混揉处理而直接制成块状的非混揉干酪。

# 第五节　再制干酪的加工

再制干酪是以硬质、软质或半硬质干酪以及霉成熟干酪等多种类型的干酪为原料，经融化、杀菌所制成的产品，又称融化干酪或加工干酪。

与天然干酪相比，再制干酪具有以下特点：①再制干酪没有天然干酪的强烈气味，更容易被消费者接受。②保藏性良好，即使在炎热的夏天也能存放很长时间。③主要原料是天然干酪，因而具有很高的营养价值。④通过加热融化、乳化等工艺，再制干酪的口感柔和均一。⑤再制干酪产品自由度大，品种多样，口味变化繁多，具有多种消费形式，适合在任何时间消费。

## 一、加工工艺

### （一）工艺流程

再制干酪的种类多样，但是加工工艺大致相同（图6-7）。首先需要选择原料干酪，并对原料进行清洗、切割、称重、搅拌、混合等处理，然后将原料干酪加热融化，将融化后的干酪进行均质，最后进行灌装，冷却即可。

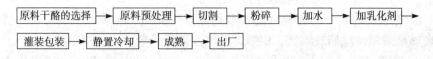

图 6 - 7　再制干酪工艺流程

## （二）工艺要求

1. 原料干酪的选择　通常选用细菌成熟的硬质干酪如荷兰干酪、契达干酪和荷兰圆形干酪等。成熟 7～8 个月的干酪占原料的 20％～30％，能够满足制品的风味及组成；成熟期 2～3 个月的干酪占 20％～30％，能够保持组织滑润；成熟度中等的干酪占 50％，使整体成熟度为 4～5 个月。成熟度过高的干酪因为有的析出氨基酸或乳酸钙，所以不适宜作为原料。

2. 原料干酪的预处理　有些干酪发霉或外皮较硬，所以要对原料进行清洗。原料干酪表面的防腐剂需要完全除去。通常将原料干酪的外表包装除去，切去表皮，并擦拭干酪的表面。

3. 切碎和粉碎　将干酪原料用切碎机切成块，然后用混合机混合。用粉碎机碎成 4～5 厘米的面条状，最后用磨碎机处理。

4. 称重　对原料干酪进行称重有两种方法：第一是将种类相同或种类不同的干酪进行分批称重，每批称取 20～60 千克；第二是将同类或不同类的干酪进行混合称重，每批称取 500～2 000 千克。准确称取每种细分切割干酪的重量，对再制干酪加工的标准化处理十分必要，如果称量不准会直接影响标准化，导致最终产品的口味和质地发生变化。

5. 熔融、乳化　再制干酪的生产中需要对原料干酪进行加热融化。其目的主要有三个：第一是将原料进行标准化，第二是"奶油化"，通过加热融化使干酪具有类似奶油的性质，第三可以起到延长保质期的作用。将适量的水加入到干酪融化锅中，通常加水量为原料干酪质量的 5％～10％。另外，按配料要求加入适量的调味料、色素等，然后加入预处理粉碎后的原料干酪并加热。当温度升至 50℃左右后，加入 1％～3％乳化剂，如磷酸钠、柠檬酸钠、偏磷酸钠和酒石酸钠等。最后继续升温至 60～70℃，保温 20～30 分钟，使原料干酪完全融化。加入乳化剂后，可以用乳酸、柠檬酸、醋酸或混合液调整酸度。成品的 pH 为 5.6～5.8，不得低于 5.3。在进行乳化操作时，应该加快干酪融化锅内搅拌器的转数，使乳化完全。这一过程中，要保证杀菌的温度。一般为 60～70℃、20～30 分钟，或者 80～120℃、30 秒等。乳化结束时，需要检测水分、pH、风味等，然后抽真空进行脱气。

6. 充填、包装　将乳化后的干酪趁热进行充填、包装。包装材料一般使用玻璃纸或塑性涂蜡玻璃纸、铝箔、偏氯乙烯薄膜等。

7. 贮藏包装　包装后的再制干酪成品，应贮存在 10℃ 以下的冷藏库中定型和贮藏。

8. 冷却　热灌装后的再制干酪要迅速冷却。再制干酪的种类不同冷却方式也有所区别。片状再制干酪在单片独立包装之后通常直接放入冷却水池中迅速冷却到 10℃ 以下，冷却后放入传送带风干进行外包装。涂抹型再制干酪一般在融化锅中进行强奶油化处理。因此，在加热过程结束后，需要快速冷却，以保持产品的黏度和质地。一般采用两种方式进行冷却；第一种是将圆形或方形的盒子放置在货架上，通过冷空气的流通来进行冷却处理；第二种方法是将分装后的干酪置于传送带上通过冷却通道进行冷却。

## 二、原辅料的选择

### （一）天然干酪的选择

用来生产再制干酪的天然干酪，其脂肪含量、水分、盐、pH 等均有一定要求。一般来说，天然干酪的脂肪占干物质中的含量要控制为 51.5%～54%。FDM 的值越低，生产的再制干酪质构越坚硬。FDM 的值越高，生产出来的产品质地松软而且有黏性。脂肪含量较高的干酪不宜单独使用，必须与脂肪含量较低的干酪混合使用。

天然干酪的水分含量应保持在 34%～36.5%。既可以通过在融化锅中进行蒸汽注射来增加水分，也可以通过其他的手段来调节再制干酪的水分含量。

天然干酪的盐含量须控制在一定范围内，约为 1.6%，可以使干酪保持致密的结构和较好的风味。原料干酪的含盐量较低，会使制得的再制干酪质地比较松软，而且容易导致风味的丧失以及风味的平淡。反之，会阻碍风味的形成且易在干酪的表面形成不平的块状。

### （二）其他乳制品原料

1. 乳清粉和脱脂乳粉　添加乳清粉能够弥补在干酪的制作过程中一些乳固体的损失。乳清粉和脱脂乳粉的添加量由乳糖的含量决定。当添加的乳清粉和脱脂乳粉过量时，会引起乳糖的结晶析出。

2. 奶油　加入适量的奶油脂肪能够使风味更加纯正，质地更加柔软，不会有后甜现象。

3. 钙共轭沉淀物　添加钙共轭沉淀物在再制干酪中，通常会引起酪蛋白、β-乳球蛋白和α-乳球蛋白之间的交联而产生共沉淀。添加适量的钙共轭沉淀物，能够使绝大部分酪蛋白沉淀，约60%～70%的乳清蛋白得以回收。而且，脱脂牛乳中残留的脂肪也和蛋白质发生复杂的作用，与酪蛋白相比，它们在凝块中能够保留更多的脂肪。

### （三）非乳制品原料

除了一些乳制品原料外，生产再制干酪的过程中，也会添加一些其他非乳制品原料，如芳香物质，能够给最终产品提供芳香气味。芳香物质主要是一些动物性的产品，如火腿、腊肠、烟熏牛肉、虾等。除了这些动物性食物，有时从经济和营养方面考虑，可以用植物脂肪全部或部分代替乳脂肪。一些植物蛋白浓缩物、植物纤维和多聚麦芽糖也有应用。

### （四）乳化剂

使用乳化剂时，选取的乳化剂种类和特性取决于最终产品的要求和生产加工过程中的许多变化因素。如以下几方面：①原料干酪的前处理。②天然干酪的种类、组成以及储藏时间。③其他成分的添加，如乳制品、水、稳定剂、调料、植物和肉类。④生产的再制干酪的品种，如冷食的再制干酪、片状再制干酪、涂抹再制干酪等。⑤再制干酪的质地，坚硬性、柔软性、脆性、可切割性及不溶解性。

### （五）稳定剂

生产再制干酪的过程中，通常使用黏性较好的胶类作稳定剂。胶具有亲水性，溶于水会形成溶水性聚合体，使溶液变得更加黏稠，而且与一些细小的呈分散状态的酪蛋白颗粒结合。干酪生产中常用的胶类添加量在最终产品中一般不超过0.8%。应用到再制干酪的胶体主要有以下几类：

（1）植物分泌胶　刺梧桐树胶、黄芪胶。

（2）植物果实胶　豆角胶、瓜尔豆胶和燕麦胶。

（3）海藻提取胶　角叉胶、藻酸盐、丙烯己二酸藻酸盐。

（4）半合成胶　黄原胶、羧甲基纤维素钠。

（5）动物胶　明胶。

### （六）酸度调节剂

生产再制干酪的过程中允许使用一些有机酸和无机酸作为调节剂，调整最终产品的口味和酸度。常用的酸度调节剂主要有乙酸、乳酸、磷酸、柠檬酸等。酸度调节剂应用在再制干酪的生产中的作用包括：降低并调整最终产品的pH，确保产品质地的均一性，防止有害微生物的生长，为有益菌的生长提供必要的物质，改善再制干酪的风味、口感、黏度、色泽和融化性质。

### （七）色素

在再制干酪中添加色素主要是为了强化干酪的色泽，使其满足消费者对产品的特殊感官要求。在再制干酪的生产过程中，添加的色素都需要提前加入，以确保在融化过程中充分混合和均匀分布。

## 三、主要缺陷及防治方法

### （一）出现砂状结晶

砂状结晶主要是由于混合磷酸盐的存在而导致的，其中98%是磷酸三钙。这种缺陷主要是由于添加乳粉乳化剂时分布不均匀，乳化时间短，高温加热以及与中和剂混用等原因导致的。另外，当原料干酪的成熟度过高或蛋白质分解过度时，容易产生难溶的氨基酸结晶。防止出现砂状结晶的方法是将乳化剂全部溶解后再使用，乳化时间要充分，乳化时搅拌均匀，尤其要注意搅拌器的上部和锅底部分。

### （二）质地过硬

导致干酪质地过硬的原因主要是原料干酪成熟度低，蛋白质分解量少，水分和pH过低等。防治方法是将原料干酪的成熟度控制在5个月左右，pH控制在5.7~6.0。

### （三）膨胀及产生气孔

微生物的繁殖是导致这一缺陷形成的主要原因。加工过程中如果污染了酪酸菌、蛋白分解菌、大肠杆菌和酵母等，都会使产品产气膨胀。防治方法是尽量选用高质量的调配原料，并采用100℃以上的温度进行灭菌和乳化。

### （四）脂肪分离

导致脂肪分离的原因是产品长时间放置在乳脂肪熔点以上的温度。此外，由于长期保存，组织发生变化和过度低温贮存会使干酪冻结而引起脂肪分离。为了防止脂肪分离，可以增加原料干酪中成熟度低的干酪、提高 pH 及乳化温度并延长乳化时间等。

# 第六节　其他干酪的加工

## 一、益生菌干酪

对于益生菌，最普遍的食品载体系统是新鲜发酵乳制品，如酸奶和发酵乳制品，还有添加发酵剂的未发酵乳制品。有少数研究者和公司竭力开发生产含有高含量活的益生菌的干酪。含有益生菌的干酪产品的成功发展将为干酪工业提供一个超越现有产品的竞争性优势，而且有利于扩大具有更好营养和生理特性的乳制品的范围。在世界许多地方，干酪是每天都要吃的，由于这种较高的日消费量，使得干酪成为益生菌的优越载体。干酪中益生菌的成功引入需要保证菌株在产品整个货架期内为活菌，同时不会影响传统干酪的组成、风味、质地和其他感官特性。如果能够不改变或仅稍微改变传统干酪的生产工艺来生产益生菌干酪，那么益生菌干酪的商业化生产将得到更好的发展。

干酪作为载体系统将活的益生菌传递到胃肠道等目标器官，有其固有的优势。干酪的 pH、脂肪含量、氧含量和贮藏条件更有益于益生菌在加工和消化期间长期存活。干酪的 pH 为 4.8~5.6，明显高于其他发酵乳（pH 3.7~4.3），因而干酪能够为对酸敏感的益生菌的长期存活提供更为稳定的基质。干酪内部微生物的代谢使得干酪在几周的成熟期内就变成一个几乎厌氧的环境，有利于益生菌的存活。此外，干酪的蛋白基质和较高的脂肪含量都可以在益生菌穿过胃肠道时提供保护。益生菌健康和营养功效如图 6-8。

作为食品用益生菌，在被消费者购买与食用之前需要保持其存活率，活菌数大于 $10^7$ 个/克或 $10^7$ 个/毫升。当选择益生菌加入到特定的干酪中，需要特别注意一些因素，如当益生菌经过胃肠道时的存活能力，益生菌在干酪加工过程中的存活能力以及益生菌在干酪成熟和贮藏过程中的存活能力。酸奶和发酵乳制品作为益生菌的携带者，已被研究得很透彻。近年来，一些食品，如契达

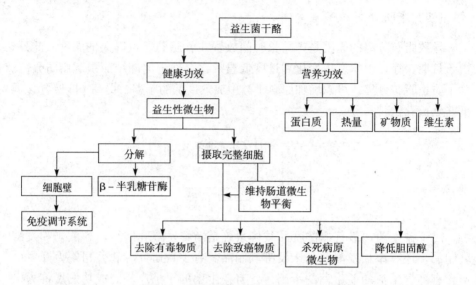

图 6-8　益生菌干酪的营养与健康功效

干酪、高达干酪、农家干酪、白霉干酪、克莱森萨（Crescenza）干酪作为双歧杆菌和乳杆菌等益生菌株的携带者而备受关注。

关于评价干酪作为益生菌携带者的研究很少。将契达干酪作为双歧杆菌的载体的研究表明，在贮存 24 周时干酪中活菌数约为 $2 \times 10^7$ 个/克，并且对于干酪的风味、质地和外观没有不利的影响。当双歧杆菌与嗜酸乳杆菌在高达干酪生产中混合应用时，成熟 9 个星期后对于干酪的风味有明显的影响，这是由于双歧杆菌产生乙酸造成的。还有研究表明，向干酪中添加粪肠球菌不仅具有保健作用，还能改善干酪的品质。

### （一）用于干酪生产的益生菌

生产益生菌干酪，尤其是成熟干酪，必须考虑益生菌与干酪生产所用的乳酸菌、霉菌和酵母菌的共生作用。这些微生物可能是互相颉颃、竞争或共生的。

益生菌干酪中使用的益生菌必须有以下特性：

（1）益生菌必须是人源的，非致病性，必须可以耐受胃肠道内较低的 pH；

（2）益生菌可以在干酪基质中存活或生长，在干酪加工和货架期内保持存活。

（3）益生菌在干酪加工和成熟过程中不可以产生不利于干酪质量的代谢产物。

（4）益生菌不可以产生抗微生物化合物，不应干扰干酪中正常活动的其他重要微生物。

表 6-11　双歧杆菌在不同干酪品种中的应用

| 干酪类型 | 贮存时间 | 微生物 | pH | 水分含量（%） | 脂肪含量（%） | 盐含量（%） |
|---|---|---|---|---|---|---|
| 墨西哥软干酪 | 60 天 | 双歧杆菌，嗜酸乳杆菌，干酪乳杆菌 | 5.29 | 58 | 12 | 0.9 |
| 克莱森萨干酪 | 14 天 | 两歧双歧杆菌或长双歧杆菌，嗜热链球菌 | 5.27 | 62 | 27 | 0.7 |
| 契达干酪 | 24 周 | 两歧双歧杆菌 | | 37 | 33 | 1.1 |
| 契达干酪 | 84 天 | 婴儿双歧杆菌，乳酸乳球菌乳酸亚种，乳酸乳球菌乳脂亚种 | 5.2 | 33 | 30 | 1.9 |
| 卡纳斯特拉托干酪 | 56 天 | 两歧双歧杆菌，长双歧杆菌，嗜热链球菌，德氏乳杆菌保加利亚亚种 | 5.55 | 39 | 31 | 3.0 |
| 高达干酪 | 9 星期 | 双歧杆菌，嗜酸乳杆菌 | 5.1 | 42 | 29 | 1.7 |
| 伊朗白盐水干酪 | 60 天 | 两歧双歧杆菌，嗜热链球菌，德氏乳杆菌，乳酸乳球菌 | 4.85 | 59 | 50.5 | 7.15 |

## （二）益生菌干酪的生产工艺

干酪的加工过程决定了最终产品的特性。加入益生菌，必须平衡干酪加工的各种因素和干酪的特点，这点对于干酪加工者来说无疑是一个挑战。因此，必须根据干酪的品种及加工过程中使用的不同微生物来选择加入益生菌的时间和方法。以契达干酪为例，益生菌干酪生产流程见图 6-9。

益生菌可以作为附属发酵剂用于干酪生产，第一种方法是将部分乳用益生菌发酵，然后添加到生产契达干酪的原料乳中加工益生菌契达干酪。与乳酸菌发酵剂一起加入益生菌来生产干酪，如果选择的益生菌生长较慢，可能会导致益生菌在加工过程大量损失或者导致乳酸菌发酵剂占优势。将含有益生菌副干酪乳杆菌 NF-BC338 的乳喷雾干燥后，益生菌的存活率

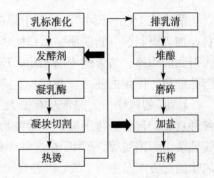

图 6-9　益生菌干酪生产流程
（以契达干酪为例）

注：粗箭头处显示益生菌加入的步骤。

为 84.5%，益生菌干粉可以用作契达干酪的辅助发酵剂。干酪成熟 3 个月后副干酪乳杆菌的菌数由最初的 2 千万个/克上升到 3.3 千万个/克。加氏乳杆菌在乳中生长很慢，不可以单独用于干酪生产，可以与嗜热链球菌混合用于半硬质干酪的生产。当生产半硬质干酪时，嗜酸乳酸杆菌 LF221 可以在 6 个星期内保持 6.8 千万个/克的活菌数。使用微胶囊技术可以显著提高益生菌的生存能力，微胶囊技术已经应用于克莱森萨干酪的生产，以延长两歧双歧杆菌、婴儿双歧杆菌和长双歧杆菌的存活时间。

另外一种加工方法是在半硬质和硬质干酪凝块加盐的过程中加入益生菌干粉。这种方法可以降低益生菌在乳清中的损失，消除乳酸菌在干酪成熟过程中的竞争影响。使用商业化的两歧双歧杆菌进行干酪生产，在干酪磨碎加盐时添加，使活性双歧杆菌在干酪中活菌数达到 1 千万个/克。在成熟过程中，干酪的成分、蛋白水解、产生乳酸以及风味特征均未改变，未检测到双歧杆菌的代谢产物乙酸和乙醇。重要的是要注意到，双歧杆菌在成熟 24 周后仍然存活，而且活菌数增加，达到约 1 千万个/克干酪。

有些品种的干酪，如农家干酪，可以使用另一种方法添加益生菌。农家干酪具有独特的加工工艺，即为了增加干酪的风味及改善质地而添加发酵的奶油。益生菌，如鼠李糖乳杆菌 GG 和婴儿双歧杆菌可以用来发酵奶油，从而添加到干酪中，而且不会产生不良风味，在贮存期间，活性益生菌的数量翻了一番。

## 二、酶改性干酪

### (一) 酶改性干酪

酶改性干酪（EMC）是以干酪凝块、天然干酪、酪蛋白酸盐、奶油为原料，加入酶制剂（脂肪酶、蛋白酶、肽酶），在一定的温度下水解一定的时间而得到的干酪。与天然干酪相比，EMC 具有易于加工、风味浓郁、成本低廉、产品稳定、使用方便、货架期长、应用范围广、健康等多种优势。

EMC 的风味与天然干酪有很大不同，利用其强化风味的功能可以生产出各种食品，包括融化干酪、类干酪物质、干酪沙司、干酪蘸酱或其他相关产品如乳饼干和馅饼等。EMC 在这些产品中大约是天然干酪的 10～50 倍，在强化风味的配方产品中 EMC 可以替代天然干酪的应用。

### (二) 应用于 EMC 的主要酶类

应用于酶改性干酪的酶类主要有三类：第一类是外源酶，即干酪生产中人为添加的酶，如蛋白酶、脂酶、肽酶、酯酶等；第二类是内源酶，即各种发酵剂微生物中所含的酶，如细菌蛋白酶、肽酶、脂酶；第三类是乳中固有的酶类，如血纤维溶酶。

1. **蛋白酶及肽酶**　相当多的微生物蛋白酶都可以用于 EMC 的生产，它们大多数来源于 *Bacillus* 或 *Aspergillus*，但是中性或酸性的 *Bacillus* 蛋白酶在干酪中会产生苦味，它不能应用于生产 EMC。一些来源于 *Bacillus* spp. 的商业蛋白酶，通常缺乏氨基肽酶和后脯氨酸二肽酰氨基肽酶的活性，这种活性对于降解苦味肽具有非常重要的作用。然而，将来源于 *Bacillus slop* 的蛋白酶与具有氨基肽酶和后脯氨酸二肽酰氨基肽酶的活性的肽酶结合使用就不会存在这个问题了。来源于 *Lactococcus lactis* 的肽酶被证明具有较高的氨基肽酶和后脯氨酸二肽酰氨基肽酶的活性，来源于 *Aspergillus* spp. 具有较高的氨基肽酶活性。因此，这两种酶都可以阻止产品中苦味肽的形成。

2. **脂肪酶**　脂肪水解对于 EMC 来说是非常重要的，产生挥发性成分对干酪风味来说是必需的。脂肪酶的来源一般有两种，动物和微生物，动物性脂肪酶主要来源是牛和猪的胰或胃，不同来源的酶产生的风味有所差异：如来源于牛的脂肪酶会产生一种类似奶油或胡椒似的风味。使用脂肪酶可以降低蛋白底物的水解。由于脂肪水解产生的风味降低了对蛋白酶和肽酶的依赖性，同时也减少了产生与蛋白水解底物相关的风味缺陷的可能性。脂肪酶来源的正确选择对于任何赋予风味的产品来说是极为重要的，微生物酯酶和脂肪酶现在被大量用于 EMC 的制作。

### (三) 加工方式

一般来说，大多数 EMC 类型干酪都是以非成熟的同类型的干酪作为底物来制作风味物质。另外，还可以添加其他成分，一般是奶油、黄油或其他风味增强剂如乳酸等，它们与风味的增强和形成的可接受的干酪风味有关。

制作 EMC 可以使用不同的制作过程，这主要取决于 EMC 的类型、产品外观。EMC 通常的生产方法是蛋白和脂肪同时发生水解或者不同的风味成分分开水解，然后混合。最初的底物的质量对于风味的产生及最终风味的形成是非常重要的。在 EMC 的制作过程中，很多不同种的蛋白酶可以使用，这主要取决于 EMC 的类型、生产温度、最终产品的性状。对于 EMC 来说由细菌引起的变质是一个非常重要的问题，为了破坏这些细菌的生产环境，生产设备必须是无菌的，以防造成污染。另外，EMC 制作过程中参数的控制也是非常重要的，通常使用加热灭活的方法来使反应停止，加热的同时也需注意一定不能破坏最终产品的风味，以防造成风味缺陷。酶改性干酪的加工方法见图 6-10。

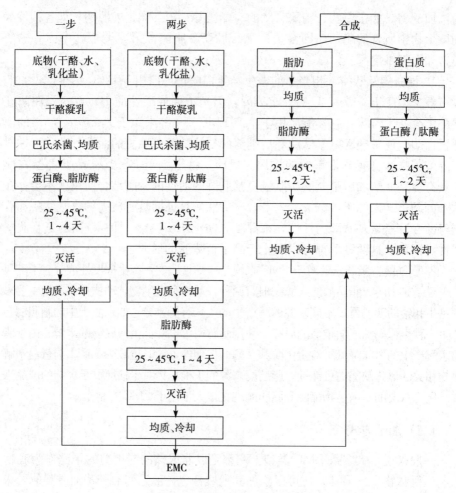

图 6-10　酶改性干酪的加工方法

1. 一步法　将未成熟的干酪加入水合乳化盐，进行巴氏杀菌后进行均质处理，添加蛋白酶和脂肪酶，在 25℃ 条件下放置 1～4 天，使干酪中的蛋白质和脂肪水解，然后加热使酶灭活后进行均质，冷却，也可以喷雾干燥制成粉末状使用。

2. 两步法　在处理好的干酪中首先加入蛋白酶或肽酶，25℃ 条件下放置 1～4 天，使蛋白质水解，然后加入脂肪酶，在同样条件下进行水解后获得产品。

3. 合成法　将底物脂肪和蛋白质分离，分别添加脂肪酶和蛋白酶进行水解，然后将产物合并的方法。

# 第七章

# 冰 淇 淋 加 工 　　>>>>>

## 第一节　冰淇淋的种类

冰淇淋是以饮用水、乳品（乳蛋白的含量为原料的 2％以上）、蛋品、甜味料、食用油脂等为主要原料，加入适量的香料、稳定剂、着色剂、乳化剂等食品添加剂，经混合、灭菌、均质、老化、凝冻等工艺或再经成形、硬化等工艺制成的体积膨胀的冷冻饮品。

冰淇淋的品种数量很多，可以根据不同的规则进行分类。

1. 根据冰淇淋中的脂类组成分类

（1）全乳脂冰淇淋　以饮用水、牛乳、奶油、糖为主要原料，乳脂含量为 8％以上（不含非脂乳）的制品。

（2）半乳脂冰淇淋　以饮用水、乳粉、奶油、人造奶油和糖等为主要原料，乳脂含量为 2.2％以上的冰淇淋。

（3）植脂冰淇淋　以饮用水、糖、乳（植物乳或动物乳）、植物油脂或人造奶油等为主要原料的冰淇淋。

2. 按含脂率高低分类

（1）高脂冰淇淋　其脂肪含量为 14％～16％，总固形物含量为 38％～42％。

（2）中脂冰淇淋　其脂肪含量在 10％～12％，总固形物含量为 34％～38％。

（3）低脂冰淇淋　其脂肪含量在 6％～8％，总固形物含量为 32％～34％。

3. 按硬度分类

（1）软质冰淇淋　膨胀率为 30％～60％。

（2）硬质冰淇淋　膨胀率为 100％。

4. 按冰淇淋的形态分类

（1）冰淇淋砖　冰淇淋砖形状类似砖头，是将冰淇淋分装在不同大小的纸盒中硬化而制得的，有单色、双色、三色，一般呈三色，以草莓、香草和巧克力最为普遍。

（2）杯状冰淇淋　将冰淇淋注入不同容量的纸杯或塑料杯中硬化而成。

（3）锥状冰淇淋　将冰淇淋注入不同容量的锥形容器中，如蛋筒中硬化而成。

（4）异形冰淇淋　将冰淇淋灌注到异形模具中硬化而成，或通过异形模具挤压、切割成型，硬化而成。如雪人冰淇淋。

（5）装饰冰淇淋　以冰淇淋为基料，在其上面裱注各种奶油图案或文字，有一种装饰美感，如冰淇淋蛋糕。

**5. 按所加的特色原料分类**

（1）果仁冰淇淋　这类冰淇淋含有磨碎的果仁，如核桃仁、杏仁、花生仁等。

（2）布丁冰淇淋　这类冰淇淋含有大量的什锦水果、葡萄干、蜜饯、碎核桃仁等，有的还加入酒类，具有特殊的浓郁香味。

（3）豆乳冰淇淋　这类冰淇淋含有营养价值丰富的豆乳。属于近年来新开发的品种，有各种不同的花色，如核桃豆腐冰淇淋、杨梅豆腐冰淇淋。

（4）水果冰淇淋　这类冰淇淋含有水果碎块，如菠萝、草莓、苹果、桃子等，再加入相应的香精和着色剂，并用所用的水果来命名。

（5）酸味冰淇淋　这类冰淇淋通过添加酸乳酪、酸乳、食用酸味剂、果汁等使冰淇淋含有微量适合的酸味。

（6）糖果冰淇淋　这类冰淇淋加入了大小适宜的糖果微粒，如巧克力碎屑、薄荷糖微粒，以及适量的香精。

（7）蔬菜冰淇淋　这类冰淇淋添加一些具有特色风味的蔬菜汁或酱，如黄瓜汁、芹菜汁等，成为颇具特色的蔬菜冰淇淋。

（8）巧克力冰淇淋　这类冰淇淋中添加了可可粉、可可脂或巧克力，具有浓郁的香味。

**6. 按添加物的位置分类**

（1）夹心冰淇淋　这类冰淇淋把添加物置于中心位置，如夹心冰砖是把水果等添加物夹在冰砖的中心而制得的产品。

（2）涂层冰淇淋　这类冰淇淋是将添加物，如将巧克力涂布于冰淇淋表面而成的产品。

# 第二节　冰淇淋的原料

## 一、乳与乳制品

牛乳与乳制品是冰淇淋中脂肪和非脂乳固体的主要来源。应用于冰淇淋生产的乳与乳制品有鲜牛乳、乳粉、炼乳、稀奶油等。

### (一) 牛乳

乳中的脂肪提供了冰淇淋浓郁的奶香。蛋白质既能满足营养要求，又能影响冰淇淋的搅拌特性和物理及感官特性。乳糖能够增添所加入糖类的甜味。乳中的盐类带来轻微的咸味，能够使冰淇淋的香味更趋于完美。

### (二) 稀奶油及奶油

1. 稀奶油　稀奶油是将新鲜的牛乳经高速离心法分离出来的乳脂肪，为淡黄色液体，无杂质，无异味及酸败气味。

2. 奶油　又称白脱油、黄油，是由稀奶油经杀菌、成熟、搅拌、压炼而制成的。奶油的主要成分为牛乳中的乳脂肪部分，还含有水分及少量非脂乳固体。其规格如表 7 - 1。

表 7 - 1　奶油的规格

| 项　　目 | 奶油 | 无水奶油 |
|---|---|---|
| 水分（%） | ≤16 | ≤1.0 |
| 脂肪含量（%） | ≥80 | ≥98.0 |
| 酸度（°T） | ≤20 | — |
| 菌落总数（个/克） | ≤50 000 | |
| 大肠菌群/（个/克） | ≤9 | |
| 致病菌（肠道致病菌和致病性球菌） | 不得检出 | |

### (三) 炼乳

炼乳是以新鲜牛乳经真空浓缩装置或普通蒸发器浓缩至浓稠状态而制成的。易于保藏而且便于运输，经过加工产生一种特有的奶香风味，故被广泛使用。其规格要求如表 7 - 2。

表7-2  不同炼乳的规格                          单位:%

| 名　　称 | 全乳固体 | 蛋白质 | 脂肪 | 蔗糖 | 杂质度（毫克/千克） |
|---|---|---|---|---|---|
| 全脂淡炼乳 | ≥25 | ≥6.0 | ≥7.5 | — | ≤4 |
| 全脂甜炼乳 | ≥28 | ≥6.8 | ≥8.0 | ≤45 | ≤8 |

选用炼乳产品进行配料，成品的质量优于采用乳粉和乳清粉所配置的产品。由于炼乳在配制过程中被加热至较高温度，在冰淇淋中会有少许的蒸煮味；经高温加热而制成的炼乳会使配料具有较高的黏度和较好的凝冻搅拌速度，使成品冰淇淋具有更佳的抗融性和保形性。

### （四）乳粉

主要有牛乳粉和羊乳粉。在冰淇淋的生产中乳粉使用比较广泛。乳粉分为全脂乳粉、脱脂乳粉、全脂加糖乳粉等。乳粉中含有较高的脂肪和非脂乳固体，在生产冰淇淋的过程中能够赋予产品较高的营养价值，并使成品具有柔滑细腻的口感。乳脂肪经均质后，乳化效果增强，可使料液黏度增加，增大凝冻搅拌时的膨胀率，口感润滑。乳粉中的蛋白质具有一定的水合作用，除了能够增加膨胀率之外，还有防止冰晶增大的作用，使产品组织细腻而有弹性。不同乳粉的规格如表7-3。

表7-3  各种乳粉的规格

| 品　　名 | 全脂乳粉 | 脱脂乳粉 | 全脂加糖乳粉 |
|---|---|---|---|
| 蛋白质含量（%） | ≥24（非脂乳固体的34） | 32 | 18.5 |
| 脂肪含量（%） | ≥26.0 | ≤2.0 | 18.5 |
| 蔗糖含量（%） | — | — | 20.0 |
| 复原乳酸度（°T） | ≤18.0 | 20.0 | 16.0 |
| 水分（%） | | ≤5.0 | |
| 不溶度指标（毫升） | | ≤1.0 | |
| 杂质度（毫克/千克） | | ≤16 | |

### （五）乳清粉

乳清粉依据来源可以分为甜乳清粉和酸乳清粉，根据脱盐与否可以分为含盐乳清粉和脱盐乳清粉，根据蛋白分离的程度可以分为高蛋白乳清粉、中蛋白乳清粉、低蛋白乳清粉。乳清粉的理化指标要求如表7-4。在冰淇淋生产中应用较多的为脱盐乳清粉。脱盐乳清粉没有咸腥味，乳糖经降解酶作用，最终产品不会有砂化口感；在冰淇淋的生产中通过植物油脂配合，可以代替奶油。

**表7-4 乳清粉的理化指标** 单位：%

| 成分 | 水分 | 乳糖 | 蛋白质 | 脂肪 | 灰分 | pH |
|------|------|------|--------|------|------|------|
| 指标 | <3 | >70 | 11~13 | <1.2 | 8 | 6.1~6.2 |

## 二、蛋与蛋制品

蛋与蛋制品，不仅可以提高冰淇淋的营养成分，而且能改善其组织状态及风味。蛋品与牛乳混合，能够产生一种特殊的香味。蛋品经搅拌后能产生细小的泡沫，使冰淇淋的组织松软。一般用量为混合料的4%左右，过多时有蛋腥味。较大规模批量生产时，可以用蛋黄粉和全蛋粉，其用量一般为0.25%~0.50%。

### (一) 鸡蛋

鸡蛋由蛋壳、蛋白、蛋黄三部分构成，蛋壳大约占11.5%，蛋白占58.5%，蛋黄占30%左右，鸡蛋的组成成分及各成分含量如表7-5、表7-6。蛋白在鸡蛋中占比例较大，鸡蛋白本身也是一种发泡性很好的物质，在冰淇淋生产中也能赋予料液较好的效果。蛋黄中卵磷脂能赋予冰淇淋较好的乳化能力。

**表7-5 鸡蛋中各种蛋白的含量及凝固点**

| 蛋白名称 | 含量（%） | 凝固点（℃） |
|----------|-----------|-------------|
| 卵白蛋白 | 69.7 | 64~67 |
| 卵类黏蛋白 | 12.7 | 58~60 |
| 卵伴白蛋白 | 9.0 | 55~60 |
| 卵环蛋白 | 6.7 | 57~58 |
| 卵黏蛋白 | 1.9 | 58~60 |

**表7-6 鸡蛋内各成分含量** 单位：%

| 项目 | 水分 | 脂肪 | 蛋白质 | 糖分 | 灰分 |
|------|------|------|--------|------|------|
| 全蛋 | 73 | 11.0~11.5 | 14.5~15.0 | 0.5 | 1.2 |
| 蛋白 | 84~86 | 0.2~0.4 | 11.0~12.5 | 0.8~0.9 | 0.6~0.8 |
| 蛋黄 | 49~52 | 31~32 | 16.0~16.7 | 0.2 | 1.0~1.5 |

（引自马兆瑞．现代乳制品加工技术．2010）

## （二）蛋制品

蛋制品主要包括冰全蛋、冰蛋黄、全蛋粉和蛋黄粉。冰全蛋和冰蛋黄是由新鲜鸡蛋而制成的冰全蛋及用分离出来的蛋黄进行巴氏杀菌和冷冻而制成的冰蛋黄。全蛋粉和蛋黄粉是指由新鲜鸡蛋制成的蛋制品。

# 三、脂肪（油脂）

脂肪是冰淇淋的重要组成部分，在冰淇淋中能改善其组织结构。脂肪的品质与质量直接影响冰淇淋的组织形态、口溶性、滋味和稳定性。

冰淇淋用脂肪一般有奶油、人造奶油、硬化油和其他植物脂肪，如棕榈油、椰子油等。

## （一）人造奶油

人造奶油又称为麦淇淋，是天然奶油的替代品，是以精制食用油，添加水以及其他辅料，经过乳化、急冷、合成的具有天然奶油特色的可塑性制品。一般以动植物油脂及硬化油以适当比例混合而成，再加入适量的色素、乳化剂、香精、防腐剂等经搅拌和乳化制成。各项指标如表 7-7。

表 7-7　人造奶油各项指标

| 项　　目 | 指　　标 | |
| --- | --- | --- |
| | A 型 | B 型 |
| 酸价（毫克/克） | ≤1.0 | |
| 过氧化氢（毫摩尔/千克） | ≤10 | ≤10 |
| 脂肪含量（%） | ≥80 | ≥75 |
| 水分（%） | ≤16 | ≤20 |
| 食盐含量（%） | <3 | <3 |
| 熔点油相（℃） | 28 | 28 |

## （二）硬化油

硬化油又称氢化油，是用不饱和脂肪酸含量较高的棉籽油、鱼油等经脱酸、脱色、脱臭等工序精炼，再经氢化而得。油脂经氢化后熔点一般为 38～46℃，不但自身的抗氧化性能提高，而且还具有熔点高、硬度好、可塑性强的优点，很适合作为提高冰淇淋脂肪含量的原料。

### （三）棕榈油与棕榈仁油

棕榈油色泽深黄，常温下呈半固态，经氢化或高温处理，油脂的颜色变浅。油脂中的脂肪酸主要是棕榈酸和油酸。棕榈油的营养成分见表7-8。棕榈仁油是棕榈果中的果仁经过加工之后获得的。棕榈仁油中含有的脂肪酸多为月桂酸、豆蔻酸。棕榈油和棕榈仁油精制后均可以用于食品加工和烹调。

**表7-8　棕榈油的营养成分**（100克中）

| 项　目 | 成　分 |
| --- | --- |
| 水分（%） | — |
| 脂肪含量（%） | 100 |
| 视黄醇当量（微克） | 18 |
| 总维生素E含量（毫克） | 15.24 |
| 钠含量（毫克） | 1.3 |
| 铁含量（毫克） | 3.1 |
| 锰含量（毫克） | 0.01 |
| 锌含量（毫克） | 0.08 |
| 磷含量（毫克） | 8.00 |

棕榈油和棕榈仁油的价格较便宜、气味纯正、含有一定有利于人体发育、延缓衰老功能的维生素E和高含量的β-胡萝卜素，而且具有一定的可塑性，所以广泛应用于冰淇淋的生产中。

### （四）椰子油

椰子油是椰子果的胚乳经过碾碎烘焙所榨取的油。椰子油风味清淡，制作冰淇淋口感清爽，但是其抗融性较差，可塑性范围很窄，其各项指标如表7-9。椰子油的脂肪酸组成如表7-10。

**表7-9　椰子油的指标**

| 相对密度（d, 20℃/4℃） | 0.920 0～0.926 0 |
| --- | --- |
| 折射率 | 约1.450 0 |
| 熔点（℃） | 20～28 |
| 凝固点（℃） | 14～25 |

(续)

| | |
|---|---|
| 相对密度（d，20℃/4℃） | 0.920 0～0.926 0 |
| 脂肪酸凝固点（℃） | 20.4～23.5 |
| 碘值（按碘计，克/千克） | 80～110 |
| 皂化值（按氢氧化钠计，毫克/克） | 254～262 |
| 总脂肪酸含量（%） | 86～92 |
| 不皂化物含量（%） | <0.5 |
| 脂肪酸平均相对分子质量 | 196～217 |

表 7-10　椰子油的脂肪酸组成　　　　　　　　　　单位:%

| 项　目 | 组　成 |
|---|---|
| 己酸含量 | 0.2～2.0 |
| 辛酸含量 | 4.5～9.7 |
| 癸酸含量 | 4.5～10.0 |
| 月桂酸含量 | 45～51 |
| 豆蔻酸含量 | 13～18 |
| 棕榈酸含量 | 7～9 |
| 油酸含量 | 5～8.3 |
| 亚油酸含量 | 1.0～2.6 |
| 硬脂酸含量 | 1～3 |

# 四、甜 味 剂

甜味剂能够提高甜味、充当固形物、降低冰点、防止冰的再结晶。对产品的色泽、香气、滋味、形态、质构以及保藏起着重要作用。

最常用的甜味剂是蔗糖，一般用量为 14%～16%，过少会导致产品甜味不足，过多则缺乏清凉爽口的感觉，而且使料液冰点降低，凝冻时膨胀率不易提高，易收缩，成品容易融化。蔗糖能够影响料液的黏度，控制冰晶的增大。葡萄糖浆是由玉米淀粉水解后加工制作而成的一种无色黏稠的液体。冰淇淋生产中常用糖化率（DE 值）为 42 的糖浆，使用量通常为 5.5%～10%。葡萄糖浆中含有麦芽糖和糊精，能够增长冰淇淋混合料的黏度，同时定量的还原糖是理想的抗晶物质和填充料。果葡糖浆是淀粉制成的葡萄糖，再经异构化反应部分转变为果糖。果葡糖浆在冰淇淋中的应用，有助于提高冰淇淋的硬度和咀嚼性，使产品口感更为滑润，提供更好的抗融特性，并且强化了水果的风味，延长了成品货架期。一般以代替蔗糖的 1/4 为宜。

甜味的高低称为甜度，通常将蔗糖的甜度作为参照，一般将蔗糖的甜度定为 100。各种甜味剂的甜度如表 7 - 11。

表 7 - 11 甜味料的甜味对比

| 名称 | 蔗糖 | 三氯蔗糖 | 果葡糖浆 | 蛋白糖 | 高麦芽糖浆 | 环己基氨基磺酸钠 |
|------|------|----------|----------|--------|------------|------------------|
| 甜味 | 100 | 60 000 | 100 | 5 000 | 30 | 4 800 |
| 名称 | 淀粉糖浆 | 葡萄糖粉 | 糖精钠 | 山梨糖醇 | 乙酰黄氨酸钠 | 天冬酰苯丙氨酸甲酯 |
| 甜味 | 40 | 70 | 3 000~5 000 | 50~80 | 20 000 | 20 000 |

# 五、稳 定 剂

稳定剂具有亲水性，能够提高冰淇淋的黏度和膨胀率，改善冰淇淋的形体和组织结构，抑制或减少冰晶形成，减少粗糙的感觉，使产品组织清滑，提高产品质量和口感，具有一定的抗融性。

## （一）稳定剂的作用

1. 增稠作用　能够提高混合料的黏度，与混合料中的自由水结合，减少自由水的含量。

2. 赋形及保形作用　通过减少自由水的数量使凝冻的冰淇淋组织坚挺而容易成型，减少由于外部环境温度的变化对冰淇淋的影响，提高其抗融性、减少收缩。

3. 提高搅拌率及膨胀度　改善混合料的搅拌发泡性以及稳定发泡效果。

4. 改善口感　使冰淇淋口感润滑、细腻，减少冰淇淋在储运中大冰晶的产生。

## （二）稳定剂的种类

主要的稳定剂有明胶、果胶、瓜尔豆胶、刺槐豆胶、黄原胶、魔芋胶、羧甲基纤维素钠、海藻酸钠等。

1. 明胶 应用于冰淇淋制作最早的稳定剂，其在凝冻过程中形成凝胶体，可以使冰晶增大，保持冰淇淋柔软、光滑细腻。使用量不超过 0.5%。用热水提前浸泡溶解后，加入到混合原料中。由于明胶黏度低而且老化时间长，所以目前很少应用。

2. 果胶 果胶是一种碳水化合物，从柑橘皮、苹果皮等含胶质丰富的果皮中制得。果胶分为高甲氧基果胶和低甲氧基果胶。制作冰淇淋使用含甲氧基高的果胶比较好，可以使冰淇淋口感细滑，没有沙粒感，添加量一般为 0.3%。

3. 瓜尔豆胶 一种高效增稠剂，水溶性好，无凝胶作用，黏度高，价格低，是使用比较广泛的一种增稠剂。制作冰淇淋的过程中使用瓜尔豆胶能够使产品质地厚实，赋予浆料高黏度。使用量一般为 0.1%～0.25%。

4. 刺槐豆胶 又称角豆胶，在冷水中不溶，无凝胶作用。对组织形态具有良好的保持性能，一般与瓜尔豆胶、卡拉胶复配使用，因为刺槐豆胶单独使用时对冰淇淋混合原料有乳清分离的倾向。使用后能够使冰淇淋具有清爽口感、富奶油感，具有良好的储藏稳定性、优良的风味释放性，但是价格较高，容易造成收缩脱水。

5. 黄原胶 又称为汉生胶或者黄杆菌胶。易溶于水，耐酸、碱，抗酶解，且不受温度变化影响。黄原胶的特点是有良好的悬浮稳定性、优良的反复冷冻、解冻耐受性，与其他稳定剂协同性较好，与瓜尔豆胶复配使用可以提高黏性，与刺槐豆胶复配使用可以形成弹性胶冻。

6. 魔芋胶 又称甘露胶，是天然胶中黏度最高的亲水胶。魔芋胶具有很高的吸水性，其亲水体积可获得 100 倍以上的膨胀，具有很高的黏稠性和悬浮性，有较强的凝胶作用。与刺槐豆胶、卡拉胶或海藻酸钠混合使用能够改善凝胶的弹性和强度。

7. 羧甲基纤维素钠 简称 CMC，水溶性好。可溶于冷水中，无凝胶作用，在冰淇淋中应用具有口感良好、组织细腻、不易变形、质地厚实、搅打性好等优点，但是缺点是风味释放差，易导致口感过黏，对储藏稳定性作用不大。与海藻酸钠复配使用可以使亲水性大大提高。

8. 海藻酸钠 亲水性高分子化合物，水溶性好，冷水可溶。常见的海藻酸钠为颗粒状，但也有粉末的，生产中要注意添加速度。海藻酸钠的水溶液与钙离子接触时形成热不可逆胶。通过加入钙离子的多少和海藻酸钠浓度来控制凝胶的时间及强度。海藻酸钠可以很好地保持冰淇淋的形态，防止体积收缩和组织砂状很有效。

### （三）稳定剂的用量

稳定剂的添加量依据冰淇淋的成分组成而变化，取决于总固形物的含量、配料的脂肪含量、凝冻机种类等，尤其是总固形物的含量。一般情况下，总固形物含量越高，稳定剂用量越少，通常使用范围为 0.15%～0.5%。通常两种或两种以上稳定剂同时使用效果较好。

## 六、乳 化 剂

乳化剂是一种能使两种或两种以上互不相溶的液体均匀地分散成乳状液或乳浊液的物质。乳化剂分子中同时具有亲水基和疏水基，是易在水和油的界面形成吸附层的表面活性剂。乳化剂分为水包油型（O/W）和油包水型（W/O）。

### （一）乳化剂的作用

乳化使均质后的脂肪球呈微细乳浊状态并使之稳定化，分散脂肪球外的粒子并使之稳定化，在凝冻过程中提高料液的起泡力并使之稳定化。乳化剂具有稳定及阻止热传导的作用，可以增加室温下冰淇淋的耐热性，使产品更好地保持稳定固有的形状，能够组织或控制粗大冰晶的形成，使冰淇淋组织细滑，减少贮藏中制品的变化。

### （二）乳化剂的种类

1. 卵磷脂　存在于油料种子（大豆、花生等）和蛋黄中，是一种天然的乳化剂。

2. 单硬脂酸甘油酯　又称分子蒸馏单甘酯，价格便宜，使用方便，是生产中常用的一种乳化剂，是油包水型（W/O），乳化能力很强，也可以作为水包油型乳化剂使用。

3. 蔗糖脂肪酸酯　简称 SE，具有高亲水性和高亲油性等不同型号的产品。高亲水性产品能使水包油乳液非常稳定，可以与单硬脂酸甘油酯复合使用，改善乳化稳定性和搅拌性。

4. 三聚甘油硬脂酸酯　是一种高效乳化剂，有很强的发泡性和乳化性，能够提高食品的搅打性和发泡率，使冰淇淋膨胀率提高，口感细腻、润滑，且保形性良好。

**5. 酪蛋白酸钠**　由牛乳中的酪蛋白和氢氧化钠反应制成，是优质的乳化剂、稳定剂和蛋白强化剂，有增稠、发泡和保泡的作用，使冰淇淋产品气泡稳定，防止反砂收缩。

**6. 山梨糖醇酐脂肪酸酯**　又称司盘60，是亲油性乳化剂。

### （三）复合乳化稳定剂

复合乳化稳定剂的复配类型有 CMC＋明胶＋单甘酯，CMC＋明胶＋单甘酯＋蔗糖酯，CMC＋明胶＋单甘酯＋卡拉胶，CMC＋角豆胶＋卡拉胶＋单甘酯等。

使用复合乳化剂能够避免单体乳化剂、稳定剂的缺陷，得到整体协同作用，充分发挥各种亲水性胶体的有效作用，可获得良好膨胀率、抗融性、组织结构和口感的冰淇淋，提高生产的精准性。

复合乳化稳定剂的复配技术有：①干拌，各类单一乳化剂和稳定剂按一定比例混合。②复合，各类单一乳化剂和稳定剂按一定比例混合后，经过杀菌、均质、喷雾干燥而成。这种方法制得的复合乳化稳定剂均匀一致，效果较好。

将复合乳化稳定剂与砂糖按 1∶5 的质量比干混，加入一定量 60℃ 以下的热水，高速拌匀后倒入配料缸中。配料缸浆料的温度必须控制在 75～85℃，如果温度过高，会使部分稳定剂水解；如果温度过低，乳化稳定剂分散能力下降，部分乳化剂从浆料中析出，均会影响产品品质。

## 七、食用色素

广泛应用于食品的食用色素，按其来源及性质可分为食用天然色素和食用合成色素两类。

食用天然色素主要是从动物或植物组织中提取的色素，还有微生物色素。植物色素有胡萝卜素、叶绿素、姜黄素等，微生物色素有核黄素、红曲色素等，动物色素有虫胶红素等。

食用合成色素也称为食用合成染料，属于人工合成色素。合成的食用色素种类很多，有 60 余种。按照应用来分有水溶性、油溶性和醇溶性等。不同的色素以不同比例搭配能够获得不同颜色的色素（表 7-12）。

表 7 - 12　常用的几种色调搭配

| 各种色素搭配比例 | 搭配后的颜色 |
|---|---|
| 苋菜红 40%、柠檬黄 60% | 杨梅红 |
| 胭脂红 40%、苋菜红 60% | 橘红 |
| 靛蓝 60%、苋菜红 40% | 紫葡萄 |
| 苋菜红 50%、胭脂红 50% | 大红 |
| 靛蓝 55%、柠檬黄 45% | 苹果绿 |
| 亮蓝 0.135%、柠檬黄 0.27% | 薄荷 |
| 亮蓝 0.3%、柠檬黄 0.18% | 甜瓜 |
| 亮蓝 0.04%、苋菜红 0.16% | 紫葡萄 |

色素在使用前,尤其是在试制新产品时,都应该调配成 10%～15%的浓度后再使用。对色素的称量必须正确,通常使用微量天平进行称取。此外,标准色液应按每次用量进行配置,因为配置好的色素溶液其色素容易析出和变质。配置色素溶液应用加热的纯净水。色素的添加量必须严格按照食品添加剂使用卫生标准 GB 2760—2007《食品添加剂卫生标准》的规定。

# 八、香　料

在食品中香精、香料起到激发和促进食欲的作用,是食品中必不可少的一部分。在冰淇淋中添加香料能够使口味更加自然、香醇。

冰淇淋中使用的香料按照来源不同,可以分为天然和合成两大类。天然香料含有复杂的组成成分,并非是单一的化合物,因此合成香料是不可能与之相比的。天然香料包括动物性香料和植物性香料两种,而在冰淇淋中使用的主要是植物性香料,如可可、草莓、花生等。

食用香精又分为油溶性和水溶性两类。油溶性香精是用精炼植物油、甘油、丙二醇等作稀释剂调和以香料而制成的,而水溶性香精使用蒸馏水、乙醇、丙二醇或甘油为稀释剂调和而制成的。在冰淇淋中广泛采用水溶性食用香精。

在冰淇淋中添加香料的作用有:

1. 稳定作用　食品的香味因储藏、加工等会有所变化,通过添加与之对应的香料，对食品原有香气起到一定的作用。

2. 辅助作用　使冰淇淋的香味更加浓郁。

3. 补充作用　产品本身具有较好的香气，但由于生产加工中香气的损失或者自身香气浓度不足，通过选用香气与之相对应的香料来补充。

4. 复香作用　产品本身并无香气或者香气微弱时，通过添加特定香型的香料使产品具有一定类型的香气和香味。

5. 矫正作用　某些产品在制作过程中产生不良气味时，通过加香来矫正气味，使容易接受。

6. 替代作用　由于原料成本、加工工艺有困难等原因，本身不具有香味，通过添加香精来替代，使其具有要求的香味。

# 第三节　冰淇淋的生产工艺

## 一、工艺流程

冰淇淋生产工艺流程如图 7-1 所示。

## 二、技术要点

### (一) 混合料的制备

1. 配方设计

(1) 配方设计原则　根据产品标准、消费者喜好、原料成本和产品销售情况来选取基本原料，再根据标准来确定各种原料的用量，以保证在相同成本要求下达到配方方案的最优。设计配方应从以下几方面进行：①根据产品标准计算乳及乳制品的用量或者植物脂肪的用量。②根据组织结构，计算出蔗糖和淀粉糖浆的用量。③根据总固形物的含量要求，计算出其他辅料的添加量。④根据脂肪含量及固形物计算乳化剂和稳定剂的用量。⑤计算香精和色素的用量。⑥适当考虑原料的成本和对成品质量的影响。

(2) 配料计算　在混料前，需要将每种物料的所需量仔细计算好。根据标准要求计算各种原料的需要量，从而保证所制成的产品符合技术标准。计算前，首先必须了解各种原料和冰淇淋的组成，作为计算的依据。冰淇淋的种类很多，原料的配合各种各样，所以成分也不尽相同。一般冰淇淋的主要配方如表 7-13。

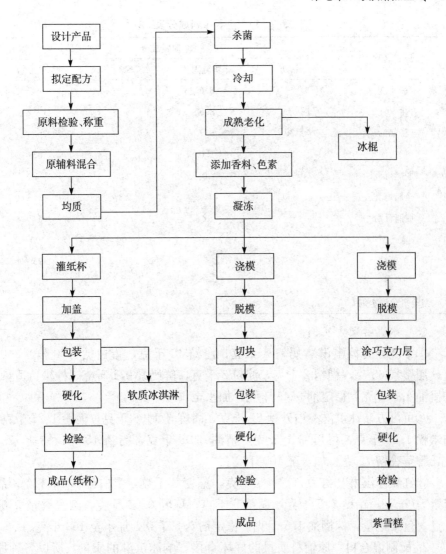

图 7-1 冰淇淋生产工艺流程

表 7-13 冰淇淋主要配方 单位:%

| 冰淇淋类型 | 脂肪含量 | 非脂干固物 | 含糖量 | 乳化剂、稳定剂 | 水分 | 膨胀率 |
|---|---|---|---|---|---|---|
| 甜点冰淇淋 | 15 | 10 | 15 | 0.3 | 59.7 | 110 |
| 冰淇淋 | 10 | 11 | 14 | 0.4 | 64.4 | 100 |
| 冰 奶 | 4 | 12 | 13 | 0.6 | 70.4 | 85 |
| 莎白特 | 2 | 4 | 22 | 0.4 | 71.6 | 50 |
| 冰 果 | 0 | 0 | 22 | 0.2 | 77.8 | 0 |

(引自马兆瑞. 现代乳制品加工技术.2010)

表 7-14　主要原料成分表　　　　单位:%

| 原料名称 | 原料成分 | | | |
|---|---|---|---|---|
| | 脂肪 | 非脂乳固体 | 糖 | 总固形物 |
| 脱脂乳 | — | 8.5 | | 8.5 |
| 牛乳 | 4 | 8.8 | | 12.2 |
| 稀奶油 | 30 | 6.4 | | 36.4 |
| 奶油 | 82 | 1.0 | | 83 |
| 脱脂炼乳 | — | 30 | 42 | 72 |
| 全脂炼乳 | 8.0 | 21.5 | 43 | 72.5 |
| 脱脂乳粉 | | 97 | | 97 |
| 蔗糖 | | | 100 | 100 |
| 饴糖粉 | | | 19 | 95 |
| 香料 | — | — | | 100 |
| 复合乳化稳定剂 | | | | 100 |

（3）冰淇淋配方实例

①牛乳方砖冰淇淋　奶粉 3 千克，白糖 10 千克，蛋白糖（30 倍）0.05 克，甜蜜素 65 克，糊精 2 千克，淀粉 2 千克，鲜奶素 0.1 千克，柠檬黄适量，棕榈油 1.5 千克，稳定剂 0.45 千克，加水至 100 千克。

②可可方砖冰淇淋　白砂糖 87 千克，甜炼乳 14.6 千克，淀粉 1.25 千克，糯米粉 1.25 千克，可可粉 1 千克，精油 3.08 千克，糖精 15 克，精盐 12.5 克，香草香精 75 克，加水至 100 千克。

③红豆冰淇淋　红豆（熟）5 千克，蔗糖 8 千克，蛋白糖 0.05 千克，甜蜜素 50 千克，饴糖 1.5 千克，糊精 5 千克，炼乳 0.03 千克，红豆香精 0.04 千克，色素适量，棕榈油 1.5 千克，稳定剂 0.5 千克，加水至 100 千克。

2. 配制混合料　原辅料质量的好坏直接影响冰淇淋的质量，所以各种原辅料必须严格按照质量要求进行检验，不合格的原辅料不许使用。按照规定的产品配方，核对各种原材料的数量后，即可进行配料。冰淇淋混合原料的配制一般在杀菌缸内进行，杀菌缸内应具有杀菌、搅拌和冷却的功能。

配制时的要求:

（1）原料混合的顺序宜从浓度低的液体原料如牛乳等开始，其次为炼乳、稀奶油等液体原料，再次为砂糖、乳粉、乳化剂、稳定剂等固体原料，最后以水作容量调整。

（2）混合溶解时的温度通常为 40～50℃。

（3）鲜乳要经 100 目筛进行过滤，除去杂质后再泵入缸内。

（4）乳粉在配置前应先加温水溶解，并经过过滤和均质再与其他原料混合。

（5）砂糖应先加入适量的水，加热溶解成糖浆，经 160 目筛过滤后泵入缸内。

（6）人造黄油、硬化油等使用前应加热融化或切成小块后加入。

（7）冰淇淋复合乳化剂、稳定剂可与其 5 倍以上的砂糖拌匀后，在不断搅拌的情况下加入混合缸中，使其充分溶解和分散。

（8）鸡蛋应与水或牛乳以 1∶4 的比例混合后加入，以免蛋白质变性凝成絮状。

（9）明胶、琼脂等先用水泡软，加热使其溶解后加入，必要时先与 4 倍糖混合。

（10）淀粉原料使用前要加入其量 8～10 倍水并不断搅拌制成淀粉浆，通过 100 目筛过滤，在搅拌的前提下缓慢加入配料缸内，加热糊化后使用。

（11）香料则在凝冻前添加为宜，待各种配料加入后，充分搅拌均匀。

3. 混合料的酸度调控 混合料的酸度与冰淇淋的风味、组织状态和膨胀率有很大的关系，正常酸度以 0.18%～0.2% 为宜。若配制的混合料酸度过高，在杀菌和加工过程中易产生凝固现象，因此杀菌前应测定酸度。如果过高，可用碳酸氢钠进行中和。但应注意，不能中和过度，否则会因中和过度而产生涩味，使产品质量劣化。

## （二）杀菌

为了保证产品的食品安全，必须对冰淇淋混料进行杀菌以杀死有害菌和致病菌。可利用杀菌缸进行杀菌，也可以采用热交换器进行杀菌。

批量生产时通常采用间歇式杀菌，一般在杀菌缸内进行杀菌，杀菌温度为 70～78℃时间为 15～30 分钟，能杀灭病原菌、细菌、霉菌和酵母等。

## （三）均质

未经均质处理的混合料虽然也可以制作冰淇淋，但成品质地较粗。欲使冰淇淋的质地更加光滑细腻，形体松软，更具稳定性和持久性，提高膨胀率，减少冰结晶等，均质则十分必要。均质后脂肪球的直径在 1～2 微米左右。

影响均质效果的因素主要是均质的压力和混合料的温度。

均质温度一般为 65～70℃，温度过低会使混合料黏度过高，温度过高则会使脂肪聚集。在实际生产中通常采用二级均质，一级均质压力为 15～18 兆帕，二级均质压力为 4 兆帕。

## （四）冷却和老化

混合料在经过灭菌、均质处理后应该迅速转入冷却设备中，快速冷却到 2～5℃，以抑制微生物的生长，同时为老化做好准备。

老化的时间较长，以便形成足够的冰晶。否则很难将空气加入到混料中，而且气泡难以稳定存在。需要较高膨胀率的冰淇淋产品的老化时间一般不低于 6 小时，否则会导致局部结合过强，冰淇淋硬度过高。对于大部分冰淇淋产品的老化时间一般为 2～4 小时。老化的温度会对时间产生一定影响，温度降低至 0～2℃时可以适当缩短老化时间。

1. 凝冻　凝冻机按生产方式分为连续式和间歇式两种。

间歇式凝冻机主要适用于小规模生产。连续凝冻是将混合料连续泵入由氨为冷冻剂的夹套冷冻桶。冷冻过程非常迅速，这一点对形成细小冰晶非常重要。凝冻在冷冻桶表面的混合料被冷冻桶内的旋转刮刀不断连续刮下来。混合料从老化缸不断被泵送流往连续凝冻机，在凝冻时空气被搅入。冷冻温度在 −3～−6℃范围内，决定于冰淇淋产品本身。

干物料和果肉如坚果或巧克力的碎片在凝冻之后可以立即加入到冰淇淋中去，这一过程可通过在冰淇淋生产连续波纹泵或一个干物料填充器来完成。

2. 冰淇淋的膨胀　冰淇淋的膨胀是指混合原料在凝冻操作时，空气混入冰淇淋中，成为极小的气泡，而使冰淇淋的容积增加的现象，又称为增容。

冰淇淋的膨胀率高则组织松软，膨胀率低则组织坚实。因此，冰淇淋制造时应控制一定的膨胀率，以保持优良的组织状态。奶油冰淇淋的适宜膨胀率为 90%～100%，果味冰淇淋为 60%～70%。一般膨胀率以混合原料干物质的 2～2.5 倍为宜。

## （五）成型与硬化

1. 成型　凝冻后的冰淇淋必须立即成型和硬化，以满足贮藏和销售的需要。冰淇淋的成型有冰砖、纸杯、蛋筒浇模成型，巧克力涂层冰淇淋、异形冰淇淋切割线等多种成型灌装机。

2. 硬化　冰淇淋的硬化通常采用速冻隧道，速冻隧道的温度一般为 −35～−45℃。硬化的优劣和品质有着密切关系。硬化过程中将产品中心温度稳定在−15℃作为完全硬化的指标。经速冻的冰淇淋必须及时进行快速分装，并送至速冻隧道内进行硬化；否则表面的冰淇淋易受热融化，再经低温冷冻，则形成粗大的冰晶，从而降低品质。同样，硬化速度也有影响，硬化迅速则冰淇淋融化少，组织中的冰晶细，成品就细腻润滑；否则冰晶粗而多，成品组织粗糙，品质低劣。

3. 贮藏　硬化后的冰淇淋的产品，在销售之前，应该将制品保存在低温冷藏库中，冷藏库的温度以−20℃为标准，库房内的相对湿度为85%～90%。温度不得高于−18℃，否则会使冰淇淋制品中的部分冻结水融化，贮藏期间冷库内温度要保持恒定，以免影响冰淇淋的质量。

# 第四节　新型冰淇淋的加工

## 一、发酵冰淇淋

### (一) 双歧杆菌冰淇淋

双歧杆菌是从母乳婴儿的粪便中分离出的一种厌氧革兰氏阳性杆菌。它具有改善肠道菌群的作用，并且能够在肠黏膜表面形成一个生物屏障，抵御伤寒杆菌、痢疾杆菌、致泻性大肠杆菌等致病因素的侵袭，保持肠道正常微生物区系的平衡等。

将双歧杆菌应用在冰淇淋的加工中，既保持了冰淇淋细腻爽滑的组织结构，又具有酸甜可口的风味，更重要的是冰淇淋产品在冷藏条件下储藏销售，能够保证双歧杆菌的生物活性。

1. 配方　鲜牛乳40%，稀奶油11%，蔗糖15%，奶粉8%，鸡蛋7.5%，明胶0.25%，海藻酸钠0.15%，双歧杆菌发酵剂4%，酸奶发酵剂1%，饮用水13.1%。

2. 菌种　双歧杆菌，酸奶发酵剂（嗜热乳酸链球菌、保加利亚乳酸杆菌）。

3. 工艺流程　见图7-2。

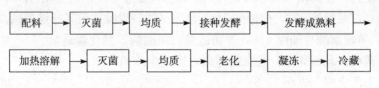

图7-2　双歧杆菌冰淇淋生产工艺流程

4. 操作要点

(1) 发酵成熟料的制备

①牛乳　必须是健康的母牛所产，不含抗生素，酸度不超过 18°T，收购后应立即过滤、冷却。

②灭菌　加入 10%蔗糖，经 130℃、3~4 秒超高温灭菌。

③均质　压力为 18 兆帕。

④接种发酵　在灭菌乳中分别接入 5%双歧杆菌发酵剂、3%乳酸菌发酵剂（保加利亚乳酸菌与嗜热链球菌以 1:1 比例混合而成）进行单一发酵。

⑤发酵培养　温度为 39℃，乳酸菌发酵 4~5 小时，双歧杆菌发酵 6~8 小时。发酵终了按 1:1 比例混合。

(2) 冰淇淋的制作

①原料混合　将鲜牛乳、脱脂奶粉、鲜鸡蛋、明胶、黄原胶加热溶解、过滤。

②灭菌　采用超高温灭菌，温度为 130℃，时间为 3~4 秒。

③均质　压力为 18 兆帕，温度 40℃。

④混合搅拌（加发酵成熟料）　将均质后的料液与发酵成熟料按 1:1 的比例进行混合，搅拌均匀，然后冷却至 4℃。

⑤老化　时间为 12~18 小时，温度为 2~4℃。

⑥凝冻、灌装　温度为 0~-5℃，使其膨胀率达到 85%以上。将凝冻后的软冰淇淋按要求进行灌装。

⑦硬化　温度控制在-30℃左右。

## (二) 发酵南瓜果肉冰淇淋

发酵南瓜果肉冰淇淋具有营养丰富、风味独特、口感细腻、酸甜可口等特点。同时以南瓜发酵原浆代替部分奶油和牛奶，可以相对降低成本。从营养学的角度来说，发酵南瓜果肉冰淇淋实现了动、植物营养互补，是一种很有市场前景的冷饮，值得开发利用。

1. 配方　新鲜南瓜 10%，白砂糖 15%，淀粉 5%，鸡蛋 7%，鲜牛乳或奶粉 30%，稀奶油 8%，柠檬酸 3%，乳酸 3%，耐酸羧甲基纤维素钠 3%，明胶 4%，单硬脂酸甘油酯 4%，香精适量，果胶酶、糖化酶适量。

2. 菌种　乳链球菌，乳脂链球菌，脂明串珠菌。

3. 工艺流程　见图 7-3。

4. 操作要点

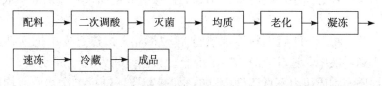

图 7-3 发酵南瓜果肉冰淇淋生产工艺流程

(1) 南瓜的预处理

①南瓜的洗涤和分选 挑选成熟、新鲜的南瓜，除去腐败、虫蛀等不合格果肉，用高锰酸钾水溶液浸泡消毒，再用清水清洗后去子、去皮、切片，每片厚约 1.5～2 厘米，立即用打浆机打浆。打浆后按比例加入稀亚硫酸钠溶液。然后用胶体磨磨至所需的细度，过滤，消毒杀菌后迅速冷却至 40℃以下，供酶解备用。

②南瓜果浆果胶酶处理 南瓜果肉中含有很多的果胶物质，特别是近外皮的果肉，打浆后果浆稠厚，不利于发酵和分离除渣，如发酵液中残留的果中纤维过多，制成的冰淇淋口感不细腻，影响产品质量。加入果胶酶后，能够使果胶物水解，果胶黏度下降，浆渣易分离。同时破坏南瓜细胞，使细胞内营养物质溶出，提高发酵得率。果胶酶经优化比较后，比例为 2%±0.5%为好。水解温度为 35～40℃，时间为 4～10 小时左右。

③南瓜中淀粉糖化处理 南瓜中除了含有各种有效的营养成分之外，还含有大量的淀粉，所以在发酵前必须将淀粉转化为糖原。在离心过滤汁中，加入糖化酶，使淀粉在糖化酶的作用下转变成小分子葡萄糖。

④调整南瓜果汁糖酸比 测定南瓜果汁中的含糖量和含酸量，作为调整糖酸的依据，使浆汁中总糖含量达到 15%～18%，利用乳酸、柠檬酸的混合液调整酸度，使浆汁 pH 为 6.0～6.5，即可接种菌种发酵。

⑤南瓜果汁发酵 在上述南瓜果汁中加入预先活化的乳酸菌培养物，混合均匀后，在 35～38℃条件下发酵 5～6 小时。当乳酸酸度达到 0.75%～0.85%时，即可得到发酵南瓜果汁。

(2) 冰淇淋的制作

①原料的混合 将白砂糖在高温夹层锅中溶解，过滤备用。将耐酸 CMC-Na 和明胶、淀粉、单硬脂酸甘油酯溶于热水中，再按比例将糖浆、发酵南瓜原浆、耐酸 CMC-Na 溶液、明胶溶液、淀粉溶液、单硬脂酸甘油酯水溶液、鲜牛乳、奶油等慢慢加入到料液混合罐中，充分搅拌至均匀。

②调整 pH 混合均匀的料液必须再次调整 pH 至所需标准。为防止料液

絮沉，加酸过程必须小心，将事先调好的柠檬酸慢慢加入到冰淇淋料液中，并不停地搅拌均匀。

③灭菌　将调 pH 后的料液加热至 80～82℃，加热过程中把搅拌好的鸡蛋液加入到料液中，让其充分与料液混合。灭菌时间为 25～30 分钟。

④均质　均质压力不低于 20 兆帕，如果需要可进行二次均质。均质好的料液，组织细腻，形体润滑，黏度高，乳化能力强，结构均匀一致，口感好。

⑤老化　老化时间为 10～12 小时，温度为 2～4℃。

⑥凝冻　在老化的料液中加入香精，然后进入冰淇淋机的料槽中冻结膨化，制作成各种形状的发酵南瓜冰淇淋制品。

⑦检验　按照国家有关冷饮制品标准进行项目检验，产品须符合国家标准的各项要求。

⑧冷藏　凝冻膨化的冰淇淋制品应该迅速放入－30～－35℃的冷库中速冻 6～8 小时，然后于－18℃以下的冷库中冷冻保存。

## 二、蔬菜冰淇淋

### (一) 胡萝卜汁冰淇淋

胡萝卜含有丰富的胡萝卜素，人体吸收后可以转化为维生素 A，维生素 A 具有健胃助消化之功效；同时能促进青少年的正常生长发育，使人体拥有健康的皮肤和毛发。胡萝卜素能促进儿童骨骼及牙齿的生长发育，防止呼吸道感染，具有养目怡神、调节新陈代谢、增强抵抗力之功效。

1. 配方　胡萝卜汁 8%，鲜牛乳 52%，白砂糖 14%，鲜鸡蛋 6%，奶油 4%，复合稳定乳化剂 1%，食用香精 0.05%，饮用水 14.95%。

2. 工艺流程

(1) 胡萝卜汁的制备　见图 7-4。

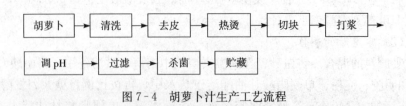

图 7-4　胡萝卜汁生产工艺流程

(2) 胡萝卜汁冰淇淋生产工艺　见图 7-5。

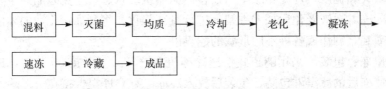

图7-5　胡萝卜汁冰淇淋生产工艺流程

3. 操作要点

（1）胡萝卜汁的制备

①清洗　将胡萝卜清洗干净，去掉胡萝卜表面的泥沙以及表面的微生物。

②去皮　用3%的复合磷酸盐溶液在90℃下浸泡胡萝卜4分钟并去皮。这种去皮的方法对果蔬无腐蚀作用，而且不会导致组织破坏，除皮率很高，除皮后对果蔬的形状、颜色等感官性质也没有影响，外观完美，减少了营养素的流失。

③热烫　热烫能够使酶钝化，特别是氧化酶类，能够防止胡萝卜的氧化降解；同时，也可以防止液汁的凝聚，改变产品的风味以及稳定性。将0.5%的柠檬酸和0.3%的D-异抗坏血酸混合液进行热烫，在100℃条件下保持6分钟。这种热烫方法可以改善产品风味，使胡萝卜保存率达到理想效果。

④打浆　将胡萝卜切成块放入打浆机中，加入1/4胡萝卜干重的水进行打浆。

⑤调pH、榨汁　利用柠檬酸溶液将胡萝卜浆的pH调至3.8左右，而后榨汁。然后用60目筛进行加压过滤，过滤后进行120℃、12秒瞬时杀菌，制得新鲜胡萝卜汁，冷藏贮存。

（2）冰淇淋的制备

①原料的混合　首先高温溶解白砂糖并进行过滤，然后将稳定剂和乳化剂用热水溶解，再按配方要求将糖液、鲜牛乳、胡萝卜汁、奶油、稳定剂、乳化剂慢慢加到混合缸中，边加入边搅拌。然后把料液温度升至65℃，将搅拌好的鸡蛋液倒入料液中，让其与料液充分混合，防止鸡蛋结块。

②高温瞬时灭菌　将配好的混合料放入高温灭菌管内，灭菌条件为120℃、5秒。

③均质　将灭菌后的料液迅速冷却至65℃左右，再进行均质，将均质压力控制在19.6～29.4兆帕，温度保持在65℃左右，共进行2次均质。

④冷却、老化　料液经均质后经板式热交换器后迅速冷却至10℃以下，然后进入老化缸中搅拌老化，老化条件为0～4℃、12～18小时，使料液充分

水化，增大黏稠度，提高膨胀率，改善产品的组织状态，避免冰晶产生。

⑤凝冻　料液老化后加入香精，进行凝冻膨化。将凝冻膨化后的冰淇淋料液进行灌装，制作成各种不同形状的冰淇淋。

⑥速冻、包装　采用隧道式快速冷冻机在－32℃下保持30分钟，进行速冻，将速冻后的冰淇淋包装，包装后放入冷库贮存，库温保持在－20～－28℃之间。

### （二）芹菜汁冰淇淋

芹菜含有蛋白质、碳水化合物、钙、磷、铁、粗纤维和丰富的维生素，是一种保健型蔬菜。用芹菜汁代替冰淇淋原料中的部分牛乳和奶油，既可以改善传统冰淇淋的色、香、味，又能提高维生素和矿物质的含量，实现动、植物性营养互补。将芹菜汁与牛乳等原料混合搭配，再经特殊的加工处理，制成兼防暑降温与保健营养于一体的芹菜汁冰淇淋。

1. 配方　芹菜汁22%，白砂糖14%，鲜牛乳45%，稀奶油5%，鸡蛋5%，淀粉3%，柠檬酸0.15%，明胶0.3%，羧甲基纤维素钠0.15%，单硬脂酸甘油酯0.075%，饮用水5.325%，香精适量。

2. 工艺流程
(1) 芹菜汁的制备　见图7-6。

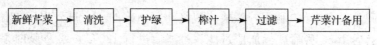

图7-6　芹菜汁生产工艺流程

(2) 芹菜汁冰淇淋的加工　见图7-7。

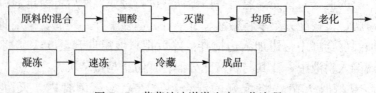

图7-7　芹菜汁冰淇淋生产工艺流程

3. 操作要点
(1) 芹菜汁的制备
①选料　选择新鲜的芹菜，去掉菜根和腐烂的部分，保留芹菜叶。
②清洗　将芹菜叶清洗干净，减少附着在表面的微生物。洗涤应用流动水

并且符合饮用水的标准，防止不洁水的循环使用。

③护绿 为了使芹菜汁的颜色不发生变化，在芹菜汁的生产过程中应该进行护绿处理。操作方法是：将清洗干净的芹菜放入 0.15 摩尔/升的碳酸钾水溶液中浸渍 30 分钟，然后用水清洗，水洗后的芹菜用 100℃ 0.05 摩尔/升的氢氧化钠水溶液处理 3 分钟，最后放入冷水中骤冷。

④榨汁 将经过护绿处理的芹菜放入榨汁机中压榨得到粗芹菜汁。

⑤过滤 粗芹菜汁中含有一些悬浮物质，使用 80 目纱布进行过滤，将悬浮物质除去，过滤后得到的芹菜汁可以直接用于冰淇淋生产。

（2）冰淇淋的加工

①混料 首先用热水将砂糖溶解，然后将羧甲基纤维素钠、明胶、淀粉和单硬脂酸甘油酯溶于热水中，最后按配方比例将白砂糖水溶液、羧甲基纤维素钠、明胶、淀粉、单硬脂酸甘油酯水溶液及芹菜汁、鲜牛乳、奶油缓慢加入到混料罐中，边倒入边搅拌。

②调酸 为防止料液的沉淀，加酸过程要严格控制，须将 3% 的柠檬酸溶液慢慢地加入到冰淇淋料液中，边加入边搅拌均匀。

③灭菌 将调酸后的料液加热到 80℃，在加热的过程中把搅拌好的鸡蛋液倒入料液中，让其充分与料液混合，防止鸡蛋结块，灭菌时间控制在 30 分钟之内。

④均质 将经过灭菌处理的料液降温至 60℃，进行均质。均质压力为 18～20 兆帕。

⑤老化 将均质后的料液在板式热交换器中迅速冷却后进入老化缸中搅拌 10～12 小时，温度需要控制在 2～4℃，使料液充分水化，以便提高料液的黏度和稳定性，增加膨胀率。

⑥凝冻 在老化成熟的料液中加入香精后，进入冰淇淋机的料槽中冻结膨化，制成冰砖或其他形状的冰淇淋制品。

⑦速冻与冷藏 凝冻膨化后的冰淇淋成品迅速放入 −30～−35℃ 的冷库中速冻 6～8 小时，然后转入 −18℃ 以下的冷库冷藏。

# 三、特色冰淇淋

## （一）粽子冰淇淋

端午节是中国的传统节日，农历五月初五，家家户户都有吃粽子的习惯，而且大多是拌糖食用。粽子不但好吃，而且营养丰富，搭配合理。大枣中含有丰富的维生素 C 和维生素 E，糯米含有 77% 的碳水化合物、6.9% 的蛋白质。粽子好吃但不宜消化，食用过多对脾胃不益，将粽子与冰淇淋结合，能够达到防暑降温和养生的双重目的。

1. 配方（以 1000 千克计）　脱脂淡乳粉 30 千克，棕榈油 65 千克，糯米 90 千克，砂糖 130 千克，大枣（干）6 千克，果胶 1.5 千克，明胶 3 千克，单甘酯 2 千克，粽子叶 9 千克，乙基麦芽酚 0.015 千克。

2. 工艺流程

（1）粽子粥　见图 7-8。

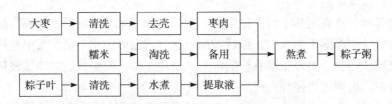

图 7-8　粽子粥生产工艺流程

（2）粽子冰淇淋　见图 7-9。

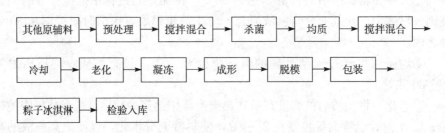

图 7-9　粽子冰淇淋生产工艺流程

3. 操作要点

（1）粽子粥制作

①预处理　用水将糯米淘洗干净，去除沙粒等杂质；将大枣洗净后切成四瓣、去核；清洗粽子叶，加入 20～30 倍水浸煮（分 2 次浸煮更好），在 95℃温度下维持 10～20 分钟，然后捞出。

②熬粥　在粽子叶的提取液中加入适量的水，倒入大枣和大米煮沸后文火熬煮 30 分钟，至枣溶胀、粥黏稠为止。

（2）粽子冰淇淋制作

①原辅料预处理　将适量冷水加热至 70～80℃备用。用水将乳粉调成液体，明胶、果胶用热水泡涨后搅溶，棕榈油加热融化，砂糖用水溶解之后过滤

制成糖液。

②油脂初乳化 将单甘酯加入到融化的棕榈油中并搅拌均匀,然后加入融化的明胶、果胶溶液,再搅拌均匀,通过胶体磨进行初乳化。

③搅拌混匀 将乳化液、奶液、糖液等一起放入冷热缸中搅拌均匀,加热至85℃,维持20~30分钟,然后通冷水降温至50~60℃。

④均质 将均质压力控制在18~20兆帕。

⑤总物料混合 将粽子粥打入均质后的混合液中,搅拌均匀。

⑥冷却与老化 将混合料液泵入老化缸中并迅速冷却至15~18℃,并保持1~2小时,然后进一步冷却至2~4℃,老化3~5小时,使脂肪、蛋白质、乳化剂等充分溶胀水化,以利于增加冰淇淋的黏稠度,提高成品膨胀率。冷却及老化过程需要慢速搅拌,使料液温度均匀,防止局部过冷导致冰结晶。

⑦凝冻 将老化后的物料注入凝冻机,强烈搅拌使之冷冻,使空气以极小的气泡状态均匀分布于混合料中,凝冻温度须控制在−2.2~−2.4℃。

⑧浇模、速冻成形 将凝冻后的冰淇淋注入成形容器,在−25℃以下的盐水池中速冻,一般须维持15~20分钟。

⑨脱模、包装 冻结成形的冰淇淋脱模后需要迅速包装入库,以防时间过长造成冰淇淋融化,入库重新冷冻后导致冰淇淋表面冰结晶过大,影响产品质量。

⑩检验、入库 包装成型后的冰淇淋经检验合格后,迅速转入冷冻库,在−23~−25℃以下保持12小时以上,使产品充分硬化。

### (二) 茶叶冰淇淋

茶晶即速溶茶,含茶多酚、咖啡因等多种有利人体健康的成分,具有提神醒脑、明目、促血液循环、降血压及防龋齿等保健功效。经实验确定,茶晶的添加量为0.1%较合适,所制成的产品为淡茶色,色泽柔和,有浓郁的奶香和茶香,爽口;质地细腻。如果在炎热的夏季生产,则可另外添加1%茶叶,加适量开水浸泡后,用所得茶水配料,可更加突出茶的风味,减缓冰淇淋的油腻感。

### (三) 螺旋藻冰淇淋

螺旋藻营养价值较高,含水量65%~70%,含有优质蛋白质以及多种维生素、矿物质和微量元素,富含γ-亚麻酸,以及丰富的清除杂质的叶绿素等。其细胞壁由多糖组成,消化率达84%以上。另外,螺旋藻还具有清除自由基的作用。但是由于具有特殊的腥味，所以在添加在冰淇淋中之前要进行除腥。

# 第五节 冰淇淋的品质控制

## 一、质量标准

1. 感官要求 见表 7 - 15。

表 7 - 15 感官要求

| 项 目 | 要 求 |
|---|---|
| 色泽 | 色泽均匀，符合冰淇淋产品该有的色泽 |
| 形态 | 形态完整，大小一致，无变形、无软塌、无收缩，涂层无破损 |
| 组织 | 细腻滑润，无凝粒及明显粗糙的冰晶，无气孔 |
| 滋味、气味 | 滋味协调，有奶脂或植脂香气，香气纯正，无异味 |
| 杂质 | 无肉眼可见的杂质 |

2. 理化要求 见表 7 - 16。

表 7 - 16 理化指标 单位:%

| 项目 | 要 求 | | |
|---|---|---|---|
| | 高脂型 | 中脂型 | 低脂型 |
| 脂肪含量 | ≥10.0 | ≥8.0 | ≥6.0 |
| 总固形物含量 | ≥35.0 | ≥32.0 | ≥30.0 |
| 总糖含量（以蔗糖计） | ≥15.0 | ≥15.0 | ≥15.0 |
| 膨胀率 | ≥95.0 | ≥90.0 | ≥80.0 |

3. 卫生标准 见表 7 - 17。

表 7 - 17 卫生标准

| 项 目 | 指 标 |
|---|---|
| 菌落总数 | ≤30 000 个/毫升 |
| 大肠菌群 | ≤45 个/毫升 |
| 致病菌（指肠道致病菌和致病性球菌） | 不得检出 |

# 二、常见质量缺陷

## （一）风味缺陷

1. **香味不正**　由于加入香料过多，或香精品质较差、香味不正而导致冰淇淋产生苦味或者异味。

2. **甜味不足**　由于配方设计不合理，加水量超过标准，配料时发生差错或不等值地用其他糖来代替砂糖等原因导致。

3. **咸味**　冰淇淋中含有过多的非脂乳固体或者被中和过度，都可能引起咸味。在冰淇淋混合原料中采用含盐分较高的乳清粉或者奶油，以及冻结硬化时漏入盐水，也会产生咸味或者苦味。

4. **酸败味**　酸败味的产生一般由于使用酸度较高的奶油、炼乳或鲜乳，乳脂肪中的丁酸水解，混合料采用不适当的杀菌方法，搅拌凝冻前混合原料搁置过久或老化温度回升，细菌增殖，混合原料产生酸败味所致。

5. **氧化味**　在冰淇淋中氧化味很容易产生，这是由于原料贮存时间过长或贮存条件不当所致，主要是由于脂肪的氧化所引起。另外，若料液中含有较多的金属，则会加速氧化过程。

6. **金属味**　装在马口铁听里的冰淇淋贮存过久，或在加工中采用铜质设备所致。

7. **蒸煮味**　在冰淇淋中，加入经高温处理的含有较高非脂乳固体的乳制品，或者混合原料经过长时间的热处理，均会产生蒸煮味。

8. **油腻及油哈味**　由于使用已经氧化、变哈喇的动植物油脂或乳制品而产生。因此，在使用油脂或者含油脂多的原料时必须把握原料质量。

9. **烧焦味**　一般是由于冷冻饮品混合原料加热处理时，加热方式不当或者违反工艺规程而造成。另外，使用酸度过高的牛乳时，也会发生这种现象。

## （二）组织缺陷

1. **组织粗糙**　组织粗糙是指在冰淇淋组织中产生较大的冰晶。引起冰淇淋组织粗糙的原因有很多，比如冰淇淋组织的总干物含量不足，砂糖与非脂乳固体量搭配不适宜，使用的稳定剂品质较差或用量不足，均质压力过大或过小，混合原料所用的乳制品溶解度差，混合料液进入凝冻机时的温度过高，凝冻机内刮刀的刀刃太钝，空气循环不良，硬化时间过长，冷藏库温度不稳定都能引起组织缺陷。

2. 组织松软　组织松软是指冰淇淋的组织强度不够，主要与冰淇淋中的气泡含量过多有关。主要是由于混合料中的干物质不足，使用未经均质的混合料以及膨胀率控制不当所引起的。

3. 组织坚实　组织坚实是指冰淇淋组织过于坚硬。这主要是由于冰淇淋混合料中所含总干物质量过高，或者膨胀率较低所导致的。

4. 面团状的组织　此类缺陷产生的原因主要是在配制冰淇淋混合料时稳定剂使用量过高，硬化过程掌握不好，均质压力过高等。

### (三) 形体缺陷

1. 形体过黏　指冰淇淋的黏度过大，其主要原因是稳定剂使用量过大、均质时温度过低、料液中总干物质量过高或者膨胀率过低。

2. 有奶油粗粒　冰淇淋中存在奶油粗粒主要是由于料液中脂肪含量过高，料液均质不良，凝冻时温度过低，混合原料酸度较高以及老化冷却不及时或搅拌方法不当而引起的。

3. 融化缓慢　造成融化缓慢的原因有稳定剂用量过多，混合原料过于稳定，混合原料中脂肪含量过高以及均质压力过低。

4. 融化后形成细小凝粒　一般是由于混合料使用高压均质时，酸度较高或者钙盐含量过高，而使冰淇淋中的蛋白质凝成小块。

5. 融化后成泡沫状　稳定剂用量不足或者稳定剂选用不当会导致冰淇淋融化后呈泡沫状。由于混合料的黏度较低或有较大的空气泡分散在混合料中，因而当冰淇淋融化时，会产生泡沫现象。

6. 冰的分离　冰淇淋的酸度增高，稳定剂选用不当或用量不足，混合料中总干物质含量不足以及杀菌温度较低等因素都会引起冰的分离。

7. 沙粒现象　贮藏冰淇淋的冷库如果温度不恒定，就容易产生冰粒现象，会观察到冰淇淋中有很多的小结晶物质。这种小结晶物质其实是乳糖结晶体，因为乳糖在冰淇淋中较其他糖类难溶。在长期冷藏时，若混合料中存在晶核和适宜黏度及适当的乳糖浓度与结晶温度时，乳糖便在冰淇淋中形成晶体。

### (四) 冰淇淋的收缩

冰淇淋的收缩是冰淇淋生产中出现的重要问题之一。冰淇淋收缩的主要原因是冰淇淋硬化或贮藏温度变化，黏度降低和组织内部分子移动，从而引起空气泡的破坏，空气从冰淇淋组织内逸出，使冰淇淋发生收缩。

1. 导致冰淇淋收缩的因素

（1）膨胀率过高　膨胀率过高，会导致总固形物含量相对减少，一旦有适宜条件，冰淇淋则容易发生收缩。

（2）蛋白质不稳定　冰淇淋中蛋白质不稳定也会导致冰淇淋收缩。当牛乳及乳脂的酸度过高时或者乳固体的脱水采用了高温处理，就会影响蛋白质的稳定性。因此，应该选用新鲜、优质的牛乳和乳脂作为原料。另外，混合料低温下的老化过程能够降低蛋白质的水解程度，增强蛋白质的稳定性，有利于提高冰淇淋的质量。

（3）糖含量过高　冰淇淋中糖的含量越高，混合料的凝固点越低。在冰淇淋中每增加 2% 的砂糖，凝固点就降低约 $0.22℃$。糖分含量过高，或者选用淀粉糖浆或蜂蜜时，会引起混合料的凝固点下降。而凝固点降低，则会延长凝冻搅拌的时间，使空气混入过多。

（4）空气气泡　冰淇淋混合料在凝冻机中进行搅拌凝冻时，由于凝冻机的搅拌器速度很快，导致空气在一定压力下被搅拌成很多细小的空气气泡，而这些气泡被均匀地混合在一个温度较低而黏度较高的混合原料中，扩大了冰淇淋的体积。

2. 防止冰淇淋收缩的措施

（1）选用优质原料，采用低温老化，都可以有效防止蛋白质的不稳定。

（2）控制含糖量，而且不宜采用淀粉糖浆，以防凝冻点降低。

（3）严格控制凝冻搅拌过程，以防膨胀度过高。

（4）在制作过程中采用低温老化，可以防止蛋白质含量的不稳定。

（5）严格控制硬化室和冷藏室的温度，以防温度波动，当冰淇淋膨胀率较高的时候尤其需要注意。

（6）快速硬化，组织中冰的结晶细小，融化慢，产品细腻、润滑，能有效地防止空气气泡的逸出，减小冰淇淋的收缩。

# 三、质量控制

为了控制配料的质量符合标准，所有的配料应每 2 周化验一次。脂肪含量的变动不能超过 0.2%，总固形物含量的变动不能超过 1%。

另外，所有的正规香料应该每周进行一次微生物检验，检验结果必须符合相关的卫生指标。

生产出的成品需要每周进行一次检验，检验项目包括口味、坚硬度、质地、色泽、外观以及包装。

膨胀率是评价冰淇淋质量的一项极为重要的指标，较高的膨胀率能够使冰淇淋的组织松软，但是膨胀率也不是越高越好。因此，适当地控制膨胀率，使之在一个合适的范围内是十分必要的。膨胀率通常受多种因素影响，要先控制膨胀率在一个适当的水平，需要从以下几方面着手：

1. 原料来源　脂肪含量适量，不宜过高，脂肪含量越高混合料的黏度越高，但是只有适当的黏度才便于空气的混入。一般情况下乳脂肪含量为 6%～12% 时，膨胀率最好。增加混合料中非脂乳固体的含量，能够提高膨胀率。但乳糖结晶、乳酸产生及部分蛋白凝结，会影响膨胀率。含糖量不宜过高，否则会使冰点下降，凝冻搅拌时间长，阻碍冰淇淋膨胀。适量的稳定剂能够提高膨胀率，但是如果使用过多，会使混合料黏度过高，反而使膨胀率下降。添加不同的无机盐对膨胀率的影响不同，如钠盐能够增加膨胀率，而钙盐则会降低膨胀率。

2. 均质　均质应该适度。均质压力过大，会造成混合料黏度过高，空气难以进入。若均质压力过小，导致混合料黏度过低，空气也难以进入，都会降低膨胀率。

3. 杀菌　采用瞬时高温灭菌的混合料比巴氏杀菌处理的混合料的膨胀率高。

4. 老化　老化过程应该持续一段时间，促使脂肪与水"互溶"，增加混合料的内聚力，提高黏度，从而得到较高的膨胀率和良好的组织状态。

5. 凝冻　凝冻操作是否得当，凝冻搅拌器的结构及转速等与冰淇淋膨胀率有着密切关系。生产过程中应该密切注意这些因素。

# 第八章

## 其他乳品的加工　　>>>>>

## 第一节　奶油的加工

### 一、奶油的分类和性质

#### （一）奶油的分类

将牛乳分离后所得的稀奶油，经过浓缩、搅拌、压炼制成的乳制品称为奶油。奶油的成分种类大致与牛乳相同，但各组分的含量都有了改变，其中脂肪作为奶油的主要成分比牛乳中的含量增加了 20～50 倍，而其余成分如非脂乳固体（蛋白质、乳糖等）及水分大大降低。此外，奶油还含有微量的灰分、酸、磷脂、气体、微生物、酶和维生素等。奶油的主要化学组成见表 8-1。

表 8-1　奶油的化学组成　　　　　　　　　　单位:%

| 成　分 | 无盐奶油 | 加盐奶油 | 重制奶油 |
|---|---|---|---|
| 水分（不多于） | 16 | 16 | 1 |
| 脂肪（不多于） | 82.5 | 80 | 98 |
| 盐 | — | 2.5 | — |
| 酸度*（不超过） | 20°T | 20°T | — |

\* 酸性奶油的酸度不作规定。
（引自骆承庠．乳与乳制品工艺学．1999）

奶油的制造比较简单，种类也比较少。根据制造方法和所用原料可将奶油分为鲜制奶油、酸制奶油、重制奶油和连续式机制奶油等，见表 8-2。

表 8-2　奶油的种类及特征

| 种　类 | 特　征 |
|---|---|
| 鲜制奶油 | 用高温杀菌的奶油制成的加盐或无盐奶油 |
| 酸制奶油 | 用高温杀菌的稀奶油经过添加纯乳酸菌发酵剂发酵制成的加盐或无盐奶油 |
| 重制奶油 | 用稀奶油或奶油经过加热熔融除去蛋白质和水分而制成 |
| 连续式机制奶油 | 用杀菌的稀奶油，不经过添加纯乳酸菌发酵剂发酵，在连续制造机中制成 |

（引自骆承庠．乳与乳制品工艺学．1999）

### （三）奶油的性质

奶油中乳脂肪性质决定奶油的性质，脂肪性质又受脂肪酸种类和含量的影响。

1. 奶油色泽　奶油的颜色从白色到淡黄色，深浅各有不同，颜色的不同主要是由于奶油胡萝卜素含量的不同。奶油颜色也受季节影响，通常冬季的奶油为淡黄色或白色。为了保持奶油颜色全年一样，秋、冬之间往往加入色素以增加其颜色。奶油长期暴晒于日光下时，也会褪色。

2. 脂肪性质与乳牛品种、泌乳期季节的关系　另一些乳牛如娟珊牛的乳脂肪由于油酸含量比较低，而熔点高的脂肪酸含量高，因此制成的奶油比较硬。而另一些牛（如荷兰牛、爱尔夏牛）的乳脂肪中由于油酸含量高，尤其是春、夏季青饲料较多，因此制成的奶油比较软，熔点也比较低。

3. 奶油的物理结构　奶油的物理结构为水在油中的分散系，同时还存在气泡。水分中溶有乳中除脂肪以外的物质及食盐。

4. 奶油的芳香味　奶油含有一种特殊的芳香味，这种芳香味主要由丁二酮、甘油及游离脂肪酸等综合而成。其中丁二酮主要来自发酵时细菌的作用。因此，酸性奶油比新鲜奶油芳香味更浓。

## 二、奶油生产的工艺流程

### （一）奶油生产的工艺流程

奶油生产的工艺流程见图 8-1。

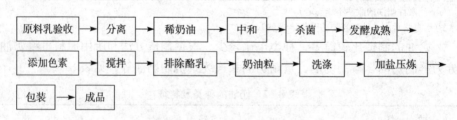

图 8-1　奶油生产工艺流程

### （二）工艺要点

1. 对原料乳及稀奶油的要求　制造奶油用的原料乳，必须来自健康乳牛，且在色、香、味、组织形态、脂肪含量及密度等各方面都要符合常乳的要求。

不宜使用初乳或末乳。稀奶油的含脂率直接影响奶油质量及产量。含脂率低的稀奶油，适宜乳酸菌的生长繁殖，可以生产香气较浓的奶油；含脂率较高的稀奶油，容易堵塞分离机，造成乳脂损失。因此，必须对稀奶油进行标准化，可采用皮尔逊法计算和调节稀奶油的脂肪含量。

一般情况下，用间歇方法生产新鲜奶油及酸性奶油时，稀奶油的乳脂率以30%～35%为宜；以连续法生产奶油时，规定稀奶油的乳脂率为40%～45%。夏季稀奶油容易发生酸败，宜采用比较浓的稀奶油进行奶油加工。

2. 稀奶油的中和　稀奶油的中和直接影响奶油的保存性。甜性奶油生产时，奶油的 pH（奶油中水分的 pH）应保持在中性附近（pH 6.4～6.8）。pH 过高或过低都应进行调整。

（1）中和的目的

①酸度高的稀奶油不进行中和即行杀菌时，则稀奶油中的酪蛋白凝固而结成凝块。这时一些脂肪被包在凝块内，搅拌时流失在酪乳里。因此，脂肪损失很大，影响产量。

②稀奶油经中和后，可以改善奶油的香味。

③制成的奶油酸度过高时，即使杀菌后微生物已全部消灭，但奶油贮藏过程中仍易发生脂肪水解并促进氧化，这在加盐奶油中尤其显著。

（2）中和程度

①稀奶油的酸度在乳酸含量为 0.5%（55°T）以下时可中和至乳酸含量为 0.15%（16°T）。

②如果将高酸度的稀奶油迅速中和至低酸度，则容易产生特殊气味，而且稀奶油变成浓厚状态，所以中和限度以乳酸含量为 0.15%～0.25% 为宜。

（3）中和剂的选择　一般使用的中和剂为石灰或碳酸钠。石灰不仅价格低廉，同时由于钙残留于奶油中可提高营养价值。但石灰难溶于水，必须调成乳剂加入，同时还需要均匀搅拌，否则很难达到中和的目的。碳酸钠因易溶于水，中和可以很快进行，同时不易使酪蛋白凝固，但中和很快产生二氧化碳。容器过小时有使稀奶油溢出的危险。

加石灰中和时，需先调成 20% 乳剂，即按照计算的量，再将适量的水缓缓加入。可按照中和 90 份乳酸需 28 份石灰或者 37 份熟石灰计算石灰或熟石灰的添加量。

比如有稀奶油 50 千克，酸度为 0.4%。若将酸度中和至 0.25%，需要石灰多少？需要熟石灰多少？

解：需要中和的乳酸量为：

50（千克）×（0.4%—0.25%）=0.075（千克）=75（克）

中和 75 克乳酸需要添加的石灰（CaO）质量为：

$$75（克）\times\frac{28}{90}=23.33（克）$$

或者添加熟石灰〔Ca（OH）$_2$〕质量为：

$$75（克）\times\frac{37}{90}=30.83（克）$$

将 23.33 克石灰（或 30.83 克熟石灰）配制成 20% 的石灰乳，加入稀奶油中即可。

3. 稀奶油的杀菌

（1）稀奶油杀菌的目的

①消灭病原菌和腐败菌以及杂菌和酵母等，即消灭能使奶油变质及危害人体健康的微生物。

②破坏各种酶，增加奶油保存性和风味。

③稀奶油中存在各种挥发性物质，使奶油发生特殊的气味，由于加热杀菌可以除去那些特异的挥发性物质，故杀菌可以改善奶油的香味。

（2）杀菌及冷却　杀菌温度直接影响奶油的风味。应根据奶油种类及设备条件来决定杀菌温度。一般可采用 85~90℃ 的巴氏杀菌，但是还应注意稀奶油的质量。例如稀奶油含有金属气味时，就应该将温度降低到 75℃ 杀菌 10 分钟，以减轻金属气味在奶油中的显著程度。如有特异气味时，应将温度提高到 93~95℃，以减轻其缺陷。

杀菌方法可分为间歇式和连续式两种。小型工厂可用间歇式杀菌，即将稀奶油置于预先彻底清洗消毒的奶桶中，将桶放到热水槽中，并向热水槽通入蒸汽以加热稀奶油，使达到杀菌温度。大型工厂多采用连续式巴氏杀菌器。

稀奶油经杀菌后，应迅速进行冷却，既有利于物理成熟，又能保证无菌和制止芳香物质的挥发，可以获得比较芳香的奶油。

制造新鲜奶油时，可冷却至 5℃ 以下，酸性奶油则冷却至稀奶油的发酵温度。

4. 稀奶油的物理成熟　为了使搅拌操作能顺利进行，保证奶油质量（不致过软及含水量过多）以及防止乳脂损失，在搅拌前必须将稀奶油充分冷却成熟。通常制造新鲜奶油时，在稀奶油冷却后，立即进行成熟；制造酸性奶油时，则在发酵前或后，或与发酵同时进行。

稀奶油在低温下进行成熟，会造成不良结果。会使稀奶油的搅拌时间延长，获得的奶油团粒过硬，有油污，而且水容量很低；同时，也会延长加工时间，造成组织状态不良。这样的稀奶油必须在较高的温度下进行搅拌。

稀奶油的成熟条件对以后的工艺过程有很大的影响，如果成熟的程度不足，就会缩短稀奶油的搅拌时间，获得的奶油团粒松软，油脂损失于酪乳中的量显著增加，并且在奶油压炼时会对水的分散造成很大的困难。

5. 添加色素 最常用的色素是安那妥，它是天然的植物色素。安那妥的3%溶液（溶于食用植物油中）叫做奶油黄，通常的用量为稀奶油0.01%～0.05%。

夏季因原有的色泽比较浓，所以不需要再加色素。入冬后，色素的添加量逐渐增加，为了使奶油的颜色全年一致，可以对照标准奶油色标本，调整色素的加入量。

奶油色素除了安那妥外，还可用合成色素。但必须根据卫生标准规定，不得任意采用。

添加色素通常在搅拌前直接加到搅拌器中的稀奶油中。

6. 奶油的搅拌 将稀奶油置于搅拌器中，利用机械的冲击力使脂肪球膜破坏而形成脂肪团粒，搅拌时分离出来的液体成为酪乳。搅拌时稀奶油的含脂率以32%～40%为宜，温度在冬季以10～14℃，夏季以8～10℃为宜。稀奶油的酸度以乳酸含量为0.32%（35.5°T）以下为宜。

7. 奶油的洗涤 水洗的目的是除去奶油粒表面的酪乳和调整奶油的硬度。同时，如用有异味的稀奶油制造奶油时，能使部分气味消失。但水洗会减少奶油粒的数目。

水洗用的水温为3～10℃，可按奶油粒的软硬、气候及室温等决定适当的温度。一般夏季水温宜低，冬季水温稍高。水洗次数为2～3次。稀奶油的风味不良或发酵过度时可洗3次。每次加入的水量以与酪乳等量为原则。

奶油洗涤后，有一部分水残留在奶油中，所以洗涤水应质量良好、符合饮用水的卫生要求。含铁量高的水易促进奶油脂肪氧化，须加注意。如用活性氯处理洗涤水时，有效氯的含量不应高于0.02%。

8. 奶油的加盐及压炼 加盐目的是为了增加奶油的风味，抑制微生物的繁殖，增加保存性。不纯的食盐，其中含有很多杂物，同时存在微生物。因此，食盐的纯度必须符合国家标准特级或一级精盐标准。奶油成品中的食盐含量以2%为标准。由于在压炼时部分食盐流失，添加时按2.5%～3.0%加入。加入前需将食盐在120～130℃的保温箱中烘焙3～5分钟，然后过筛应用。

奶油的理论产量可按下式计算：

$$x = \frac{C \times F_C \times F_S}{F_B \times F_S}$$

式中，$x$——奶油的理论产量（千克）；

$C$——进行搅拌时的稀奶油量（千克）；

$F_C$——稀奶油的乳脂率（%）；

$F_B$——奶油的乳脂率（%）；

$F_S$——酪乳的乳脂率（%）。

将奶油粒压成奶油层的过程称为压炼。小规模加工奶油时，可在压炼台上手工压炼，也可以使用奶油制造器进行压炼。

压炼的目的是使奶油粒变为组织致密的奶油层，使水滴分布均匀，使食盐全部溶解，并均匀分布于奶油中。同时，调节水分含量，即在水分过多时排除多余的水分，水分不足时加入适量的水分并使其均匀吸收。

新鲜奶油在洗涤后需立即进行压炼，应尽可能地完全除去洗涤水，然后关上旋塞和奶油制造器的孔盖，并在慢慢旋转搅拌桶的同时开动压榨轧辊。

压炼初期，被压榨的颗粒形成奶油层，同时，表面水分被压榨出来。此时，奶油中水分显著降低。当水分含量达到最低限度时，水分又开始向奶油渗透。

压炼的第二阶段，随着奶油水分逐渐增加，奶油中水分的压出与进入同时发生。第二阶段开始时，这两个过程进行速度大致相等。但是，末期从奶油中排出水的过程几乎停止，而向奶油中渗入水分的过程则加强。

压炼的第三阶段，奶油中水分显著增高，而且水分的分散加剧。根据奶油压炼时水分所发生的变化，使水分含量达到标准化。

9. 奶油的包装　奶油经压炼后，即可分装于木桶或木箱内，或用包装机包装成各种重量的小包装。包装时切勿用手直接接触奶油。

### （三）其他奶油工艺简介

奶油品种不同，相应的生产工艺会有所变化，以下介绍不同品种奶油的生产工艺。

1. 甜性奶油和酸性奶油　奶油可分为加盐、不加盐、发酵、不发酵等品种，其生产工艺大致相同，只是其中的某一环节不同而已，其生产工艺流程见图 8-2。

2. 重制奶油　重制奶油是将无水乳脂肪、水、乳化剂、乳清粉和食盐等

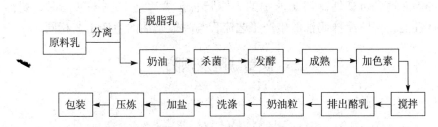

图8-2 甜性奶油和酸性奶油的生产工艺流程图

按照奶油的组成与质量要求，进行调配加工而得到的水/油型乳制品。重制奶油的主要缺点是缺少风味，其生产工艺流程见图8-3。

图8-3 重制奶油的生产工艺流程图

3. 无水奶油 无水奶油是以奶油或稀奶油作为原料，通过物理方法将脂肪球破坏，使脂肪从脂肪球中游离出来溶合在一起而得到的无水产品。破坏脂肪球的方法有加热熔融、机械粉碎等。无水奶油的生产工艺流程见图8-4。

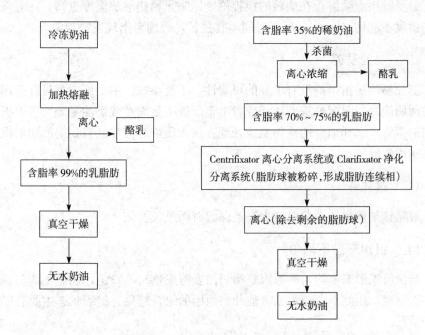

图8-4 无水奶油的生产工艺流程图

4. 涂抹奶油 涂抹奶油是一种涂抹食品，它要求产品在使用温度下具有良好的涂抹性和可塑性。当奶油中的固体脂肪含量达到20％～30％时，奶油的涂抹性能较好。涂抹奶油的生产工艺流程与一般奶油的生产工艺相同。

# 三、质量缺陷及预防

## （一）水分过多

奶油的水分过多是常见的质量缺陷之一。原因有以下几个方面：稀奶油在物理成熟阶段冷却不足，搅拌过度，向奶油搅拌机中注入稀奶油的量过少，洗涤水温度过高，洗涤时间过长，压炼时洗涤水未放尽，压炼方法不当，压炼时间过长等。

## （二）奶油发黏，过于油腻

奶油发黏时会粘在器壁上，给搅拌、洗涤、压炼和包装工作带来困难。主要的原因是搅拌温度过高，洗涤水温度过高，压炼时温度过高，稀奶油的冷却温度不当造成。应严格控制搅拌时的温度，间歇式搅拌时要严格控制室内温度，必要时用水喷淋正在旋转的搅拌桶，以防止稀奶油的温度过高。注意洗涤水的温度不能超过10℃。压炼时间不宜过长，否则会出现发黏现象。

## （三）奶油易碎

奶油易碎是指奶油没有很好的可塑性，不易涂抹。主要原因是没有采用正确的稀奶油冷却温度处理方法，或者由于压炼不足而造成奶油易碎。应根据稀奶油的碘值，选择适合的冷却温度处理方法，压炼时应注意直到奶油切面没有游离水产生即可。

## （四）过熟味

过熟味是稀奶油杀菌温度太高或保温时间过长所致。

## （五）组织形态不均匀

奶油组织形态不均匀的原因是稀奶油发酵成熟时不稳定，加盐不均匀，压炼方法不对，压炼不充分，或者前几点原因的综合结果。组织状态主要有以下几种情况。

1. 在奶油剖面上看得到水珠　原因是压炼方法不当，压炼时间过长或过短。
2. 有斑纹，色泽不均匀　主要是由于压炼方法不当，加盐或加色素方法不当，搅拌时间不足以及洗涤水温度过高。

3. 奶油有空隙　主要原因是压炼不充分，搅拌过度，奶油粒冷却不良，或包装时奶油未压满包装容器。

### （六）奶油有异味

奶牛吃了不良杂草或者车间不卫生可导致奶油有异味。主要有以下几种。

1. 酵母味和霉味　在加工过程中牛乳或奶油中受酵母菌或霉菌的污染所致。需解决鲜乳验收和加工过程中的卫生工作存在的隐患。

2. 金属味　由于车间内的洗涤和清洁卫生不够，装牛乳或稀奶油的容器生锈或没有洗涤干净，接触的机器和工具生锈，洗涤水的金属含量过高等。

3. 油脂臭味　油脂发生了氧化。奶油贮藏温度高、长时间暴露在光线中等极易发生油脂氧化的现象。此外，奶油中含有的铜、铁等金属离子时，也易促使油脂氧化。

### （七）发生酸败

奶油发生酸败的原因是稀奶油中的酶未被充分钝化，杀菌强度不够，原料酸度过高，洗涤次数不够和洗涤不彻底，储藏温度过高。

### （八）奶油的微生物超标

1. 细菌总数超标　稀奶油杀菌温度未达到要求，器具消毒、个人卫生工作没有做好。

2. 大肠菌群超标　设备、器具、管道内有奶垢，个人卫生消毒工作没做好。

### （九）奶油冬季色泽发白

冬季奶油发白主要是由于牛饲料中缺乏脂溶性维生素 A（β-胡萝卜素），导致产品中的β-胡萝卜素的量很低，产生不正常的白色。可通过添加色素，包括β-胡萝卜素来解决冬季奶油发白的问题。

# 第二节　炼乳的加工

## 一、炼乳分类

原料乳经过真空浓缩处理除去大部分水分后制得的产品称为炼乳。根据加工时采用的原料和添加的辅料不同，可将炼乳分为甜炼乳（加糖炼乳）、淡炼乳、花色炼乳、半脱脂炼乳、强化炼乳及调制炼乳等。

甜炼乳是指在原料乳中加入17%左右的蔗糖，经杀菌、浓缩到原质量8%左右的产品。甜炼乳中糖分浓度很高，渗透压也很高，可以抑制大部分微生物，所以甜炼乳具有很好的保藏性。生产甜炼乳的原料可以是全脂乳或脱脂乳粉，通常全脂甜炼乳含有8%的脂肪、42%～45%的糖、20%的非脂乳固体和低于27%的水分。工业用甜炼乳常采用大桶保存，气候相对炎热的地区用小罐包装零售。

淡炼乳是指将原料乳浓缩到原体积的40%后装罐密封，并进行灭菌所生产的一种外观颜色淡似稀奶油的浓缩乳制品。通常全脂淡炼乳含有7%的脂肪、25%的全乳固体量，这赋予淡炼乳较好的营养和较佳的保存性，使得淡炼乳在没有鲜乳的地区具有很高的推广价值。

调制炼乳是以生乳和（或）乳制品为主料，添加（或不添加）食糖、食品添加剂和营养强化剂，添加辅料，经加工制成的黏稠状产品。炼乳理化指标参见表8-3。虽然炼乳种类较多，但目前我国生产的炼乳主要为甜炼乳和淡炼乳。

表8-3 炼乳理化指标

| 项 目 | 指 标 | | | | 检验方法 |
| --- | --- | --- | --- | --- | --- |
| | 淡炼乳 | 加糖炼乳 | 调制炼乳 | | |
| | | | 调制淡炼乳 | 调制加糖炼乳 | |
| 蛋白质（克/100克） | 非脂乳固体[a]的34% | | 4.1 | 4.6 | GB 5009.5 |
| 脂肪（克/100克） | 7.5≤X<15.0 | | X≥7.5 | X≥8.0 | GB 5413.3 |
| 乳固体[b]（克/100克） | 25.0 | 28.0 | | | |
| 蔗糖（克/100克） | — | 45.0 | | 48.0 | GB 5413.5 |
| 水分（%） | — | 27.0 | | 28.0 | GB 5009.3 |
| 酸度（°T） | 48.0 | | | | GB 5413.34 |

注：a. 乳固体（%）＝100%－脂肪（%）－水分（%）－蔗糖（%）
b. 固体（%）＝100%－水分（%）－蔗糖（%）

## 二、炼乳的生产工艺

### （一）甜炼乳

1. 生产工艺　甜炼乳的生产工艺流程见图8-5。

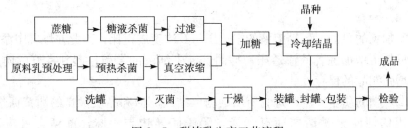

图 8-5　甜炼乳生产工艺流程

**2. 生产工艺要点**

（1）原料乳的验收　生产甜炼乳的原料乳除符合乳品生产的一般质量外，还要满足以下两方面的要求。

①控制芽孢数和耐热细菌的数量。由于炼乳生产的真空浓缩过程中乳的实际受热温度仅为 65～70℃，而 65℃是芽孢菌和耐热菌较适宜的生长温度，所以应该严格控制原料乳中微生物的数量，特别是芽孢菌和耐热菌的数量，防止乳的腐败。

②乳蛋白质热稳定性好，可以耐受强热处理，乳的酸度≤18°T，70%中性酒精试验呈阴性，盐离子平衡。原料乳热稳定性检测方法：取 10 毫升原料乳，加入 0.6%的磷酸氢二钾溶液 1 毫升，装入试管在沸水中浸泡 5 分钟，取出冷却，如有凝块出现，就不适宜高温杀菌，如无凝块出现，即可进行高温杀菌。

（2）原料乳的标准化　原料乳的标准化就是调整原料乳的脂肪含量，使成品的脂肪含量与非脂乳固体含量保持一定的比例（2∶5），要求原料乳的乳脂率较高（3%～3.7%），实现炼乳产量最高，保存性最佳，浓缩过程中不易起泡的目的。

（3）预热杀菌

①预热杀菌的条件　原料乳在标准化之后、浓缩之前，必须进行加热杀菌处理，因原料乳质量、季节及预热设备等条件的不同，预热的温度、时间也不同，一般为 75℃保持 10～20 分钟、80℃保持 5～10 分钟。由于预热效果关系到成品的保藏性和黏度等，所以必须对原料乳的季节性变化与浓缩、冷却等工序条件综合考虑，再确定预热条件。

②预热杀菌的目的　杀灭原料乳中的致病菌，抑制或破坏对成品质量有害的微生物，保证产品安全性；抑制酶活，避免成品发生脂肪降解、酶促褐变等不良现象；使蛋白质适当变性，防止成品变稠；防止原料乳进入浓缩设备时与加热器温差太大，避免加热面上焦化结垢，保证沸点进料，有利于真空浓缩工

作的进行。

(4) 加糖

①加糖的目的　蔗糖溶液的渗透压与其浓度成正比，因此在炼乳中添加适量的蔗糖可增加炼乳的渗透压，抑制炼乳中细菌的繁殖，起到良好的防腐作用，增强制品的保存性。

②蔗糖的质量　生产炼乳所用的糖以结晶蔗糖和品质优良的甜菜糖最佳。所采用的糖应干燥洁白而有光泽，无任何异味与气味，蔗糖含量应高于99.6％，还原糖应低于0.1％。如果用葡萄糖代替蔗糖，所制得的产品容易变成褐色，在保存中容易变稠，所以生产甜炼乳仍以添加蔗糖为佳。

③蔗糖的添加量　加入足够的蔗糖才能充分抑制炼乳中细菌的繁殖和达到预期的目的。蔗糖的添加量一般涉及蔗糖比和浓缩比两个参数，其中，蔗糖比决定加糖量，是甜炼乳中所加的蔗糖与水和蔗糖之和的比值，一般以62.5％～64.5％为宜，其计算公式为：

$$蔗糖比（\%）=\frac{蔗糖}{蔗糖\times 水分}\times 100$$

浓缩比是炼乳中的总乳固体含量与原料乳中总乳固体含量的比值，其计算公式为：

$$浓缩比=\frac{炼乳中总乳固体含量（\%）}{原料乳中总乳固体含量（\%）}$$

计算加糖量的具体步骤如下：

根据所得蔗糖比计算出炼乳中的蔗糖含量：

$$炼乳的蔗糖含量=\frac{（100-总乳固体含量）\times 蔗糖比}{100}$$

根据浓缩比计算加糖量：

$$应添加的蔗糖量=\frac{炼乳中的蔗糖含量（\%）}{浓缩比}$$

④蔗糖的添加方法　将蔗糖溶于85℃以上的热水中，调成约65％的糖浆，经95℃高温杀菌后过滤并冷却到65℃左右，在原料乳真空浓缩操作即将完成前加入到浓缩乳中进行混合。在糖浆制备过程中应当注意的是不能使糖液高温持续的时间过长，酸度也不宜过高（蔗糖初始酸度≤22°T）。

此外，为了减少蒸发量，节约浓缩时间和燃料，有的工厂也常将蔗糖加入原料乳中，经预热杀菌后吸入浓缩罐中直接进行真空浓缩操作。

⑤浓缩　浓缩是将牛乳中水分蒸发，提高乳固体含量，使产品达到要求浓度的过程。浓缩的方法一般有常压加热浓缩、减压加热浓缩（真空浓缩法）、

反渗透及超滤等，但由于真空浓缩法具有温度低（45～55℃）、热能消耗少等优点，能够防止蛋白质变性，保持牛乳原有色泽和风味，现代炼乳生产一般采用此法。

⑥冷却与乳糖结晶　牛乳经浓缩达到要求浓度时，乳固体含量提高，如不及时冷却会加剧产品在贮藏期间内变稠和棕色化，严重的会成为凝块，所以要将浓缩终了时的物料迅速冷却到常温或更低温度，使处于过饱和的乳糖形成细微的结晶，保证产品口感细腻。

乳糖的结晶可以通过控制温度或添加晶种实现。

在乳冷却结晶的过程中，温度过高不利于迅速结晶，温度过低则黏度增大也不利于结晶。因此，要根据乳糖浓度控制温度，促使乳糖形成多而细的结晶，生产出柔润滑腻的优良炼乳。

添加晶种同样可以使乳糖结晶。首先是晶种的制备，将精制乳糖在100～105℃烘箱内烘2～3小时，用超微粉碎机粉碎后再次烘1小时，最后进行一次粉碎，然后装瓶并封蜡保存。晶种的添加量为炼乳成品量的0.04%，若结晶不理想，可适当增加晶种的添加量。

（5）装罐、包装和贮藏

①灌装间的卫生　装罐前需要对灌装间用紫外线灯光杀菌30分钟以上，并用乳酸熏蒸一次。对地面用漂白粉溶液进行消毒，墙壁最好用1%的硫酸铜防霉剂粉刷。

②装罐　在装罐前空罐需要在90℃以上进行蒸汽杀菌10分钟，沥干水分或烘干之后备用。由于冷却后的炼乳会含有大量气泡，在装罐时会留在罐内影响产品质量，所以在手工操作的工厂里，通常静置12小时左右至气泡逸出后再进行装罐。装罐时，务必要除去气泡并装满，封罐后对罐外进行清洗，再贴上商标。

③贮藏　炼乳在贮藏时，要离开墙壁及保暖设备30厘米以上，储藏室温度不得高于15℃并保持恒定，空气相对湿度不应高于85%。贮藏中每月要翻罐1～2次，以防止乳糖沉淀。

（二）淡炼乳

1. 生产工艺　淡炼乳的生产方法与甜炼乳相比主要有四点不同：一是不加糖，二是需要进行均质操作，三是装罐后仍需进行灭菌处理，最后是需要添加稳定剂。淡炼乳的生产工艺流程图见图8-6。

2. 生产工艺要点

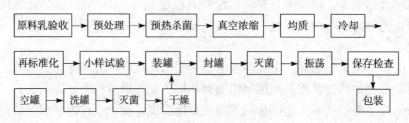

图 8-6 淡炼乳的生产工艺流程

（1）原料乳的验收与预处理 淡炼乳要经过高温灭菌，对原料乳蛋白质的热稳定性的要求要高于甜炼乳。生产淡炼乳时应对原料乳进行 75％酒精试验，还需要做热稳定性试验，验收合格后才可以用来生产淡炼乳。

淡炼乳生产所采用原料的预处理同甜炼乳一样，有时为了增加原料乳的稳定性，还需要添加部分稳定剂，然后进行预热。

（2）添加稳定剂 添加稳定剂可以增加原料乳的热稳定性，防止灭菌时发生凝固现象。稳定剂的添加量最好根据小样试验结果来决定。如果对于一年四季原料乳的乳质变动规律有所掌握，稳定剂的添加量也大致一定时，可在预热前添加一部分，在小样试验结束后再决定补足量，于装罐前添加。

一般来说，100 千克原料乳中可添加磷酸氢二钠（$Na_2HPO_4 \cdot 12H_2O$）或柠檬酸钠（$C_6H_5O_7Na_2 \cdot 2H_2O$）5～25 克，或者 100 千克淡炼乳中添加 12～60 克，若超过此限度，易导致产品发生褐变，风味变差。

（3）预热杀菌 与甜炼乳不同，淡炼乳生产一般采用 95～100℃保持 10～15 分钟进行预热杀菌。预热温度低于 95℃时，乳清蛋白会发生凝集，降低原料乳的热稳定性；预热温度升高时，原料乳的热稳定性也提高，但黏度逐渐降低。

超高温处理可显著提高产品的热稳定性。如采用 120～140℃、25 秒的预热条件时生产出的乳固体为 26％的成品的热稳定性，是采用 95℃、10 分钟预热的 6 倍，这可以降低稳定剂的使用量，甚至可以不添加稳定剂就可以获得稳定性高且褐变程度低的产品。

（4）真空浓缩 生产淡炼乳所用的原料乳由于预热温度高，沸腾剧烈，易产生泡沫，若控制不当容易焦管。因此，要注意控制加热蒸汽的温度与流量。

浓缩终点的确定与甜炼乳一样，可采用普通比重计或波美比重计对浓缩液迅速进行比重的测量。浓缩度按照国家标准规定，淡炼乳成品中乳固体含量≥25％。

（5）均质 由于淡炼乳中不添加蔗糖，长期放置时上部容易出现稀奶油形成奶油粒，降低其商品价值，所以应在真空浓缩操作后进行均质，使脂肪球变小，增加其表面积，使脂肪球比重变大，上浮能力变小，防止成品发生脂肪上浮，适当增加成品黏度。

一般采用二段均质对淡炼乳进行均质，第一阶段压力为15～17兆帕，第二阶段压力为5兆帕。

均质温度以50～60℃为佳，原料乳经真空浓缩后温度约为50℃，故浓缩后可立即进行均质，不但能节约能源，而且效果也更好。

（6）冷却　均质后的浓缩乳应尽快进行降温处理，当日装罐需冷却到10℃，次日装罐则应冷却到4℃。均质后的浓缩乳应贮存于贮乳缸中。

（7）再标准化　由于淡炼乳浓度难于正确掌握，一般要浓缩到比要求浓度高一些，这就需要在浓缩后进行再标准化，即在浓缩后再加蒸馏水对浓缩乳进行浓度调节，使产品总乳固体量符合要求。加水量可按下式计算：

$$加水量 = \frac{A}{F_1} \times \frac{A}{F_2}$$

式中：$A$——标准化乳的脂肪含量；

$F_1$——成品的脂肪含量（%）；

$F_2$——浓缩乳的脂肪含量（%）。

浓缩乳脂肪的含量采用盖勃法进行测定。

（8）小样试验　进行小样试验可以防止不能预见的变化所造成的大量损失。先按不同剂量添加稳定剂，密封几罐进行灭菌，然后开罐检查以决定稳定剂的添加量及灭菌的温度和时间。

通常以每千克原料乳0.25克为限，从贮乳缸中取样，添加稳定剂的饱和溶液，调制成含有不同剂量稳定剂的样品，分别装罐以供试验。

将样品装入小样用的灭菌机，把灭菌机的液面计水位用水加满到1/2后，使其旋转，然后吹入蒸汽，同时打开排出空气的排气栓。温度计度数达到80℃时进汽减弱，使80～116.5℃之间的温度正确地上升。在温度达到100℃之后，将排气栓关闭到稍微放出蒸汽的程度。然后在116.5℃保温16分钟。保温完毕后，迅速冷却，冷却后取出小样开罐检查。

开罐检查时应先检查有无凝固物，然后检查黏度、色泽、风味。检查有无凝固物时，将试样放入烧杯中，观察烧杯壁上样品的附着状态，烧杯壁呈均匀乳白状态都为良好，如有斑纹状，或有明显的附着物则不好。色泽呈稀薄的稀奶油色为好，带褐色则不好。风味一般为略有甜味，稍有焦糖味尚可，若有苦味或咸味则不良。

若凝固态呈斑纹时，可把温度降低 0.5℃，或缩短保持时间 1 分钟，或者使灭菌机旋转速度减慢，或者在保温时旋转 5 分钟就停止，或综合前几种方法，直到小样试验获得良好的结果为止，从而决定最后采用的灭菌条件。

（9）装罐与封罐　依照小样结果添加稳定剂后，立即进行装罐封罐。装罐时罐顶部要保留余量，以免灭菌时膨胀变形。装罐后进行真空封罐，排除罐内空气及减少气泡，防止假胖听。封罐后及时进行灭菌。

（10）灭菌　灭菌可杀灭产品中所有微生物并使酶类失活，形成无菌条件，使产品经久耐藏。此外，适当高温处理还可提高产品黏度，防止脂肪上浮，赋予淡炼乳特有的芳香气味。

灭菌的方法主要有间歇式灭菌法和连续式灭菌法，也可以添加乳酸链球菌素辅助灭菌。近年来超高温瞬时灭菌也应用于炼乳生产中。

①间歇式灭菌法　可采用回转式灭菌机对批量不大的生产进行间歇式灭菌。一般按小样方法控制温度和升温时间，要求在 15 分钟内，使温度升至 116～117℃。一般采用升温 15 分钟，到 116℃保温 20 分钟，然后在 15 分钟内冷却到 20℃。

②连续式灭菌法　连续式灭菌机常常应用于大规模生产中，灭菌机由预热区、灭菌区和冷却区三部分组成。近年发展的新型连续式灭菌机，可将封罐后罐内温度为 18℃以下的产品，在进入预热区后 2 分钟内加热到 124～138℃，并保持 1～3 分钟，然后运输进入冷却区迅速冷却至室温，整个过程只需 6～7 分钟。

③使用乳酸链球菌素改进灭菌法　乳酸链球菌素是一种安全性高的国际上允许使用的食品添加剂，人体每日最大允许摄入量为每千克体重 33 000 国际单位（1 毫克＝1 000 国际单位）。淡炼乳生产中长时间的高温处理不利于成品质量，如果添加乳酸链球菌素辅助淡炼乳灭菌，可减轻灭菌负担，保证淡炼乳的品质，使得稳定性较差的原料乳具有了可利用的潜力。

如 1 克淡炼乳中加入 100 国际单位乳酸链球菌素，以 115℃、10 分钟灭菌，与对照组 118℃、20 分钟灭菌相比，效果更好。

④超高温瞬间灭菌　将浓缩乳进行 UHT 灭菌（140℃，保持 3 秒），然后无菌纸盒包装。

（11）振荡　若灭菌操作不当，或使用了热稳定性较差的原料乳，则淡炼乳常常会出现凝块。为避免出现凝块，应该在灭菌后 2～3 天内使用振荡机对出现凝块的淡炼乳进行振荡，每次振荡 1～2 分钟，通常是 1 分钟。

（12）保温检查　淡炼乳在出厂之前一般还需要经过保藏试验。可将成品在 25～30℃下保温贮藏 3～4 周，观察有无膨罐，并开罐检查有无缺陷。必要时可抽取一定量的样品于 37℃下保藏 7～10 天，并加以观察及检查。检查合格后即可装箱出厂。

# 三、质量缺陷及预防

## （一）甜炼乳的质量缺陷及预防

1. 膨罐（胖听）　甜炼乳在保存期间有时会发生膨胀现象，原因如下：①灭菌不彻底导致残存的酵母发酵高浓度的蔗糖。②贮藏于温度较高的场所，因厌氧型酪酸菌的活动而产生气体。③炼乳中残留的乳酸菌产生乳酸，与锡作用后生成氢气。

上述微生物的存在主要是杀菌不彻底，或者混入了不洁净的蔗糖及空气导致。尤其是制成后停留一定时间再行装罐时，极易受到酵母菌污染，当加入含有转化糖的蔗糖时更容易引起发酵。

2. 变稠（浓厚化）　甜炼乳贮存时，黏度逐渐增加，以致失去流动性，甚至全部凝固，这一过程称为变稠。变稠是炼乳保存中严重的缺陷之一。其原因可分类细菌学和理化学两方面。

（1）细菌学变稠　由于芽孢菌、链球菌、葡萄球菌及乳酸杆菌的作用，甜炼乳中会形成乳酸、蚁酸、醋酸、酪酸、琥珀酸等有机酸以及凝乳酶等，致使炼乳凝固。

为防止甜炼乳因细菌而产生变稠，就必须要防止细菌的混入和保持一定的蔗糖浓度。为了充分利用蔗糖溶液所产生的渗透压并避免蔗糖浓度过高析出结晶的危险，蔗糖比以 62.5%～65% 为宜。

（2）胶体化学变稠　贮藏温度、预热温度、牛乳蛋白质、牛乳的酸度、脂肪含量、盐类的平衡、浓缩程度以及浓缩温度等均可引起蛋白质胶体状态的变化，而蛋白质胶体状态的变化会引起甜炼乳胶体化学方面的变稠。

贮藏温度对产生变稠有很大影响。良质制品在 10℃下保存 4 个月也不会产生变稠现象。20℃则有所增加，30℃以上则显著增加。

预热温度对变稠也有影响。用 63℃、30 分钟预热时变稠的倾向较小，80℃的预热比较适宜。85～100℃的预热使产品很快变稠，110～120℃时反而使产品趋于稳定，但过热会影响产品的色泽。

酪蛋白或乳清蛋白含量越高，变稠现象越严重。牛乳酸度过高易使酪蛋白产生不稳定现象，制品容易产生凝固。

脂肪含量少的甜炼乳具有变稠的倾向。这是因为含脂制品的脂肪介于蛋白质粒子间，可以防止蛋白质的聚合。

盐类方面，钙、磷间有一定的比例关系，无论哪一方面过多或过少都能引起蛋白质的不稳定。当甜炼乳因原料乳中含钙过多而引起凝固时，加入磷酸盐可使制品稳定。最新研究表明，原料乳在浓缩前添加 0.05％EDTA 的四钠盐类，可在一定程度上防止甜炼乳的凝固。

关于浓缩程度方面，由于浓缩程度越高，干物质相应增加，黏度也就升高。随着黏度的升高，变稠的倾向也就增加，但变稠的倾向与干物质不成正比。

浓缩温度比标准温度高时，黏度增加，变稠的趋势也增加，尤其是浓缩将近结束时。若温度超过 60℃，则黏度显著增高，变稠倾向增大，所以浓缩温度最好控制在 50℃以下。

3. 纽扣状物的形成　由于霉菌的作用，炼乳中往往产生白色、黄色甚至是褐色的干酪样凝块，使炼乳具有金属味或干酪味。当霉菌侵入以后，在有空气的条件下，5～10 天生成霉菌菌落，2～3 周空气耗尽后菌体死亡，1 个月后纽扣状物形成，2 个月完全形成。

防治措施：①加强卫生措施，预热后避免霉菌污染。②采用真空封罐，或将炼乳灌装满，不留有空隙。

4. 砂状炼乳　甜炼乳细腻与否，取决于乳糖结晶的大小。如果冷却结晶的方法不当，或者砂糖浓度过高（≥64.5％），则会形成乳糖的粗大结晶（≥10 微米），导致砂状炼乳。

5. 褐变　甜炼乳在贮存过程中会发生美拉德反应，温度与酸度越高，还原性糖含量越高，这一反应也越显著。为了避免美拉德反应所造成的褐变，应避免高温长时间的热处理，使用优质乳和蔗糖。

6. 脂肪分离　甜炼乳黏度非常低时，会导致脂肪分离现象。防止办法如下：

①采用合适的预热条件，使炼乳的初黏度不要过低。②浓缩时间不应过长，浓缩温度不应过高，以采用双效降膜式真空浓缩装置为佳。③将乳净化并加热除去脂酶后进行均质处理。

7. 盐类沉淀　炼乳冲调后，有时在杯底发现白色细小盐类沉淀。经分析证明，这种沉淀物为柠檬酸钙，俗称小白点。在甜炼乳生产过程冷却结晶操作中，添加（15～20）×$10^{-6}$毫克/千克的柠檬酸钙粉剂作为晶种，可利于柠檬酸钙结晶的形成，减轻柠檬酸钙沉淀的生成。

总的来说，对于甜炼乳质量缺陷的预防在于保证原料乳和蔗糖不含或少含还原糖，预热温度不宜过高，灭菌要彻底，并于 10℃处保存。

### （二）淡炼乳的质量缺陷及预防

1. **脂肪上浮**　由于黏度下降或均质不完全会使淡炼乳出现脂肪上浮的缺陷。控制适当的热处理条件，保证淡炼乳适当的黏度，可以阻止脂肪上浮。注意均质操作，使脂肪球直径基本上都在 2 微米以下，也可以防止脂肪上浮。

2. **膨罐（胖听）**　淡炼乳的膨罐分为细菌性、化学性及物理性膨罐三种类型。

当淡炼乳因为污染严重或灭菌不彻底，特别是被耐热性芽孢杆菌污染时，很容易造成细菌活动产气型膨罐，应注意防止污染和加强灭菌。若淡炼乳酸度过高，且保存时间过长，乳中酸性物质会与罐壁的锡、铁等发生化学反应产生氢气，导致化学性膨胀。若淡炼乳装罐过满或运输到气压较低的高原、高空等场所，则很可能出现物理性膨罐，即"假膨罐"。

3. **褐变**　与甜炼乳一样，由于美拉德反应，淡炼乳经高温灭菌后，颜色会变成深黄褐色。为了防止褐变，要求在达到灭菌的前提下，避免长时间高温处理，应在 5℃以下保存，且不宜添加过多的稳定剂。

4. **黏度降低**　在贮藏期间，淡炼乳的黏度一般会降低，这会渐渐导致脂肪上浮和部分成分的沉淀。贮藏温度越高，黏度下降越快。低温贮藏可缓解淡炼乳黏度下降的趋势，−5℃可避免黏度降低，但在 0℃以下贮藏容易使蛋白质不稳定。

5. **凝固**　淡炼乳的凝固可分为细菌性凝固和理化性凝固。

（1）**细菌性凝固**　淡炼乳受耐热性芽孢杆菌污染或灭菌不彻底或封口不严密时，会因微生物代谢产生的乳酸或凝乳酶产生凝固现象，同时会伴有苦味、酸味和腐败味。应该严密封罐、严格灭菌以防止凝固现象的发生。

（2）**理化性凝固**　若使用稳定性差的原料乳，或生产过程浓缩过度、灭菌过度、干物质量过度、均质压力过高（超过 25 兆帕），均可能出现凝固。

原料乳热稳定性差主要是由酸度高、乳清蛋白含量高或盐类平衡失调造成，严格控制热稳定性试验即可。盐类不平衡可通过离子交换树脂处理或适当添加稳定剂来解决。

此外，要进行正确的浓缩操作和灭菌操作处理，避免过高的均质压力，也要避免淡炼乳理化性凝固。

# 第三节　干酪素的加工

干酪素是乳中的含氮化合物（酪蛋白）在皱胃酶或酸的作用下产生酪蛋白凝聚物，经洗涤、脱水、粉碎、干燥后以酪蛋白酸钙形式存在的产物，约占乳量的 2.5%。

干酪素的生产可按照制取的方法不同分为酸法和酶法。酸法又可分为加酸法和乳酸发酵法，即无机酸法和有机酸法，常用的无机酸有盐酸、硫酸和醋酸。酶法则是利用凝乳酶凝固酪蛋白来生产的干酪素。

由于制备方法的不同，干酪素的产品质量也存在差异。因此，要根据使用目的来选择加工方法，但要遵守一个共同的原则：采用优质的脱脂乳原料。制造干酪素用的脱脂乳，脂肪含量≤0.05%，原料乳的酸度一般≤23°T。在加酸或发酵沉淀之前必须严格过滤，脱脂乳中的泡沫应尽可能除去，如不能立即进行生产时，需要在 8～10℃保存。

干酪素具有很多特殊性质，有些是其他原料所不能代替的。目前干酪素主要有以下用途：

1. 食品　蛋白共沉物保留了牛乳中全部的酪蛋白和与酪蛋白结合的钙与磷。因此，干酪素具有很高的营养价值，可以作为食品配料广泛应用于食品生产，如肉制品、冰淇淋、冷冻甜食、糖果、发酵乳制品等。

2. 强力粘接剂　干酪素与碱反应的产物具有很强的黏结力，可利用此特性粘接物体。

3. 塑料制品　干酪素与福尔马林反应可制造塑料，这种制品的光泽类似象牙光泽，可以自由染色，在装饰品和文具方面具有很好的用途。

4. 涂料　干酪素容易染色且具有光泽，因此可以在造纸工业中用于制作涂料。

此外，干酪素还可在皮革工业上用作上光剂，在医药工业上可用于药品生产。

## 一、酸水解干酪素的加工

### (一) 工艺流程

1. **无机酸法** 无机酸法生产干酪素采用的是颗粒制造法，目前我国工业用干酪素的生产多采用该法。这种方法采用无机酸沉淀酪蛋白，可以形成细小而均匀的颗粒，且颗粒表面包围的脂肪少，比较松散，易于洗涤、脱水和干燥，生产周期短。颗粒制造法所采用的无机酸有盐酸、硫酸和醋酸，但以盐酸最为常见，所使用的盐酸应符合 GB 320—2006《工业用合成盐酸》中的各项指标要求。无机酸法生产干酪素的工艺流程见图 8-7。

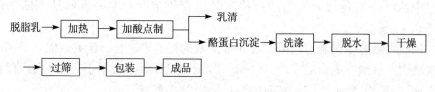

图 8-7 无机酸法生产干酪素

2. **有机酸法** 有机酸法又叫乳酸发酵法，主要是利用乳酸菌发酵所产生的乳酸来改变脱脂乳的 pH，以达到酪蛋白的等电点，使酪蛋白沉淀。其工艺流程见图 8-8。

脱脂乳 → 发酵 → 加热搅拌 → 排除乳清 → 洗涤 → 压榨 → 粉碎 → 干燥

图 8-8 有机酸法生产干酪素工艺流程

### (二) 工艺要点

1. 无机酸法

（1）**原料乳要求** 原料乳是经过离心分离制得的脱脂牛乳，优质干酪素要求含脂率应在 0.03% 以下。脱脂乳必须洁净，无机械杂质，酸度不超过 23°T。可将牛奶加热到 32～35℃，用分离机进行分离制得脂肪含量不超过 0.05% 的脱脂乳。

（2）**稀盐酸的配制** 在稀释缸内提前注入 30～38℃ 所需量的水，浓盐酸经过滤后导入稀释缸内，按要求浓度配比，搅拌均匀。具体的配比为：点制正常牛乳时浓盐酸：水＝1：8 (V/V)；点制中和变质牛乳时浓盐酸：水＝1：2 (V/V)。

（3）加酸点制

①原理　酪蛋白属于两性电解质，等电点为 pH4.6。正常鲜乳的 pH6.6～6.8 接近于等电点的碱性，此时酪蛋白以酪蛋白酸钙的形式存在于乳中。此时加酸，酪蛋白酸钙中的钙被酸夺取，渐渐生成游离的酪蛋白。当达到酪蛋白等电点时，钙已完全被分离，而游离的酪蛋白凝固产生沉淀。

②点制工艺　脱脂乳升温到 40～44℃，在不断搅拌下徐徐加入稀盐酸，使酪蛋白形成柔软颗粒，加酸至乳清透明为止，所需时间应大于 3～5 分钟，然后停止加酸，停止搅拌，静置 30 秒。

再次开启搅拌器，继续缓缓加入稀盐酸。第二次加酸应在 10～15 分钟内完成，不宜过急，边加酸边检查颗粒变化情况，并要准确地判断加酸的终点。

判断终点可根据乳清的澄清度和干酪素的特点来进行。到终点时，乳清应清澈透明，且最终滴定酸度为 56～68°T，干酪素颗粒要均匀一致（大小保持在 4～6 毫米），致密结实，富有弹性，呈松散状态。

停止加酸后，继续搅拌 30 秒后再停止并静置 5 分钟，放出乳清。

③清洗、干燥　干酪素与乳清分离后，以 20～25℃ 的清水清洗，洗涤过程在脱水机中就可以完成，洗涤程度以干酪素的滴定酸度≤60°T 为宜。脱水后的干酪素含水量≤60%，由带 10 目筛的湿干酪素粉碎机加工，使之呈松散的颗粒状。

国内多采用半沸腾床式干燥机，干燥温度≤80℃，成品干酪素水分含量≤12%，用 30 目的筛进行筛选、包装即得成品。

2. 有机酸法　有机酸法对脱脂乳的要求是必须新鲜且不含抗生素，含脂率小于 0.03%。添加发酵剂时温度控制在 33～34℃，添加量为 2%～4%（V/V）。当酸度精确地达到 pH4.6（pI）时立即停止发酵，然后边搅拌边加热至 50℃，小心地排出乳清，用蒸馏水洗涤凝块，再经压榨、干燥、粉碎即可得到成品。

## 二、酶水解干酪素的加工

### （一）工艺流程

随着微生物酶的发展，酶法干酪素的生产成本大大下降，这克服了皱胃酶价格偏高的限制，因此酶法生产干酪素近年得以兴起和发展。酶法利用凝乳酶使酪蛋白形成凝块沉淀，再经提纯可制成干酪素。酶法干酪素灰分含量高、酸度低，只可溶解于 15% 的氨水中，不能溶于 3% 的四硼酸钠溶液，不能应用于一般用途，多用于生产塑料制品。若作为黏着剂使用，必须要加以特殊的处理。酶法干酪素的工艺流程见图 8-9。

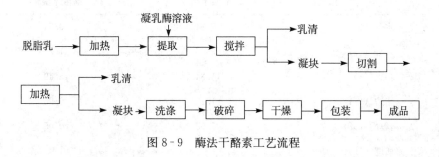

图 8-9　酶法干酪素工艺流程

### (二) 生产技术要点

制造干酪素用的凝乳酶有皱胃酶和胃蛋白酶。凝乳酶凝乳的速度与温度、酸度有关。应掌握最适凝乳温度，才能正确控制凝块形成的速度和硬度。乳的酸度决定了凝乳的密度，原料乳酸度越高，乳的凝固速度会越快，同时胶体脱水收缩的作用也越强。

脱脂乳加热至 35℃ 时，添加凝乳酶。凝乳酶的添加量因酶的种类、活力不同而异，添加凝乳酶时，需要先对凝乳酶活力进行测定。对凝乳酶添加量的一般要求是能使全部脱脂乳在 15~20 分钟内凝固即可。

加入凝乳酶待脱脂乳凝结后，将形成的凝块慢慢搅拌，搅拌速度慢慢加快，边搅拌边添加凝乳酶，直至加酶到透明的黄中带绿的乳清分离为止。

待酪蛋白黏结成颗粒，加热到 55℃，第二加热过程要缓慢，以使乳清从干酪素颗粒中完全分离出来。排放乳清，获得具有弹性的颗粒，用 25~30℃ 的清水洗涤 2 次，再经脱水、粉碎，于 43~46℃ 下进行干燥，最后包装入库。

## 三、质量及其影响因素

### (一) 干酪素的成分及性质

干酪素为白色或淡黄色粉状物料，根据制造方法的不同，产品的化学成分也存在略微的差别。几种主要的干酪素化学组成及性质见表8-4。

表8-4 常见干酪素化学组成及性质

| 化学成分 | 干酪素种类 | |
|---|---|---|
| | 乳酸干酪素 | 盐酸干酪素 |
| 水分（%） | 7.04 | 9.5 |
| 灰分（%） | 2.05 | 1.2 |
| 氮（%） | 15.34 | 15.49 |
| 脂肪（%） | 1.13 | 0.95 |
| 溶解度（%） | 0.05 | 0.05 |
| 酸度（°T） | 24 | 40 |
| 黏度（Pa·s） | 21.85 | 23.67 |

注：①溶解度：沉淀物容积（毫升/克）；②黏度：10%硼砂干酪素溶液的黏度。
（引自曾寿瀛.现代乳与乳制品加工技术.2003）

## （二）干酪素的质量标准

国际上对干酪素一般分为三级：适合食用或特级、一级、二级品。我国干酪素产品质量标准如下：

酸法干酪素：pH5.5以上具有良好的吸水性，较好的溶解性。

乳酸干酪素：适中的吸水性。

酶法干酪素：pH≤9.0不溶解，在25℃时，可以得到浓度超过15%的悬浮液。

工业用干酪素的感官指标应符合表8-5的技术要求。

表8-5 工业干酪素的感官指标

| 项目 | 特级 | 一级 | 二级 |
|---|---|---|---|
| 色泽 | 白色或淡黄色，均匀一致 | 淡黄色到黄色，允许存在5%以下的深黄色颗粒 | 浅黄色到黄色，允许存在10%以下的深黄色颗粒 |
| 颗粒 | 最大颗粒不超过2毫米 | 同特级 | 最大颗粒不超过3毫米 |
| 纯度 | 不允许有杂质存在 | 同特级 | 允许有少量杂质存在 |

工业用干酪素的理化指标应符合表8-6的技术要求。

表 8-6　工业干酪素的理化指标

单位:%

| 项　目 | 特　级 | 一　级 | 二　级 | 精一级 |
|---|---|---|---|---|
| 水分量≤ | 12.0 | 12.0 | 12.0 | 3.5 |
| 脂肪量≤ | 1.50 | 2.5 | 3.5 | 1.0 |
| 灰分量≤ | 2.50 | 3.0 | 4.0 | 1.5 |
| 酸度（°T）≤ | 80 | 100 | 150 | 30 |

　　根据国内外市场的需要，可生产精一级品工业干酪素，其质量指标应高于特级品，具体要求可按照合同办理。

　　对于食用干酪素，我国目前还没有统一的标准。

### (三) 影响干酪素质量的因素及控制

　　干酪素的质量取决于干酪素成品中脂肪和灰分的含量。脂肪和灰分含量影响着干酪素的溶解度、黏着力以及加工性能，一般来讲，脂肪含量越低干酪素品质越高，灰分含量越低，干酪素溶解度越大，黏着力越大。

　　采用分离效果好的分离机，控制好影响脱脂乳含脂率的各因素，必要时进行二次分离就可以获得含脂率低的脱脂乳。或者直接购买优质的脱脂乳。

　　对酸法干酪素而言，生产过程中影响灰分高低的因素主要是点制操作。因此，进行点制操作时要控制以下几点因素:

　　1. 点制温度　脱脂乳加热温度过高会使酪蛋白形成粗大、不均匀、硬而致密的颗粒或凝块，致使在点制过程中，小颗粒已酸化好，而大颗粒却没有酸化好。温度过低则易形成软而较细小的颗粒。温度过高或过低都会影响到酪蛋白凝结颗粒的大小、均匀度、硬度和膨胀程度。因此，要严格控制加热操作，将温度控制在 40~44℃。

　　2. 点制酸度　点制中加酸量会影响干酪素灰分含量的高低。如果加酸不足，则成品灰分过高，影响产品质量;而如果加酸过量，则干酪素会重新溶解，给后续水洗、干燥等操作造成困难，降低产品产量。

　　3. 点制时间　点制时间的长短决定凝结酪蛋白颗粒的酸化程度。点制时间过短，酪蛋白颗粒酸化不彻底，钙分离不完全，成品灰分高，影响成品质量。适当延长点制时间虽然可以降低干酪素的灰分含量，节约酸的用量，但会延长生产周期，降低生产设备利用率。

4. 搅拌速度 点制中要控制搅拌速度，一般以 40 转/分为宜。一般采用机械搅拌，由于搅拌速度快，可适当提高点制温度、加酸速度，否则容易形成细小的干酪素颗粒，影响点制。

# 第四节 特种乳品的加工

牛乳在乳品生产中占据了主导地位。但在过去的 30 年，人们对天然的、有机的、原始的食物以及吃起来更可口的食品有了更多的认识，那些主要产于高山或沙漠等气候恶劣地区的山羊乳、绵羊乳、水牛乳、牦牛乳和骆驼乳等非牛哺乳动物所产的特种乳也引起人们的重视。

现在，山羊乳和绵羊乳已迅速成为乳品工业中的一个新的、可接受的原料乳。山羊乳已经应用于液态羊乳、奶酪、酸奶、炼乳和奶粉的生产，而绵羊乳也已应用于液态奶、发酵乳、黄油和酥油、冰淇淋、酸奶、奶酪和乳清制品等产品的生产中。

牦牛是亚洲一些国家宝贵的产奶动物。对牦牛奶进行加工的国家主要有中国和尼泊尔，通常是在牦牛饲养区的工厂内对牦牛奶进行干燥，然后销售于其他地区。除了牦牛奶茶、酸奶和奶酪，牦牛黄油是来自于牦牛奶的重要产品。

水牛也是主要存在于亚洲国家的产奶动物。水牛奶已应用于许多传统产品的生产，如奶酪、奶粉、炼乳或者饮用乳。

# 一、羊乳加工

## (一) 山羊乳加工

1. 山羊乳 与牛乳和水牛乳产量相比，山羊乳产量较少，但它在除中美洲外的世界其他地区，尤其是非洲和亚洲的百分比已增加，这表明更多的山羊奶被世界上更多的人所消费。

山羊乳的主要成分和牛奶相似，不同之处在于其具有更高的消化率、独特的碱性、高的缓冲能力。山羊乳比牛乳含有的总酪蛋白略少，但非蛋白氮高于牛乳。如表 8-7 所示，山羊乳、牛乳和人乳基本组成的主要差别在于蛋白质和灰分含量。

此外，山羊乳中主要的碳水化合物是乳糖，比牛乳中的要低。因此，山羊乳可作为对牛乳过敏人群的一种理想食品。

表8-7　山羊乳、牛乳和人乳的基本组成（平均值/100 克）

| 组成 | 山羊乳 | 牛乳 | 人乳 | 组成 | 山羊乳 | 牛乳 | 人乳 |
|---|---|---|---|---|---|---|---|
| 脂肪（克） | 3.8 | 3.6 | 4.0 | 灰分（克） | 0.8 | 0.7 | 0.2 |
| 蛋白质（克） | 3.5 | 3.3 | 1.2 | 总固形物（克） | 12.2 | 12.3 | 12.3 |
| 乳糖（克） | 4.1 | 4.6 | 6.9 | 热量（焦耳） | 293 | 288 | 284 |

（引自 Y. W. 帕克，G. F. W. 亨莱因. 特种乳技术手册. 2010）

2. 山羊乳产品　山羊乳可以生产不同的产品，包括液态产品、发酵产品（如奶酪、酸奶）、冷冻产品（如冰淇淋或冷冻酸奶、黄油），以及浓缩和干燥产品。

（1）液态山羊乳　液态山羊奶生产的主要步骤包括过滤、标准化、均质、巴氏杀菌、冷却、包装以及贮存和分发。其工艺流程可参看图8-10。

①液态山羊乳工艺流程

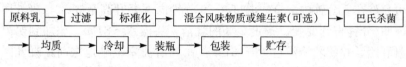

图8-10　巴氏杀菌液态山羊乳产品的工艺流程

②工艺要点

a. 过滤　原料山羊乳收集后，可以通过滤布过滤除去杂质以及来自于乳房的体细胞和一些细菌。大规模山羊乳的生产，可以利用机械过滤器进行过滤。

b. 巴氏杀菌　可以采用低温长时间的巴氏杀菌方法，即62.8℃下灭菌30分钟。也可以采用高温短时间处理杀菌方法。

c. 均质　山羊乳的脂肪球比牛乳的要小，小作坊山羊乳的生产可以不进行均质。大规模山羊乳的生产中，奶在巴氏杀菌后均质，待冷却后，进行灌装。

（2）山羊奶酪　由于地区不同，山羊乳的组成和生产技术不同，现在全球有很多品种的山羊奶酪。

①软质山羊奶酪生产工艺

a. 传统作坊山羊奶酪加工的基本步骤包括：过滤、凝乳（有时在这之前酸化）、奶凝固、把凝乳团放入奶酪模具（有时在这之前预排乳清）、排乳清（有时通过把奶酪翻过来以便排水）、去模具、盐化、干燥、成熟。

b. 美国一家山羊奶酪加工厂将山羊奶酪工艺调整如下：山羊乳在62.8℃巴

氏杀菌 120 分钟，缓慢凝固并自然排乳清，然后包装之前在凉室里把奶酪挂在奶酪布上 3 天。随后将奶酪包装在 454 克柱形聚乙烯收缩包装袋中进行销售。

②半硬质和硬质山羊奶酪加工工艺

a. 工艺流程　在美国，蒙特瑞杰克（Monterey Jack）山羊奶酪被商业化生产和销售，其工艺流程参看图 8-11。

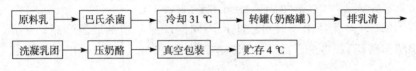

图 8-11　硬质山羊奶酪生产的工艺流程

b. 工艺要点　将 135～170 升的山羊乳转移到巴氏杀菌罐中，在 62.8℃巴氏杀菌 30 分钟。杀菌结束后，将山羊乳冷却至 31℃，添加冻干直投式发酵剂和 18 毫升的普通强度凝乳酶，然后开始凝固。凝乳团用 1.6 厘米金属丝刀切开，可允许在 5 分钟内愈合。温度在 30 分钟内逐渐升高至 39℃，凝乳团被煮约 45～60 分钟直到变硬。排走 2/3 的乳清，将温水（31℃）添加到奶酪罐中洗涤凝乳团，并使乳清温度处于 31℃，在乳清被完全排走之前，凝乳团在温水中浸泡 5 分钟。凝乳团放置在 15.24 厘米×15.24 厘米威尔逊蹄盒中，在室温及 275 兆帕压力下，用一台垂直压酪机压至过夜。奶酪从模具中取出并进行切割，并使用真空包装机装袋，销售之前应于 4℃下保存。

（3）山羊乳酸奶　山羊乳酸奶的基本加工工艺包括：①山羊乳的收集与准备。②标准化，将山羊乳脂肪含量调整至 1.0%～1.7%。③巴氏杀菌，HTST 或 85℃保持 30 分钟。④将巴氏杀菌奶冷却到 46.7℃并保持 15 分钟。⑤接种（45℃），接入 1.25%（w/w）的保加利亚乳杆菌和 1.25%（w/w）的嗜热链球菌培养物。⑥包装（凝固型酸奶）。⑦培养，在 45℃保留 3～5 小时，或直到 pH4.5 时形成牢固的光滑的凝胶。⑧冷却，发酵结束后的酸奶在 1 小时内冷却到 7.2℃。⑨贮存和分发，将成品放至 4.4℃或更低温度下，可使保质期为 30～60 天。

此外，还可以通过改善酸奶中总固形物含量来提高山羊乳酸奶的质地。具体方法如下：①在生产酸奶之前可将奶煮沸，这样既浓缩了奶，又调整了酪蛋白特性，借此来改善终产品的黏度。②添加粉末成分，如脱脂奶粉（高蛋白）、乳清产品、奶酪粉、大豆蛋白、蛋清蛋白或花生蛋白以及一些稳定剂等。③酶交联法，采用谷氨酰胺转氨酶（MTGase）来改善酸奶的质地，MTGase 催化酰基转移反应，它共价交联各种蛋白质分子的赖氨酸和谷氨酰胺末端，从而从小蛋白质形成更大的蛋白质复合物，这不仅改善酸奶结构，还可以产生非蛋白氮，促进嗜热链球菌生长。

（4）其他山羊乳产品　除上述几种常见山羊乳制品外，人们也生产和消费包括酪乳、嗜酸乳、酸蘸酱和开菲尔（Kefir）在内的一些山羊乳制品。不同微生物用于不同类型的发酵乳制品，达到预定酸度时即可停止培养。

## （二）绵羊乳加工

1. 绵羊乳　绵羊乳的组成会随着品种和季节的变化发生变化，主要是在哺乳后期脂肪、蛋白质、固形物和矿物质的含量增加，而乳糖含量降低。一般来讲，大部分绵羊奶的固形物、脂肪、蛋白质、乳糖和矿物质含量比牛乳高。

绵羊产后早期初乳脂肪和蛋白质含量明显高于牛乳，而乳糖含量稍低（表8-8）。

**表8-8　绵羊初乳组成与牛初乳组成对照表**

单位：%

| 项　目 | 绵羊初乳 | 牛初乳 |
| --- | --- | --- |
| 脂　肪 | 13.5 | 5.1 |
| 蛋白质 | 11.8 | 7.1 |
| 乳　糖 | 3.3 | 3.6 |
| 矿物质 | 0.9 | 0.9 |
| 总固形物 | 28.9 | 15.6 |

（引自 Y.W. 帕克，G.F.W. 亨莱因. 特种乳技术手册. 2010）

2. 绵羊乳产品　绵羊乳营养丰富，能提供10种必需氨基酸，营养价值甚至优于牛乳。绵羊乳在许多传统乳制品加工中都有应用。

（1）绵羊奶的加工

①巴氏杀菌　可采用62.8℃保持30分钟（罐中巴氏杀菌），或71.7℃保持15秒的巴氏杀菌方法。绵羊乳可以通过罐中巴氏杀菌或HTST巴氏杀菌过程就可以达到有效的灭菌效果。巴氏杀菌所得到的巴氏杀菌乳与原料乳之间没有显著的风味差异，而罐中巴氏杀菌有时会给绵羊乳带来羊肉味。

②均质　乳的均质化是为了使脂肪球变小，阻止或预防脂肪上浮。绵羊乳脂肪球平均直径为3.99微米，牛乳为4.42微米。因此，绵羊乳不会像牛乳那样形成奶油层，通常也不必进行均质化。

③分离　在冰淇淋、黄油、酸奶和奶酪的生产中，常常需要把原料乳中的脂肪浓缩或减少。然而，绵羊乳的脂肪球颗粒较小，在生产奶油状产品或低脂

肪奶时，重力沉降不是一个有效的办法。可采用离心的方法实现绵羊乳脂肪的有效分离，制成高脂稀奶油和脂肪含量为 0.2％的脱脂乳。

④浓缩　绵羊乳经浓缩后，总固形物含量升高，适于生产奶酪和酸奶制品。生产奶酪的绵羊乳其总固形物含量要低于 15％～16％，避免乳清蛋白持水，降低乳清含量。生产酸奶的绵羊乳也需要适量的固形物，而不必添加其他稳定剂来调整酸奶的黏度和质地。冰淇淋和奶粉等产品，需要对乳中固形物进行一定的浓缩。

传统上，绵羊乳是用真空蒸发器进行浓缩，当最终浓缩物中含有 30％～50％总固形物即可停止。40℃左右加热蒸发，热敏性蛋白质和维生素热变性最小。

目前，膜过滤工艺也应用于绵羊乳的浓缩加工。

反渗透能将绵羊脱脂乳中的水分移除，使绵羊脱脂乳最终总固形物达到 24％～26％，使全脂绵羊乳最终总固形物达到 32％。浓缩绵羊乳可在－20℃冷冻并保存 6～8 个月也不会产生明显异味。

超滤可将蛋白质和脂肪截留在滤膜上，而乳糖、盐和水透过滤膜进入透过液中。超滤浓缩后的绵羊乳，在－20℃保藏 6 个月后，蛋白质稳定性仍然很好。使用超滤浓缩原料乳不影响奶酪产量，且没有必要进行冷冻和贮存乳中会变成乳清的那部分。因此，可以将 UF 处理过的绵羊乳用于奶酪的生产。

⑤干燥　无论是全脂绵羊奶粉还是脱脂绵羊奶粉，都可以采用喷雾干燥进行生产。脱脂绵羊乳在 62.5℃加热 30 分钟后，进行浓缩，将总固形物浓缩到 45％～55％。全脂绵羊乳须事先进行加热（80～85℃），以破坏脂肪酶，经阴性过氧化酶测试后，浓缩到总固形物为 45％～55％。

上述浓缩物经喷雾干燥，可以生产出流动性很好、水分含量为 2.5％～5.0％的乳粉。

(2) 绵羊乳产品

①液态绵羊乳　绵羊乳的总固形物含量约为牛乳和山羊乳的 2 倍。液态绵羊乳是一种高能量乳，与牛乳相比，其脂肪、钙、磷和镁含量都要高一些。绵羊脂肪球比牛乳的也要小很多，在液态绵羊乳生产过程中不需要均质。一些对牛乳过敏的人群对于液态绵羊乳却不过敏，这表明液态绵羊乳具有一定的应用潜力。

②发酵乳　用含有乳酸菌和酵母菌的开菲尔粒发酵绵羊乳，可以生产一种发酵饮料——开菲尔（Kefir）。在发酵过程中，乳酸菌代谢乳糖生成乳酸，酵母代谢乳糖生成酒精和二氧化碳。同时，蛋白质也会发生分解，使开菲尔具有

酵母芳香。开菲尔在俄罗斯和巴尔干半岛，有着香槟乳之称。

③黄油和酥油　绵羊乳脂肪含量高，黄油是绵羊乳的主要产品之一。绵羊黄油比牛乳黄油价格要高，也不像牛乳脂肪那样含有一定量的类胡萝卜素，颜色苍白。因此，在市场上具有一定的竞争弱势。但绵羊乳脂肪的碘值比牛乳脂肪低，脂肪硬度比牛乳脂肪高，可以用来生产硬且易碎的黄油。

酥油是用无盐绵羊黄油生产的无水奶油制品。酥油中的脂肪含量为 $98.0\%\sim99.5\%$。绵羊奶酥油值比牛乳酥油值低，是一种更硬的脂肪产品。

④冰淇淋　绵羊奶中含有更高的脂肪和蛋白质，可用未浓缩绵羊乳来生产低脂冰淇淋。但消费者认为当冰淇淋含脂肪达到 $10\%$ 时，会有一种类似羊肉的味道。为适应消费者的需求，可生产低脂冰淇淋产品，也可以用调味品来改善绵羊冰淇淋脂肪所产生的不良风味。

⑤酸奶　用于生产酸奶的绵羊奶，应在 $91℃$ 下巴氏杀菌 30 秒，或 $82℃$ 灭菌 30 分钟。用于凝固型酸奶还需要进行均质，以增加其黏度，减少乳清和脂肪分离。将奶冷却到 $42\sim44℃$ 以后，接入嗜热链球菌和德氏乳杆菌保加利亚亚种培养物。对于凝固型酸奶，将接种后的乳混合物分装于杯中，$44℃$ 发酵至 pH 达到 4.6，然后将酸奶冷却至 $4℃$，在饮用前放置于冰箱冷藏。也可将嗜酸乳杆菌或双歧杆菌属等益生菌培养物添加到酸奶中，生产益生菌酸奶制品。

在搅拌型酸奶生产中，原乳的处理方法与凝固型酸奶一样，pH 达到 4.6 后降温到冷却点。在这一点上，凝固物冷却到 $15\sim22℃$，轻轻搅拌以得到光滑且可倾倒的稠度。在酸奶灌装前，还可以添加一些水果和调味品。

⑥绵羊乳奶酪　传统上，奶酪生产一直是世界各地绵羊乳最大的市场。一些绵羊奶酪是用原料乳直接生产的，而另外一些是由加热或巴氏杀菌处理的奶生产的。绵羊乳酪种类繁多，世界各地均有生产。

绵羊乳脂肪、蛋白质和总固形物含量比牛乳或山羊乳高。奶酪的主要成分是乳脂肪和酪，每单位绵羊乳比牛乳或山羊乳能产出更多的奶酪。由于绵羊乳的酪蛋白和胶状钙含量更高，在相同的凝固时间里，绵羊乳所需要凝乳酶比牛奶要少。

## 二、牦牛乳加工

### （一）牦牛乳

牦牛分布在寒冷的高海拔以及北纬地区，具有在极端条件下生存的非常独特的能力。全世界大约有 1 400 万头牦牛，中国是世界是拥有牦牛数量最大的国家，约有 1 300 万头。

牦牛产奶量少，仅能满足幼仔正常生长和发育的需要。与奶牛相比，牦牛平均每天产奶量很少，哺乳幼仔后大约每日产奶 1.5 千克，一头牦牛在 5～6 个月的哺乳期一共可产奶 300 千克。可以通过每天为每头牦牛提供 1.5 千克的精饲料，使得牦牛的产奶量翻一番，整个哺乳期产奶量可达到 500～600 千克。

牦牛乳呈亮黄色，有浓甜香味，全脂牦牛乳不但浓，而且营养物质十分丰富。牦牛乳中总固形物含量可达 15.70％～18.36％。牦牛乳脂是牛乳的两倍，含量为 5.45％～8.60％，乳脂浓度也受产奶季节、挤奶时间、补充饲料的供应及利用率的影响。牦牛乳的乳糖含量为 3.3％～5.8％，灰分含量为 0.4％～0.9％。100 克牦牛乳蛋白质含有 17 种氨基酸，氨基酸总量为 2 341 毫克，其中亮氨酸和赖氨酸含量均高于牛乳和山羊乳。

## （二）牦牛乳加工工艺及其产品类型

牦牛乳是高原牧民的传统主食。牦牛乳可以用于煮制奶茶，制成黄油、酥油等乳制品，也可以发酵生产酸奶、奶酪和类似奶酪的产品，或者加工成奶粉。

1. 奶茶　奶茶制作的简要步骤如下：先将茶叶从茶砖上切断，加水煮沸并保持 5～8 分钟或者更长，再将煮沸的牦牛乳按适当比例加入冲泡的茶水中，再进行蒸煮，可边煮边尝，符合品味时，即可认为完成奶茶的制作。牦牛乳奶茶与蒙古奶茶类似。

牦牛乳奶茶是西藏牦牛牧民家庭的主要饮品。在牦牛乳大量生产的季节，或者招待客人时，他们会在茶中添加 20％甚至更多的牦牛乳，此时的奶茶显黄色；更多情况下，他们只添加 5％的牦牛乳，这种淡茶颜色为微带黄色的乳白色。

2. 牦牛奶酪　使用牦牛乳生产瑞士格鲁耶尔奶酪。牦牛乳格鲁耶尔奶酪的生产工艺如下：将新鲜的含有 7％～8％脂肪、9.5％～10％非乳脂固体牦牛乳或杂交牦牛乳进行标准化，使其脂肪含量达到 3.5％，进行巴氏杀菌（65℃，5 分钟）后，冷却到 33～35℃，倒入铜壶中，放置在壁炉旁，添加 0.25％的嗜热乳链球菌和 0.25％的瑞士乳杆菌，再加入凝乳酶，33℃放置形成凝乳后，50～53℃热处理凝乳 30 分钟，搅拌，成型，压缩，盐渍，于温度为 10～12℃、湿度为 85％～90％的环境中熟化 2 周，温度为 20～22℃、湿度为 75％～80％的环境中进一步熟化 2～8 周。也可将奶酪放置在 8～10℃环境中熟化，成熟 5 个月即可形成良好的风味。

保存了 3 个月的格鲁耶尔牦牛奶酪化学成分为：pH5.75、水分 31.8%、固形物 68.2%、其基物中乳脂占 49.9%，食盐占 1.37%。

Chhurpi 是牦牛乳奶酪的另一种产品，属于干硬的酪蛋白产品。其生产工艺简要如下：60~65℃ 热处理脱脂乳，之后添加发酵剂进行发酵，煮沸到出现絮状沉淀，冷却，排出乳清，压缩凝乳，室温下干燥 12~15 天左右或用干燥气体熏蒸 10 天左右。Chhurpi 干基成分组成为：水分 8%~10%、脂肪 8%~9%、蛋白质 80%。

3. 黄油　黄油是我国牦牛乳的主要产品，也是西藏人民的主要食品之一。黄油生产的传统方法从重力分层开始制备奶油，也有一些地区采用乳分离机制作奶油。

具体工艺如下：首先将牦牛乳加热到 35℃，然后过滤，将过滤后的牦牛乳通过奶油分离机把奶油分离出来并收集。将奶油自然发酵 1 天左右后转入木桶，用一个搅拌棒挂在桶盖中心，进行搅拌，直到脂肪凝固或难以搅拌为止，用手取出漂浮在表面的乳脂，水洗，排出水分，用木制模具将黄油做成不同形状（方形或圆柱形）。

黄油在我国不同地区有不同的用途，可以作为祭祀用的燃料、药品成分、庆祝活动用的铸模经文以及食品等。我国西藏牦牛牧民也将其制成黄油茶进行饮用。

4. 其他牦牛乳产品　在我国四川和青海地区，人们也将牦牛乳和牛乳掺和在一起用来生产乳粉。全脂牦牛乳或脱脂牦牛乳也可用于制作牦牛乳蛋糕，这种蛋糕通常和黄油及糖配合食用，以改善口感，招待客人。牦牛乳乳清也可以用于传统的制革工艺。

# 三、水牛乳加工

## (一) 水牛乳

水牛是许多国家的主要产奶动物，其产奶量在世界奶量中占有重要地位。水牛种类不同，其产奶量也不同。我国沼泽型水牛日产奶为 2~7 千克，脂肪和非脂溶性固形物含量相对较高。

水牛乳主要组分的比例都要高于牛乳。水牛乳中脂肪含量是牛乳脂肪的近两倍。水牛乳中蛋白质含量高于牛乳，为 3.8%~4.3%，其中 80% 为酪蛋白，初乳中乳清蛋白比较高。水牛乳铁蛋白含量为 0.320 毫克/毫升，比牛乳（0.05 毫克/毫升）要高很多，其含量在水牛初乳中更高，为 0.75 毫克/毫升。

水牛乳中的二价阳离子总和（$Ca^{2+}$和$Mg^{2+}$）是牛乳的 1.5 倍，其中水牛乳中为 2 毫克/毫升，牛乳中为 1.32 毫克/毫升。

水牛乳中游离氨基酸、肌酸和牛磺酸的浓度均较牛乳中高。水牛乳中维生素 A 含量通常比牛奶高，而维生素 E 含量低于牛乳。

### （二）水牛乳产品

能用牛乳加工的所有乳制品，也可以用水牛乳为原料进行加工。然而水牛乳与牛乳中脂肪、蛋白质、乳糖和灰分的比例组成有所差异，通常需要对原料乳进行标准化处理。

1. 液态水牛乳

（1）原料乳的贮存　一些国家如巴基斯坦、苏丹、肯尼亚、斯里兰卡和印度对原料乳采用乳过氧化物酶-过氧化氢硫氰系统（LP）进行贮存。LP 系统对中温、嗜热及嗜冷菌抑制效果明显，此系统可延长水牛乳的货架期，在酷热条件下也可以保证水牛乳的运输。

（2）饮用水牛乳的加工

①调配型水牛乳　调配型水牛乳饮料中的脂肪和非脂固形物含量分别不少于 3％和 8.5％。

按此要求将计算好添加量的脱脂乳粉和水添加到需要调整非脂固形物含量、平均脂肪含量为 6.5％的水牛乳中，可以生产出两倍重量的调配型水牛乳。

为了避免水牛乳品味的丧失，可将等量的新鲜水牛乳加入到等量的调配型水牛乳中，再与 0.25 毫克/升的双乙酰和 0.03％的柠檬酸钠混合，可以改进调配型水牛乳的口味。

②超高温处理水牛乳　以乳果糖含量作为热量效能的衡量指标，对水牛乳进行超高温（UHT）处理，将温度分别控制在 140℃和 145℃保持 9.6 秒，可以除去枯草芽孢杆菌和嗜热芽孢杆菌。也可以离心处理与超高温灭菌有效结合，用以节省热能。

2. 高脂乳制品

（1）奶油　较之牛乳，水牛乳中脂肪含量高，脂肪球颗粒大，奶油产品脂肪含量为 56％，非脂乳固体含量为 5.3％，奶油形成速率较慢，可利用高温凝乳加速水牛乳奶油的形成。水牛奶油的主要生产工艺见下：

①灭菌稀奶油　将稀奶油标准化至脂肪含量为 20％或 22％，预热到85℃，添加 0.2％磷酸三钠或柠檬酸钠，在 65～67℃、17.15 兆帕和

3.43兆帕压力下均质，之后装罐，在旋转式灭菌器中于110℃、114～115℃或120℃灭菌14～15分钟，立即冷却。该产品在室温下贮存，保质期为6个月。

②酸性稀奶油 乳酸链球菌发酵含有15%脂肪的不加稳定剂和凝乳酶的酸性稀奶油，可以生产出酸性稀奶油。

(2) 黄油 由于脂肪含量高、脂肪球直径大，水牛乳奶油比牛乳奶油更易搅拌。通常情况下，水牛乳黄油含有30%～38%的脂肪。90～95℃巴氏杀菌最适合黄油生产。

利用水牛乳奶油进行黄油生产时，先对奶油进行标准化处理，使其脂肪含量达到35%。若奶油过酸，可进行中和至含醋酸0.1%。在搅拌时加入破水剂，减少脂肪的损失。由于脂肪球较大，含有35%脂肪的水牛乳奶油需要搅拌10分钟，含有55%的搅拌5分钟。搅拌温度保持在14～17℃，生产温度为15～16℃，对水牛乳奶油中脂肪的利用率可达99.5%。

加入抗坏血酸（0.2%）可以延缓黄油腐败及氧化风味的形成。

(3) 酥油 酥油在水牛乳制成的高脂乳制品中占突出地位。生产酥油的方法有很多种，有干燥法或传统法、奶油厂生产奶油法、稀奶油直接生产法、预分层法和连续法。

①传统法（干燥法） 传统方法具有技术简单、设备廉价的优点，生产1千克酥油需要准备15～20千克水牛乳，适宜小规模生产酥油，产品具备优质感官特性。简要的生产方法为：

a. 收集原料乳，过滤，进行蒸煮，一次煮10分钟或煮至原体积95%，迅速冷却。

b. 发酵，采用混合发酵剂或合适的发酵剂，冬季接种量为2%～2.5%，酸化12～15小时。夏季接种量为1%，酸化8～10小时。

c. 凝乳时间累计不能超过1天。

d. 搅拌，在齿轮传动的木质打浆机内完成，将其置于底部有排水装置的器皿上，搅拌在冷冻环境下进行。如果需要加入冰水，且不要超过凝乳总量，在形成黄油颗粒后，逐渐除去酸牛乳，加入冷水，再次慢慢搅拌以洗掉奶油。

e. 奶油，融化之前切勿贮藏，如不可避免，将其浸泡在装有1%盐水的搪瓷或陶瓷容器里。

f. 纯化，加热至80℃保持30分钟，除去最下层的水，在搪瓷玻璃或不锈钢容器里加热，使最上层奶油纯化，如果因为除水停止而出现干裂，加热几分钟，温度不宜太高。

g. 贮存，将成品酥油存放在一个陶器、瓷器或搪瓷罐（充满），贮存在阴凉的地方。

②奶油厂生产奶油法　工业化生产酥油的方法即为奶油厂生产奶油的方法。具体流程为：将水牛乳加热到40℃左右并通过离心分离机分离出稀奶油。把稀奶油杀菌、冷却、老化，然后转变成奶油。可加入乳糖发酵剂，同时对奶油进行搅拌，以改善终产品风味。将奶油在110～140℃温度内加热澄清，通过过滤或加入澄清剂去除残留物，即可得到酥油。这种方法生产出的酥油口感温和，奶味浓郁。

3. 水牛炼乳与奶粉　水牛乳中总固形物和脂肪含量高，在生产炼乳时容易产生黏度大、乳糖结晶、贮存期稠化、加糖浓缩奶变色以及在灭菌时出现凝乳等问题。解决这些问题的措施有：在牛乳预热时选择正确的温度和时间，使用合适类型及浓度的稳定剂，优化加糖条件（甜味浓缩乳的生产），以及在特定温度及搅拌条件下使乳糖结晶。另外，在均质前将乳脂率调整到3%，可以解决水牛乳脂肪分层的问题。

甜味水牛炼乳的生产遵循一套标准化程序：调整脂肪与非脂固形物比例为1：2.4，加入0.02%～0.03%的柠檬酸三钠，快速加热到115～116℃，浓缩后撒入大量优质乳糖晶种，28～29℃维持3小时，调整最终产品组成为75%～76%固形物和43.5%～44%糖。产品在5～8℃可以保存1年，或者在室温下34周，37℃下保存25周。

水牛奶粉溶解性较差，游离脂肪含量少，脂肪易氧化。为满足理化和功能特性的要求，生产上已对某些工艺参数进行了修正。其中，较常见的干燥全脂水牛奶粉的生产方法为：在三效蒸发器中将乳浓缩至总固形物浓度的42%～45%，于整体流化床干燥机中喷雾干燥，进出口温度分别为180℃和75℃，冷却至30℃，25千克高密度聚乙烯袋包装，用黑桑牛皮纸密封，室温下可保藏8个月，贮存时间还要参考最初水分含量。

水牛乳所产奶粉在组成和生化特性上与人乳非常相似，这种奶粉可用于模仿人乳中的生物免疫特性，保护婴儿免于肠道感染。加热水牛乳或者加入磷酸盐、柠檬酸盐，可以降低婴儿配方奶粉的凝乳张力，使其更易于被婴儿消化。

滚筒干燥法生产婴儿配方奶粉的方法为：标准化水牛乳至脂肪含量为2.5%，85℃巴氏杀菌，加入维生素和蔗糖，6.89兆帕条件下均质。水牛乳婴儿奶粉最终成分见表8-9。

表 8 - 9　滚筒干燥法水牛乳婴儿配方奶粉成分

单位：%

| 成分 | 蛋白质 | 碳水化合物 | 脂肪 | 灰分 | 水分 | 钙、磷及维生素 |
|------|--------|------------|------|------|------|----------------|
| 含量 | 23 | 55 | 14 | 4.6 | 2.4 | 1 |

（引自 Y. W. 帕克，G. F. W. 亨莱因. 特种乳技术手册. 2010）

当水牛乳婴儿奶粉复原时，再加入 1.8％的脂肪和 2.5％的蛋白质，也可以用喷雾干燥乳清粉来调整婴儿奶粉中的乳清蛋白和酪蛋白的比例。

4. 水牛奶酪　现在水牛乳可被用来生产各种奶酪。如意大利的新鲜帕斯特菲拉塔奶酪，尤其是莫扎瑞拉和博雷利，其传统原料就是水牛奶。巴尔干地区国家的许多白卤水和腌制的奶酪，也是由水牛乳生产而成。

（1）切达奶酪　切达奶酪是意大利一种非常重要的奶酪品种。以水牛乳为原料生产切达奶酪的难点在于酸化慢，凝乳张力大，凝乳期短，奶酪中水分残留少，质地硬、干、易碎、干缩，风味形成慢，乳清中脂肪损失多，蛋白消解慢。然而生产工艺的改进可以使水牛乳制成的切达奶酪与牛乳制成的产品有可比性。水牛乳切达奶酪改进的生产方法具体见下。

①水牛乳酸化的方法改进　与牛乳加工奶酪工艺相比，加热水牛乳时比正常温度要偏高，可采用 70℃、30 分钟加热的方法进行加热，或者调整发酵剂添加比例为 1.5％～2.5％，使牛奶乳酸度达到 0.21％～0.22％。

②提高干酪持水能力的方法　采用乳糖酶水解掉水牛乳中 60％～70％的乳糖，或者掺入牛乳，使水牛乳总固形物含量达到 19％，或者掺入甜味奶油，代替水牛乳 25％酪蛋白。加入某些食品添加剂也可以改进水牛乳的持水能力，如添加 0.1％的果胶或 0.1 摩尔/升的柠檬酸钠溶液，或者添加 0.1％～0.2％的过氧化氢/山梨酸（0.1％/0.15％）混合物，并在 2.45 兆帕压力下进行均质。

③加速水牛乳切达奶酪成熟的方法　在凝乳中加入 10％的奶酪浆，或者 0.001％的脂肪酶和 0.015％的蛋白酶提取液，并控制成熟温度为 12～13℃。

（2）莫扎瑞拉奶酪　莫扎瑞拉奶酪是意大利各种奶酪中众所周知的一种，是严格以水牛乳为原料的制品。在美国和欧洲，莫扎瑞拉奶酪作为一种比萨饼配料而广受欢迎。人们一般采用两种方法对水牛莫扎瑞拉奶酪进行定型。传统法，也叫发酵剂培养法，生产流程包括用发酵剂发酵牛乳、凝乳酶切块、凝乳切块、凝乳分离、压延和盐化。另外一个方法直接酸化技术，凝乳前加酸以取代发酵剂。

①发酵剂培养法　调整水牛乳酪蛋白与脂肪比率为 0.7：1，巴氏杀菌

(72℃)，加入 2％由嗜热链球菌和保加利亚乳杆菌（1∶1）组成的发酵剂 37℃培养 40～45 分钟，直至乳酸含量为 0.01％～0.02％，37℃加入凝乳酶，牛奶可以放置 30～45 分钟，切割凝乳，然后与乳清一起在 40℃煮 2.5 小时，直至乳酸含量为 0.4％，除去乳清，之后加入 2.5％～3.0％的氯化钠，沸水中浸泡凝乳 4～5 分钟，在 85～90℃下，将凝乳手动或自动加工成小球或长方块形，浸泡产品于巴氏杀菌冷水中，4～5℃保持 2 小时，最后用聚乙烯袋或其他合适的包装袋包装，5～8℃贮存。发酵剂培养法生产水牛乳莫扎瑞拉奶酪，需用微生物凝乳酶，在盐水中浸泡直至盐的含量达约 1.75％。

②直接酸化技术　该技术可生产出高质量的水牛乳莫扎瑞拉奶酪。采用 1.6～3.5 毫升盐酸/升或 2～4 毫升乙酸/升水牛乳取代发酵剂，于 6～8℃达到理想的 pH，在每 100 升牛乳中加入 0.9～1.0℃小牛凝乳酶或 0.4～0.5 克微生物凝乳酶，提高温度至 35℃，凝乳切块，乳清在 35℃下搅拌 20 分钟，然后将凝乳在乳清中浸泡 30 分钟，可促使奶酪质地均匀，加大拉伸性能，排出乳清，加入 3.0％的普通食盐，在大约 90℃时塑化凝乳，然后形成块，在 4～5℃水中浸泡 2 小时，最后包装。这种方法也可以改进为：在 20℃下，用乳酸调节 pH 为 5.0，在 37℃下煮 30 分钟得到优质水牛莫扎瑞拉奶酪。

莫扎瑞拉奶酪也可用真空浓缩水牛乳制成。这一工艺如下：以总固形物含量为 32％的浓缩乳为原料，其中酪蛋白与脂肪的比率为 0.7∶1，加入 2.5％唾液链球菌发酵剂，37℃凝乳，凝乳酶加入量为 17.5 克/千克，42℃时加工凝乳，在 0.75％乳酸的酸度下排水，在 100℃的水中塑型 1 分钟，最后压模。

# 第九章

# 乳品加工机械与设备 >>>>>

## 第一节 收奶及贮奶设备

### 一、收奶设备

收奶系统如图9-1所示，奶站或牧场原料乳被奶槽车运到乳品厂，牛乳中的气体由脱气装置除去，杂质将通过过滤器滤去，经流量计计量后，在中间贮存罐暂存，经板式热交换器预杀菌和冷却后，再用离心泵送到奶仓贮存。

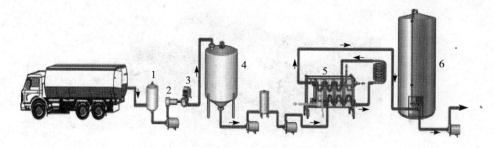

图9-1 收奶系统
1. 脱气装置 2. 过滤器 3. 牛乳流量计 4. 中间贮存罐 5. 板式热交换器 6. 奶仓
（引自侯建平. 乳品机械与设备. 2010）

### （一）体积法计量设备

体积法使用流量计，流量计在计量原料乳体积的同时也把乳中的空气体积计量进去。为了提高计量的精确度，可在流量计前加装脱气装置。

如图9-2所示，奶槽车的出口阀与一台脱气装置相连，牛乳经过脱气后被泵送至流量计，流量计不断显示牛乳的总流量。当所有牛乳计量完毕，放入流量计，记录下牛乳的总体积。

### （二）重量法计量设备

1. 称量奶槽车卸奶前后的重量，然后计算两者差值（图9-3）。

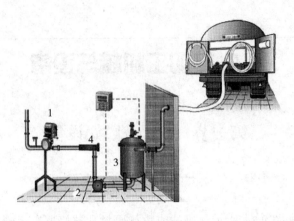

图 9-2 容积计量

1. 流量计 2. 泵 3. 脱气装置 4. 过滤器

（引自张和平，张列兵．现代乳品工业手册．2012）

图 9-3 地磅与奶槽车

（引自张和平，张列兵．现代乳品工业手册．2012）

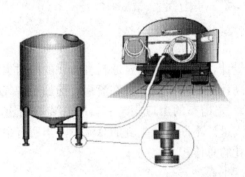

图 9-4 底部带有称量元件的特殊称量罐

（引自张和平，张列兵．现代乳品工业手册．2012）

2. 特殊称量罐通过底部称量元件称量原料乳重量。特殊称量罐称量原料乳时，牛乳从奶车被输送到罐脚装有称量元件的特殊罐中（图9-4）。称量元件产生与罐重量成比例的重量信号。当原料乳进入称量罐中时，产生的信号强度随称量罐的重量增加而增加。因此，所有的原料奶输送后，称量罐内牛乳的重量被记录下来，随后原料乳被输送入贮奶装置。

3. 收集专用奶桶送来的鲜乳，一般用磅秤计量，并配有磅奶槽和受奶槽。

## 二、贮奶设备

验收计量后的原料乳经冷却后贮存在贮奶装置中。贮奶的目的是为了保证生产厂家生产的连续性，只有原料奶贮存到一定重量时，才能生产。

贮奶缸外形一般为圆柱体，有立式和卧式两种。通常为了节省占地面积，当前使用的类型大多为立式贮奶缸。贮奶缸外壳大多数采用不锈钢材料，罐体有两层壳，中间最少有70毫米石棉层保温材料。实际保温效果要求贮奶24小时，原料奶温度上升不能大于1℃。为保证后期排放效果，罐底部平面朝出口处大约有6%的倾斜度。

贮奶缸贮奶时间长，为保证缸内物料各处的温度均匀一致并防止脂肪上浮，必须配有搅拌器，搅拌器的外形与结构如图9-5所示。

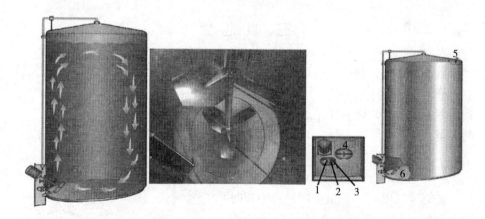

图9-5　带有搅拌的贮奶缸和露天贮奶缸

1. 温度指示　2. 低液位电极　3. 气动液位指示器　4. 探孔　5. 高液位电极　6. 搅拌器

（引自谢继志. 液态乳制品科学与技术. 1999）

为使操作方便，贮奶缸应安装有各种控制和监测设备，如图9-5，分别如下：

1. 温度指示 贮奶缸内原料乳的温度显示在罐体外的控制盘上，一般可使用一个普通温度计。目前电子传感器应用得越来越多，传感器将信号送至中央控制台，从而显示出罐内的温度。

2. 液位指示 气动液位指示器通过测量静压来显示出罐内牛乳的高度，并将读数传递给表盘显示出来。

3. 低液位保护 罐内牛乳的搅拌必须是轻度的。因此，搅拌器必须被牛乳覆盖以后才能启动。为此，低液位指示器安装在开始搅拌所需的液位上。罐中的液位低于该电极时，搅拌停止。

4. 溢流保护 保护器安装在罐的上部。当罐装满时，电极关闭进口阀，然后牛乳由管道改流到另一个贮奶罐中。

5. 空罐指示 在排乳线路中安装空罐指示（LLL），以监测该罐中的牛乳是否完全排完。该电极发出的信号可用来启动另一贮奶罐的排乳，或停止该罐排空。

贮奶缸还应配有人孔、物料的进出口、工作扶梯、通气口等。

较小的贮奶缸通常安装在室内，较大的贮奶缸安装在室外以节省建筑费用（紧靠预处理车间）。如图9-5所示露天贮奶缸，在板上带有一块附属控制盘，控制盘与室内相连，在室内即可控制。

# 三、其 他 罐

乳品厂中有各种规格的罐，从大约100升左右的奶罐到15 000升的大型贮奶仓。按罐的作用分类，可分为生产过程中贮存乳的贮奶罐和加工罐两大类。

## （一）贮奶罐

贮奶罐（图9-6）供生产过程中短时贮存原料奶用，用于生产过程中缓冲贮存，以平衡流量的变化。原料奶在经过热处理或冷却之后，进入缓冲罐缓冲贮存，随后进入杀菌包装工序。如果因某种故障包装中断时，加工后的牛乳能缓冲贮存在

图9-6 贮奶罐
（引自谢继志.液态乳制品科学与技术.1999）

中间贮奶罐中直至包装过程恢复。

中间贮奶罐内外壁是不锈钢材料是隔热保温的，在两层壁之间是一层矿物棉，保持产品温度稳定。贮存罐有一个搅拌器，并装备用于控制液位和温度、清洗的各种组件和系统，这些设备基本上与前面叙述过的乳仓相同。

### (二) 冷热缸

图 9-7 所示为立式夹套圆柱形冷热缸的外形。它由内胆、外壳、保温层、行星减速器、锚式搅拌器和放料旋塞等组成。内胆为不锈钢制成，外壳采用优质碳素钢或不锈钢制成，外覆保温层。内胆与外壳间为传热夹层，当夹层内通入载热（冷）体，可对内胆中的物料进行升温、降温和保温，所以称为冷热缸。

图 9-7 各种冷热缸

当冷热缸用于对物料加热时，夹层内通入热水或蒸汽，对内胆的物料加热。如用作冷却降温时，载冷体（冰水或水）则由底部进口管进入，经热交换后由上部溢流管排出。传热夹层与压力表及安全阀连接，便于观察调节压力，并保证操作的安全性。内胆中装有锚式搅拌桨及挡板，可搅拌物料，上下翻动，以提高物料与器壁的热交换作用，达到均匀加热或冷却的目的。内胆中插有温度计，可测定物料温度。行星齿轮减速器安装于中间盖板上，输出轴与搅拌轴的连接，采用快卸式结构，便于装拆清洗。中间盖板左右两端，分别装有进料管及温度计座。容器的前后盖连接于中间盖板上，既便于开启，又易于卸除。放料旋塞安装在容器最低位置，四只支脚能调节高度，以调节水平位置，保证缸内物料能全部放空。

冷热缸用于对物料的加热、冷却与保温。这类设备适合于中小型工厂，例如乳酸菌的培养、奶油的成熟、冰淇淋的配料与老化、鲜乳和添加剂的混合与灭菌等。为使生产连续进行，一般要配置 2～3 只，以便轮流周转。其优点是结构简单，操作方便，易清洗、检修。

# 第二节　热交换设备

常用的延长乳制品保存期的加工方法是对牛乳进行热处理。牛乳热处理的目的是杀死存在于牛乳中的所有致病菌，特别是结核杆菌，使牛乳符合国家卫生标准，保证食用安全。加热工序的另一个目的是为了使牛乳温度适合后续加工工序，例如，进入蒸发器前将物料预热至沸点以上，使物料超沸点进料，进入脱气罐之前预热至罐内真空度相对应的沸点以上，物料进入分离机之前为提高分离效果将物料预热。为了达到最佳的均质效果，物料在进入均质机之前也需预热。可见，加热处理与乳制品加工息息相关，所以热交换设备在乳制品生产中的地位非常重要。

## 一、板式热交换器

### (一) 板式热交换器的结构

1. 整体结构　如图 9-8 所示，板式热交换器是由一系列矩形不锈钢板叠在一起，固定在钢架内。它主要由传热板、上导杆、下导杆、前支柱、活动端、固定端、夹紧装置、密封垫圈及中间板等组成。

2. 传热板　如图 9-9 所示，不锈钢的传热板是板式换热器的主要构件，采用不锈钢薄板冲压制成。传热板的主要结构和功能是：

(1) 在传热板上冲有与流体流动方向呈一定角度的波纹，在传热板的四周和角孔周围冲有固定密封垫圈的凹槽。传热板的四个角上一般开有四个角孔。

(2) 传热板冲有波纹的目的不仅是增强传热板的刚性和强度，主要是当流体在板间流动时，由于波纹的存在，使流体多次改变方向造成激烈的湍流（图6-4）。湍流消除了表面的滞留层，从而提高了流体的传热效果。另外，冲有波纹后，增大了传热面积，利于流体的均匀分布。

(3) 为了防止传热板变形，在板的表面，每隔一定间隔冲有凸缘，当装配压紧时，使各板间有许多支承点，既增加了板的刚性，又保证了两板间有合适的间距。

(4) 传热板尺寸的大小直接影响到传热效果。传热板的宽度和长度直接影

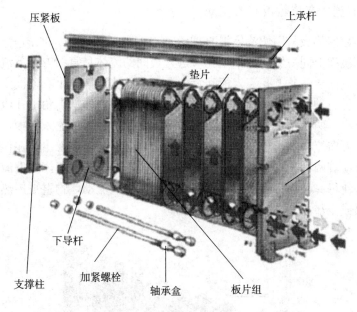

图 9-8　板式热交换器

（引自谢继志. 液态乳制品科学与技术.1999）

图 9-9　传热板的结构图

（引自谢继志. 液态乳制品科学与技术.1999）

响到流体通过整个传热表面的均匀性。

（5）为了使流体沿板的宽度迅速达到均匀的流动并消除板面上的死角，一般在传热板的四个角上冲有角孔，在四周和角孔的周围冲有凹槽，用来固定垫圈。

## （二）流体在传热板间的流动

大多数传热板采用使流体沿直线流动方向流动的配置。如图 9 - 10 所示，大垫圈围绕板上同一侧的两个角孔，进入板间的流体呈直线方向下流。在左板上，一种流体从左角上孔流入板间，由左角下孔流出，两个右角被角孔垫圈密封，阻止另一种流体流入左板。在右板上，另一种流体从右角上孔流入，由右角下孔流出，两个左角被角孔垫圈密封，阻止第一种流体流入右板，这样就形成了直线方向流动的两种流体互不相连地进出通道。可以看出，在传热板的两面分别流动着两种流体，而且它们是相间地流动着，两种流体交替流过板内通道，这样使每一种物料的两侧都有加热或冷却介质流动，物料被传热板两面的介质加热或冷却。

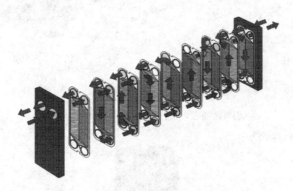

图 9 - 10 流体在传热板间的流动路线
（引自谢继志. 液态乳制品科学与技术. 1999）

为了增大传热效果，各传热板之间的距离应尽可能小一些，但大量的流体流过窄小的通道时，物料的流速和压力差会变得很大，这不利于物料的稳定流动。为了消除这种情况，物料在垫圈的作用下通过热交换器时可以分成若干支相互平行的支流。

## （三）板式热交换器的特点

1. 节约热能量、传热效率高 板式换热器热回收率可达 94％。板式换热器的传热系数极高，一般传热系数为 3 500～4 000 瓦/（米$^2$·度），比一般的热交换器的传热系数高 3～5 倍。

2. 结构紧凑、占地面积小 板式热交换器以充填系数（单位体积内的传热面积）计算，一般列管式换热器每立方米可容纳 40～150 米$^2$ 的传热面积，而板式换热器的传热面积可达 200 米$^2$ 以上，比管式换热器高 4~7 倍。

3. 适宜于热敏性物料的杀菌　由于冷热流体以高速薄层在传热板间通过，传热系数增大，可以实现高温或超高温瞬时杀菌。因而对热敏性物料如牛乳、果汁等食品的杀菌尤为理想，不会产生过热现象。

4. 具有较大的适应性　板式热交换器通过计算，增减传热板的片数改变传热板的组合、排列方式，必要时可以增加中间板，故具有较大适应性的特点。

由于板式热交换器具有其他热交换器无法比拟的优点，因而广泛地应用于乳品生产中。随着降低设备运转成本的要求，板式热交换器会更加普遍地使用。

### （四）板式热交换热器在使用时注意的事项

1. 尽量避免板片两侧面较大的压力差，在正常情况下板片两面的压力不致使板片变形。因此，应尽量避免设备突然起、停情况的发生。在设备启动时应先启动压力较低的设备。

2. 不得使用对板片有腐蚀作用的介质，在使用时应注意尽量避免与含氯离子的溶液接触。

3. 不得使用温度较低的冷却介质，以防物料冷冻体积增大，损坏设备密封性。

4. 定期更换橡胶垫圈是必需的维护步骤。垫圈使用过久，将发生永久变形，可使板间间隙变小，造成生产能力降低，甚至将板片的突缘顶坏而发生泄漏。

## 二、管式热交换器

### （一）结构

管式热交换器机组的结构如图 9-11 所示。管式热交换器是基于传统的列管式热交换的原理，在一个大管子里装有若干根小管。这些管子焊接在两端的管板上。产品流过一组平行的管子中，在管外围绕冷却或加热介质，通过管子和壳体上的螺旋波纹，产生湍流，实现有效的传热。管板与出口的管壳通过一个双 O 形密封环密封，可以通过旋开末端的螺栓，将小管从管壳中取出，方便了检修（图 9-12）。

通过计算牛乳需要的传热面积可以选择几个直管式换热器，每一直管式换

图 9-11　管式热交换器机组

图 9-12　生产线上的管式热交换器

（引自侯建平．乳品机械与设备．2010）

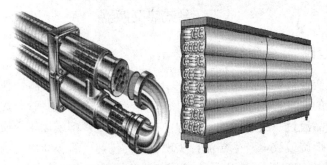

图 9-13　管式热交换器加热管

（引自侯建平．乳品机械与设备．2010）

热器用 180°弯头连接起来，这些直管用外罩包在一起，以防止热量损失或把人烫伤，直管和弯头的连接方式如图 9-13 所示。

### （二）生产线上的管式热交换器

生产线上的管式热交换器如图 9-14 所示。物料由平衡槽经供料泵泵送至第一个管式热交换器段预热后进入均质机均质，均质后的物料在另一个加热段将产品温度升高至要求的温度，保持管保持产品在需要的温度下经过一设定长度的时间段，随后产品用水和冷却水冷却到包装温度。最后，冷却的产品泵送至一个无菌缓冲缸，由此罐提供一连续生产线与包装系统之间的缓冲容积。如果达不到预设值的要求，系统自动打开回流阀，产品直接回流至回收缸中。加工线上每一段要安装监测器，以检查这些温度是否达到要求。

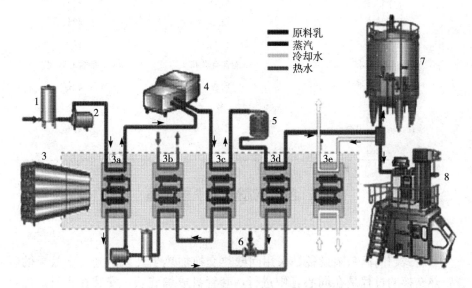

图 9-14 生产线上的管式热交换器

1. 平衡槽 2. 供料泵 3. 管式热交换器 3a. 预热段 3b. 中间冷却段 3c. 加热段
3d. 热回收冷却段 3e. 启动冷却段 4. 非无菌均质机 5. 保持管
6. 蒸汽喷射 7. 无菌缸 8. 无菌灌装
（引自谢继志. 液态乳制品科学与技术.1999）

### （三）管式热交换器的特点

1. 管式热交换器更适合超高温瞬时杀菌，这是因为管式热交换器的直管通过 180°弯头连接，必要时，在需要连接的地方装有特殊的膨胀补偿装置，消除热胀冷缩造成的热应力。

2. 管式热交换器不同于板式热交换器，它在产品通道上没有接触点，这样它就可以处理含有一定颗粒的产品。

3. 由于管子的直径较传热板的间距大，不需经常停机清洗。因此，管式热交换器比板式热交换器运行的时间长。

4. 管式热交换器比板式热交换器的热回收率低。

5. 管式热交换器比板式热交换器更易清洗和检修。

表 9-1　板式热交换器与管式热交换器的比较

| 比较项目 | 板式热交换器 | 管式热交换器 |
| --- | --- | --- |
| 应用 | 高温短时间巴氏杀菌 | 超高温瞬时灭菌 |
| 体积 | 较小 | 较大 |
| 工作时间 | 较短 | 较长 |
| 热回收率 | 较大 | 较小 |
| 对物料的要求 | 不能含有颗粒 | 能含有颗粒 |
| 对热胀冷缩的抵抗 | 较弱 | 较强 |
| 清洗次数 | 多 | 少 |
| 检查、维修、更换 | 不易 | 容易 |
| 密封垫圈 | 长、大 | 短、小 |

## 三、套管式超高温杀菌设备

### (一) 结构

套管式超高温杀菌设备是采用间壁热交换加热牛乳以达到灭菌效果的装置。热交换的过程是在同心管中进行，套管盘成螺旋状，安装在密封的加热器中。

### (二) 工作过程

如图 9-15 所示，温度为 5℃的物料通过供料泵进入双套管预热至 80℃，然后通过单螺旋管进入加热器被加热至 120～135℃，出加热器后在保温区中保持 4～6 秒以上，然后进入双套管，热物料在中心流动，冷物料在外管环隙中流动，物料经热交换后被冷却至 60～65℃后，经背压阀排出至下一道工序。如果未达到杀菌温度时，此时立即发出蜂鸣信号，可操作三通旋塞将物料回流

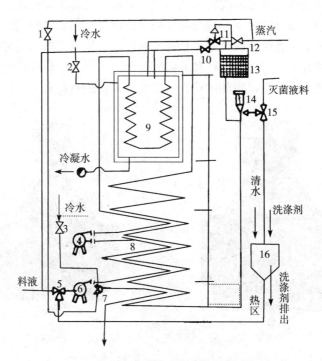

图 9 - 15　国产套管式超高温杀菌设备

1. 蒸汽阀　2. 进水阀　3. 冷水阀　4. 中间泵　5. 进料三通旋塞　6. 供料泵

7. 三通旋塞　8. 套管　9. 加热器　10. 支阀　11. 电动调节阀　12. 总阀

13. 温度自动记录仪　14. 减压阀　15. 出料三通旋塞　16. 贮槽

（引自侯建平. 乳品机械与设备. 2010）

至贮槽内，并打开三通旋塞重新加热杀菌。

# 第三节　离心分离设备

## 一、分离的原理

离心分离是指在一容器中装上液体，并旋转该容器，就会产生离心力。产生了离心加速度，离心加速度不像静止容器中的重力加速度是个常数。它随着距传动轴的距离和旋转速度的增加而增加。利用悬浮液（或乳浊液）密度不同的各组分在离心力场中迅速沉降分层的原理，实现液-固（或液-液）分离。

1. 净化　如图 9 - 16 所示，在离心净乳机中，牛乳在碟片组的外侧边缘进入分离通道并快速地流过通向转轴的通道，并由一上部出口排出，流经碟片组的途中固体杂质被分离出来并沿着碟片的下侧被甩到离心钵的周围，并集中到沉渣空间。由于牛乳沿着碟片的半径宽度通过，所以流经所用的时间足够，非常小的颗粒被分离。离心净乳机和分离机最大的不同在于碟片组的设计。净乳机中的碟片没有分配孔，净乳机只有一个出口，而分离机有两个出口。

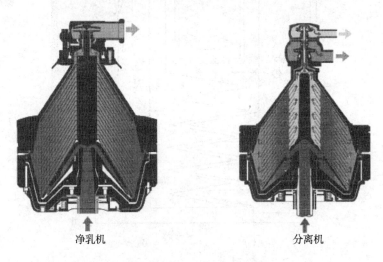

净乳机                    分离机

图9-16　净乳机及分离机结构示意图

2. 分离　如图9-16所示，在离心分离机中，碟片组带有垂直的分布孔。牛乳进入距碟片边缘一定距离的垂直排列的分配孔中，在离心力的作用下，牛乳中的颗粒和脂肪球根据它们相对于连续介质（即脱脂肪乳）的密度而开始在分离通道中径向朝里或朝外的方向运动。而在净乳机中，牛乳中高密度的固体杂质迅速沉降于分离机的四周，并汇集于沉渣空间。由于此时通道中的脱脂乳向碟片边缘流动，这有助于固体杂质的沉淀。

稀奶油即脂肪球，比脱脂乳的密度小，因此在通道内朝着转动轴的方向运动，稀奶油通过轴口连续排出。脱脂乳向外流动到碟片组的空间，进而通过最上部的碟片与分离钵锥罩之间的通道，脱脂乳由此排出。

## 二、离心分离机

离心分离机是现代乳品厂的重要的设备，常用于对牛乳的净乳、脱脂、标准化、离心除菌等，如图9-17所示。

图9-17　工厂中的离心分离机

## （一）离心分离机的结构

离心分离机的结构分为两部分，即工作部分与传动部分。

1. **分离钵**　如图9-18所示为分离钵结构，在其内部有一组旋转的碟片组。

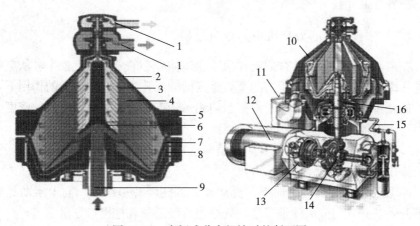

图9-18　密闭式分离机钵时的断面图

1. 出口泵　2. 钵罩　3. 分配孔　4. 碟片组　5. 锁紧环　6. 分配器　7. 滑动钵底部　8. 钵体
9. 空心钵轴　10. 机盖　11. 沉渣器　12. 电机　13. 制动　14. 齿轮　15. 操作水系统　16. 空心钵轴

2. 碟片组　从图 9-18 中可以看出，分离钵中的一组锥形盘式挡板即碟片，加入碟片的目的是可以有效提高沉降面积。碟片层层迭合形成了碟片组。焊接在碟片上的焊接物保证了碟片间的正确距离，形成了分离通道。焊接物的厚度决定了分离通道的宽度。

图 9-19　在分离钵中的碟片

如图 9-19 所示，碟片的结构是：碟片用薄的不锈钢冲成，碟片呈圆台形，在碟片上开有对称的孔。

### (二) 牛乳在离心分离机中的分离过程

在离心分离机中碟片被固定在顶罩和钵体中心的分配器上。牛乳从空心钵轴进入距碟片边缘有一定距离的垂直排列的分配孔中，在离心力的作用下，牛乳中的颗粒或液滴（脂肪球）根据它们相对于连续介质（脱脂乳）的密度而在分离通道内被分离，其分离过程为：

1. 脂肪球的密度小，沿分离通道向上向内运动，汇聚在轴中心后，从稀奶油排出口排出。

2. 脱脂乳沿分离通道向下向外运动，到达碟片边缘后，向上运动经最上部不开孔的碟片与分离钵锥罩之间的通道，经脱脂乳排出口排出。

3. 牛乳中密度较大的杂质沿分离通道被甩向分离机四周的沉渣室，杂质被定期排出。

### （三）固体杂质的排出

如图 9 - 20 所示，现代的离心分离机都有自动排渣系统。沉渣排放的情况取决于离心机的类型，但基本上都是把一定体积的水加入到排水装置中作为平衡水。当水从滑动钵底部排出时，滑动钵立刻下降，沉渣就沿钵的周边排出。关闭钵体的新平衡水由伺服系统自动供给。平衡水推动滑动钵底部，克服密封环的阻力上移，关闭排渣口。沉渣排放时间约为零点几秒。

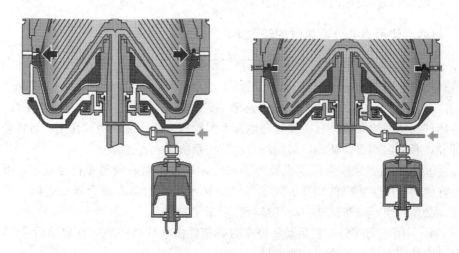

图 9 - 20　固体杂质的排出

离心机的框架吸收了离开旋转钵的沉渣的能量，沉渣借助重力从机架排出到下水道、容器或是泵中。

### （四）影响分离效果的因素

1. 从离心分离机方面　分离机的转速越大，分离效果越好；碟片的形状及数目多少；分离钵的直径越大，分离效果越好。

2. 从牛乳方面　原料乳中脂肪球直径越大，分离效果越好；原料乳中杂质的含量与杂质的大小；分离机中若牛乳流速小，那么牛乳在分离通道内时间长，可将直径小的脂肪球分离，脱脂效率大；在分离前将物料预热，会提高分离效果。

在生产中常用预热的方法来提高分离效果，牛乳预热后可以使脂肪球直径增加，脂肪球与脱脂乳的密度差增大，脱脂乳的黏度降低。

### （五）离心分离机在生产上的应用

1. 净乳　用离心分离机除去乳中的杂质。

2. 脱脂　用离心分离机脱去乳中的脂肪，形成稀奶油和脱脂乳。

3. 标准化　用离心分离机调整原料乳中脂肪与非脂乳固体的比例，使其符合成品的要求。

4. 离心除菌　用离心分离机除去牛乳中的细菌。

现代乳品厂使用的都是一机多用分离机。

### （六）使用离心分离机时的注意事项

1. 在选择分离机时，要根据实际情况考虑，生产能力要适当，以提高设备利用率，减少动能消耗。

2. 工作时分离机高速转动，要有坚实的地基。转动主轴要垂直于水平面，各部件应精确地安装，有必要时在地脚上配置橡皮圈，能起缓冲作用。对转动部分，必须定期更换新油，清除污油，防止杂质混入。

3. 开车前必须检查传动机械与紧固件，观察松动方向是否符合要求，不允许倒转，以防止机件损坏。观察电动机和水平轴的离心离合器是否同心灵活，必要时经行空车试转，听其是否有不正常的杂音。

4. 封闭压力式分离机启动和停车时，都要由水代替牛乳，在启动后 2～3 分钟内就应取样分析鉴定分离效果。

5. 连续作业时间应视物料的物理性质、杂质含量而定，一般为 2～4 小时即需停车清洗。为保证质量要求，最好是配备 2 台，制定出周密的作业计划及运转时间表，如发现分离后的物料不符合规定指标，经调节机件后不见效，则应立即停机检查。

6. 对封闭压力式分离机而言，因具备一定压力，故用体积型旋转泵或特殊的离心泵，尽力防止泵的脉动，使物料流量不均匀。

7. 注意并经常检查泵对吸料管的周封等处是否严密，防止空气混入。

8. 操作结束后，立即拆洗干净，以备下次使用。

# 第四节　均质设备

物料经柱塞式往复泵形成高压，高压的物料通过一个特殊结构的均质阀后被均质。均质是乳品生产中重要的加工过程，物料经均质后被有效地粉碎、分散，混合得更加均匀一致，并能有效地防止脂肪上浮。

## 一、均质阀的结构

均质阀结构如图 9-21 所示，它是由均质头、均质环、阀座等组成。它们之间配合得非常紧密，均质头与阀座之间形成狭窄的缝隙，高压的物料通过内部的缝隙后颗粒被粉碎。

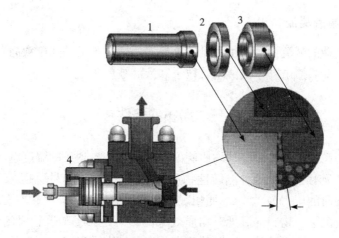

图 9-21　均质阀的结构
1. 均质头　2. 均质环　3. 阀座　4. 液压传动装置

## 二、均质的原理

牛乳以较高的压力被送入阀座与均质头之间的间隙，间隙的宽度大约是 0.1 毫米或是均质乳中脂肪球尺寸的 100 倍。液体通常以 100～400 米/秒的速度通过窄小的环形间隙，均质就在这 10～15 微秒的时间内发生。在这一瞬间，所有从柱塞泵传过来的压力能都转换成了物料的动能。当物料以非常高的速度通过间隙后，在下列几种因素的协同作用下，物料中的颗粒或液滴被粉碎。

### （一）剪切作用

牛奶以高速通过均质阀中的间隙时，对脂肪球产生非常大的剪切力，此力使脂肪球变形、伸长和粉碎。

### (二) 空穴作用

液体在缝隙中加速运动的同时，静压能下降，可降至脂肪的饱和蒸汽压力以下。这就产生了空穴现象，空穴产生非常大的爆破力，使脂肪球被粉碎。

### (三) 撞击作用

当脂肪球以高速冲击均质环时产生撞击力，使其破碎。

### (四) 湍流涡流作用

高速流动的液流中会产生大量的小旋涡。液体流动的速度愈高，产生的漩涡越多，小旋涡撞击粒子或液滴，粒子和液滴被粉碎。

## 三、均质的条件

均质的条件是指牛乳经过均质阀的温度和压力。均质的温度越高，均质的效果越好，但对于牛乳这种热敏性物质，均质只是把物料预热至 $50\sim60℃$ 即可，一级均质的压力为 $10\sim25$ 兆帕，二级均质的压力为 5 兆帕左右。

一般情况下，物料的温度对均质效果的影响是：①随着物料的温度升高，乳脂肪由固体转化成液体，脂肪球膜内包裹着液态乳脂肪比固态的乳脂肪均质更加容易，效果更好。②物料温度越高，空穴作用越强，效果越好。

## 四、双级均质

均质机上可以安装一个均质装置，也可以安装两个串联的均质装置，分别称为一级均质或二级均质，如图 9-22 所示。

在一级均质中，全压降作用于一个均质装置上，在二级均质中，总压在第一级之前测定为 $P_1$，在第二级之前测定为 $P_2$。通常，选择二级均质的目的是要达到最佳的均质效率，当 $\dfrac{P_2}{P_1}=0.2$ 时，可以获得最好的效果。

1. 一级均质主要用于以下产品的生产中：低脂肪含量的产品，要求高黏度的产品（有一定程度的结块）。

2. 二级均质主要用于打碎产品中的脂肪球簇（打碎后的脂肪球仍聚集在一起），使脂肪分散得更加均匀。

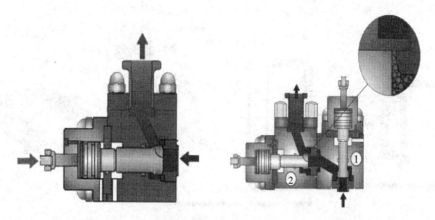

图 9 - 22  两级均质头

1. 第一级  2. 第二级

二级均质主要是用于以下情况：高脂肪含量的产品，干物质含量高的产品，要求黏度较低的产品，最佳均质效果（微细化）。

## 五、均质后牛乳的特点

均质给牛乳的物理性质带来很多优点：脂肪球变小，有效防止脂肪上浮；牛乳的颜色更白，更易引起食欲；降低了脂肪氧化的敏感性，风味更加均匀，更好的口感，发酵乳制品具有更高的稳定性。

然而均质后的牛乳也有一定的缺点：均质乳不能被有效地分离，增加了一些对光线、日光和荧光的敏感性，可也导致日照味，降低了热稳定性，均质后的牛乳不能用于生产半硬或硬质干酪，因为凝块很软，以致难以脱水。

## 六、均质机在生产上的应用

物料全部均质，原料乳全部进入均质机。而图 9 - 23 所示部分均质意味着脱脂乳的主体部分不均质，只是少量含有脂肪的稀奶油进行均质。这种均质形式主要应用于巴氏杀菌乳的生产上，其最主要的原因是降低生产费用。由于只有一小部分的流体流过均质机，所以总能量消耗降低了 65%。

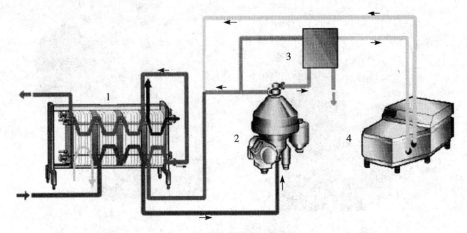

图 9 - 23　均质加工过程

1. 板式换热器　2. 离心分离机　3. 标准化控制器　4. 均质机

# 第五节　全自动就地清洗系统（CIP）清洗设备

## 一、CIP 清洗设备概述

　　CIP 清洗装置不仅能清洗生产机器，而且还能控制生产设备上微生物的清洗方法。CIP 清洗设备是一种理想的设备及管道清洗方法，广泛地用于饮料、乳品、果汁、酒类、制药行业等对卫生级别要求较严格的生产设备的清洗、净化。食品加工企业在生产过程中，加工生产设备及生产管道的清洗非常重要。加工设备及生产管道在使用后会产生一些沉淀，如不及时、彻底地清洗，将直接影响最终产品的质量。CIP 原位清洗设备（罐体、管道、泵等）及整个生产工作线在无须人工拆开或打开的前提下，在闭合的管道回路中进行循环清洗、消毒。

## 二、CIP 清洗设备

　　如图 9 - 24 所示，CIP 在线清洗系统主要有单个或多个清洗液贮罐及管道、分布器、增压泵、回流泵、气动控制阀、酸碱计量泵、板式换热器、温度控制仪、电导率检测仪、液位控制仪，PLC 触摸屏及控制柜等部件组成。全自动单回路 CIP 系统，采用三罐制方形联体式结构，板式换热器在线加热。

酸液罐、碱液罐、热水罐均为双层全封闭罐，内胆板材为不锈钢 SUS316L，其中酸碱罐配置搅拌器；浓酸、浓碱罐为不锈钢罐，材质为不锈钢 SUS316L。CIP 系统与所有的加工设备连成一个循环的清洗回路，系统采用全自动控制。浓酸、浓碱用隔膜阀自动泵打入酸液罐、碱液罐。个性化人机界面的设计，实现了操作控制的全面自动化。

图 9-24　CIP 在线清洗系统

## 三、CIP 清洗设备特点

1. 设计紧凑，安装、维护和调试简便；性能稳定可靠，用功能块组成的模块结构，可分手控、自动选择、触摸屏提示操作，直观易懂。

2. 清除污垢残留，防止微生物污染，避免批次之间的影响。

3. 符合 GMP 要求，实现清洗工序的验证。

4. 能使生产计划合理化及提高生产能力。

5. 按程序安排步骤进行，与手洗作业比较，能有效防止操作失误，提高清洗效率，降低劳动强度，节省劳动力，提高产品质量。

6. 使清洗成本降低，水、清洗剂及蒸汽的耗量少。

7. 能增加机器部件的使用年限。

8. 安全可靠，设备无须拆卸。

## 四、CIP 清洗程序

1. 冷管路及其设备的 CIP 清洗程序　乳品加工中的冷管路主要包括收乳

管线、原料乳贮存罐等设备。牛乳在这类设备和连接管路中由于没有受到热处理，所以相对结垢较少。因此，建议的清洗程序如下：

(1) 水冲洗 3～5 分钟。

(2) 用 75～80℃ 热碱性洗涤剂循环 10～15 分钟（若选择氢氧化钠，建议溶液浓度为 0.8%～1.2%）。

(3) 冲洗 3～5 分钟。

(4) 建议每周用 65～70℃ 的酸液循环一次，时间为 10～15 分钟（如浓度为 0.8%～1.0% 的硝酸溶液）。

(5) 用 90～95℃ 热水消毒 3～5 分钟。

(6) 逐步冷却 10 分钟（贮乳罐一般不需要冷却）。

2. 热管路及其设备的 CIP 清洗程序　乳品加工中，由于各段热管路加工工艺目的的不同，牛乳在相应的设备和连接管路中的受热程度也有所不同，所以要根据具体结垢情况，选择有效的清洗程序。

(1) 受热设备的清洗

①用水预冲洗 5～8 分钟。

②用 75～80℃ 热碱性洗涤剂循环 15～20 分钟。

③用水冲洗 5～8 分钟。

④用 65～70℃ 热碱性洗涤剂循环 15～20 分钟。

⑤用水冲洗 5 分钟。

加工前一般用 90℃ 热水循环 15～20 分钟，以便对管路进行杀菌。

(2) 巴氏杀菌系统的清洗　对巴氏杀菌设备及其管路一般建议采用以下的清洗程序：

①用水预冲洗 5～8 分钟。

②用 75～78℃ 热碱性洗涤剂（若浓度为 1.2%～1.5% 氢氧化钠溶液）循环 15～20 分钟。

③用水冲洗 5 分钟。

④用 65～70℃ 酸性洗涤剂（若浓度为 0.8%～1.0% 的硝酸溶液或 2.0% 的磷酸溶液）循环 15～20 分钟。

⑤用水冲洗 5 分钟。

(3) UHT 系统的清洗　UHT 系统的正常清洗相对于其他热管路的清洗来说要复杂和困难。UHT 系统的清洗程序与产品类型、加工系统工艺参数、原材料的质量、设备的类型等有很大的关系。UHT 设备都需要 AIC 中间清洗过程和 CIP 清洗过程。AIC 的目的是为了进行下一个加工周期，通常在故障强迫停止加工时进行，而加工后都应进行 CIP 清洗，以保证管道的无菌状态。因此，用合适的 CIP 工段来配合 UHT 工作，这在工艺上是十分必要的。

①配料设备、管道的清洗　为避免交叉污染，配料罐原则上要求清空一锅清洗 1 次。日常清洗以纯水冲洗为主。但每天必须有 1 次高温消毒。3 天做 1 次碱清洗。周末进行 1 次酸碱清洗。

管道的清洗分两部分：调配罐后的管道与 UHT 同时清洗。调配罐前的管道，如两次使用间隔时间短，不清洗，最好在前一次泵完物料后控制适量顶水将管道内残余物料顶干净，将质量隐患产生的可能性降到最低。

②换热器的清洗　UHT 的清洗除了温差达到 6℃必须进行完整 CIP 外，加工期间还要随时监控温度的变化趋势，及时做出 AIC 清洗的决定。UHT 清洗时要和输出到无菌罐的管路一起清洗。对中性产品，一般连续加工 8 小时左右，设备本身就需要进行 CIP。对酸性产品，灭菌温度在 110℃左右，就是连续加工 24 小时，也不一定会出现温度报警。即使如此，也一定要坚持 24 小时内停机清洗的制度。

③无菌罐的清洗　应严格执行 24 小时内做 1 次完整清洗的制度。无菌罐的无菌空气滤芯也要严格执行每使用 50 次更新 1 次的规定，确保无菌条件随时有效。无菌罐清洗要和无菌罐输出到包装机的管路一起清洗。遗留任何一处，都将影响整条线的清洗效率。此外，在加工线更换产品时，一定要进行 CIP 清洗，免得前后产品的风味互相影响。

④包装机的清洗　当停机超过 40 分钟，要求对包装机及其管路进行 CIP 清洗后才能继续加工。连续加工 24 小时内要确保做 1 次 CIP。

## 五、CIP 清洗系统分类

### (一) 一体式 CIP 系统

一体式 CIP 清洗系统如图 9-25 所示只有一个清洗站，负责所有需要清洗的生产设备，水和酸碱液从中央清洗站的贮存罐经泵送至各个清洗管线，主要应用于管线相对简单及路线比较短的小型乳品厂。

清洗过程中，酸碱液的浓度越来越低，通过电导率传感器检测低于预设值时，浓度高的酸碱液自动补入，补充到预设的浓度。当酸碱液使用时间过长，不能再次使用时，通过转向阀将废液排除，而不返回酸碱罐。洗涤的所有热水

图 9 - 25　一体式 CIP 清洗系统

和酸碱液在保温罐中保温，通过热交换器达到所需温度。最终的洗涤水被收集在洗涤水罐中，并作为下次冲洗程序的预洗水。

对于管线复杂及路线比较长的大型乳品厂，一体式 CIP 清洗系统容易造成清洗管路中液体量大。清洗管线后留在管路中的水稀释了酸碱溶液，需要补充大量的浓酸碱溶液，保证要求所需的浓度。清洗管线距离越远，清洗的费用越高。

## (二) 分立式 CIP 系统

分立式 CIP 清洗系统如图 9 - 26 所示，是由分散在各组生产加工设备附近的 CIP 清洗卫星站构成。根据乳品厂管线规模及其复杂程度的不同，酸碱液的配置、贮存与供应一般都在 CIP 清洗中心站完成，通过主管道分别被派送到各个清洗卫星站，洗涤水的供应和加热则在卫星站就地安排，或者两者合一。

与一体式 CIP 清洗系统相比，分立式 CIP 清洗系统能够满足最少清洗液循环原则的要求。此系统水和蒸汽消耗量大幅度减少，冲洗后系统管路中残留水量少，蒸发费用低，废水处理系统的负荷小。

图 9-26　分立式 CIP 清洗系统

# 第六节　浓缩设备

## 一、浓缩的基本原理

蒸发浓缩是食品工厂中使用最广泛的浓缩方式，其原理是利用浓缩设备对物料进行加热，当加热至相应压力条件下水的沸点后，物料中易挥发部分水分不断地由液态变为气态，汽化时产生的二次蒸汽不断被排出设备，使成品的浓度不断提高，直至达到所规定的物料浓度。蒸发过程完成的必要条件包括：供应足够的热量以维持溶液的沸腾温度，并补充因水分蒸发所带走的热量，促使蒸汽迅速排出，保持汽液界面较低的压力。

## 二、浓缩设备的分类

浓缩设备由蒸发器、冷凝器和真空装置等组成。

1. 按蒸发面上的压力分

（1）常压浓缩设备　是指在常压状态下对物料进行浓缩蒸发。这类设备因生产工艺不同阶段结构上有很大差异，结构简单，对生产技术要求较低。

（2）真空浓缩设备　是指在真空状态下对物料进行浓缩蒸发。这类设备物料蒸发温度低，蒸发速率高，但设备结构复杂。

2. 按加热蒸汽被利用的次数分

（1）单效浓缩装置　是指用于加热物料的蒸汽只能被一次利用。浓缩过程中所需要的热量在设备加热、散热等损失外，还包括有物料升温所需要的热量和物料中水分蒸发所需要的热量。因此，单效浓缩装置蒸汽消耗量大，但用电量最小。

（2）多效浓缩装置　是指用于加热物料的加热蒸汽能多次利用。浓缩过程中所需热量为单效浓缩装置所需热量除去重复利用所能回收的热量。多效浓缩装置所需蒸汽消耗量可以随着蒸汽重复利用次数的增加而减少。但相对地，多效浓缩装置体积庞大，用电量也随着利用次数的增加而增加。

3. 按料液的流程分

（1）自然循环式　是指物料按加热上升规律进行自然循环。靠近设备加热面的物料由于受热导致温度高于远离加热面的物料，温度高的物料做上升运动离开受热面，物料中的水分充分汽化。

自然循环式分为内循环式和外循环式。内循环式是指浓缩设备的蒸发室和加热器二者合一，物料在同一空间内进行加热循环；而外循环式是将蒸发室和加热室分开，物料在加热器中加热，在蒸发室中脱水。

（2）强制循环式　是指利用奶泵等设备将物料按设计好的管线进行循环。

（3）单程式　指浓缩物料经过一次循环就必须达到所需浓度。

4. 按料液蒸发时的分布状态分

（1）非膜式　料液在蒸发器内聚集在一起，只是翻滚或在谷中流动，形成大蒸发面。非膜式蒸发器又可分盘管式浓缩器和中央循环管式浓缩器。

（2）薄膜式　料液在蒸发器内蒸发时被分散成薄膜状。薄膜式蒸发器又可分为升膜式、降膜式、片式、刮板式、离心式薄膜浓缩器等。

## 三、盘管式真空浓缩锅

1. 盘管式浓缩锅工作流程　盘管式浓缩锅是乳品工厂广泛采用的连续式进料、间歇式出料作业的浓缩设备，其结构如图 9‑27 所示，主要由盘管式加热器、蒸发室、泡沫捕集器、进出料阀及各种控制仪表等部分组成。

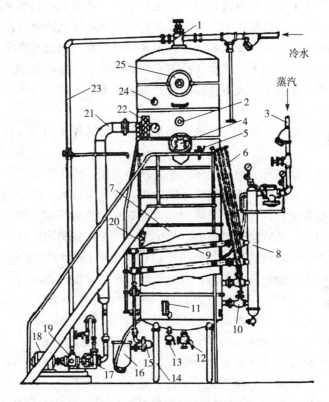

图 9‑27　盘管式真空浓缩装置

1. 冷水分配头　2. 视镜　3. 加热蒸汽总管　4. 人孔　5. 放空旋塞
6. 蒸汽阀门操纵杆　7. 浓缩罐　8. 蒸汽分配管　9. 盘管　10. 蒸汽阀门
11. 温度计　12. 放料旋塞　13. 取样旋塞　14. 罐体支架
15. 汽水分离器　16. 排水器　17. 冷却水排水泵　18. 电动机
19. 真空泵　20. 料液进口旋塞　21. 冷却水排出管　22. 蒸汽压力表
23. 不凝气体排出管　24. 真空表　25. 观察孔
（引自崔建云. 食品加工机械与设备. 2004）

浓缩锅体为立式圆筒密闭结构，下部空间为加热室，上部空间为蒸发室。

下部加热室装有 3 到 5 个加热盘管，分层排列，每盘 1 到 3 圈，各组盘管分别装有可单独操作的加热蒸汽进口及冷凝水出口。

泡沫捕集器设备为离心式，安装于盘管式浓缩锅的上部外侧。泡沫捕集器中心立管与真空系统连接。

工作时，料液沿锅体切线方向通过进料管进入锅内。外层盘管间料液受热后体积膨胀而上浮，当到达液面后，料液中的二次蒸汽逸出，料液浓度提高，密度增大。盘管中部位的料液，因受热相对较少，密度大，自然下降回流，从而形成了料液沿外层盘管间上升，又沿盘管中心下降回流的自然循环。

蒸发产生的二次蒸汽从浓缩锅上部中央，以切线方向进入泡沫捕集器形成漩涡，在离心力的作用下，二次蒸汽中夹带的料液雾滴在捕集器的壁上积聚在一起流回锅中，除去了牛乳中微粒的蒸汽则盘旋上升，经立管碾转向下，进入冷凝器。

当浓缩锅内的物料浓度经检测达到要求时，即可停止加热，打开锅底出料阀出料。

盘管式蒸发器的设备结构简单、工艺制造方便，操作性稳定，操作易于控制。盘管为扁圆形截面，原料奶流动阻力小，管道直径大，适于较高的黏度料液。由于加热管较短，管道壁温度均匀，冷凝水能及时排除，传热面利用率较高。传热面积小，料液对流循环差，易结垢。便于根据料液的液面高度独立控制各层盘管内加热蒸汽通断及其压力，以满足生产或操作的需要。在使用时，不得有露出液面的盘管通入蒸汽，只有料液淹没后才能通入蒸汽。由于盘管结构尺寸较大，加热蒸汽压力不宜过高，一般为 0.7~1.0 兆帕。料液受热时间较长，在一定程度上对生产质量有影响。

2. 盘管式真空浓缩锅在生产操作时常见故障及其产生原因

(1) 生产时真空度过低  真空度过低是指在生产过程中低于生产浓缩规定的真空度（规定锅内压力在 187 千帕以下）。

产生的原因：①漏气：物料通过的导管、阀门，设备本身的人孔、视灯、灯孔等处有泄漏，或是垫圈破损，螺丝松扣等原因也会导致漏气。②设备冷却水量不足，水温过高也会导致真空度低。水力喷射器设备特性导致这种故障，因此应控制水温，保持在 20℃ 或以下。③真空设备有故障。水力喷射器的喷射孔被堵塞或积垢，或喷孔磨损过大等。

(2) 锅内沸腾停止

①贮奶罐抽空，外界空气进入真空锅内。②真空设备故障。水里喷射器断水，对浓缩锅抽真空过程中中断。此时应立刻打开放空阀，破坏锅内真空

状态。

（3）倒灌　倒灌是指在操作时，大量水从二次蒸汽管道涌进浓缩锅内。若发生下述几项事故时，都应立即打开放空阀，破坏锅内真空，关闭加热蒸汽阀门。如果已发生了倒灌，锅内的乳应排出，重新杀菌。浓缩锅也应重新清洗、消毒。

①突然停电　浓缩锅内已相当高的真空度，水泵突然停止运转，水力喷射器的抽真空失效。锅内真空会将水力喷射器中冷却水吸入锅内而引起倒灌。

②水力喷射器发生故障　喷孔突然堵塞或喷孔中心线偏斜，使喷射器抽真空能力减弱。

③离心水泵发生故障　叶轮堵塞、损坏，吸水管或水管被堵，水进不了喷射器而造成抽真空能力减弱或真空系统失效。

（4）产量过低或浓缩时间过长　其原因是：运转状况不符合规定的标准，盘管表面积有垢层，盘管内不凝性气体或冷凝水的排除不充分。

（5）真空浓缩锅进奶过多　浓缩时进奶量过多，并不能加快浓缩的速度，提高产量。当进奶过多时，随着锅内真空度逐步升高，经预热的牛乳容易发生"过热"现象，晚出现"暴沸"，泡沫大量涌起，甚至会引起"跑奶"。为此，一般需要进行"压气"，但导致锅温升高。

克服办法是关闭进乳阀门，并关小加热蒸汽，如仍不能解决，即将下部盘管全部关闭，只开上面 1~2 层盘管，并时刻防止"跑奶"。若锅温有所下降，真空度渐趋升高，沸腾恢复正常，即可继续进行正常浓缩操作。如果采取上述措施后，真空度仍继续下降，则应过多之乳放出。

## 四、液膜式蒸发器

这一类蒸发器的主要特点是，原料奶在蒸发器的加热室中只通过一次，不做循环加热就排出浓缩后产品。原料乳在管壁上呈膜状流动。所以称这类蒸发器为液膜式蒸发器。

常有以下几种型式：长管式、刮板式和板式等。乳品厂应用最多的是长管式蒸发器。

长管式蒸发器根据液膜的流动方向，又分为升膜蒸发器和降膜蒸发器。

1. 升膜式蒸发器　对于升膜式蒸发器，物料从管束下部引入。工作时，物料在加热管内全程形成上、中、下三个不同区域，如图 9-28 所示，物料在下部，因液层静压作用，物料不沸腾，只起加热作用。在中部温度上升，物料沸腾，二次蒸汽形成，蒸汽体积急速增大，管芯形成高速上升气流，将液体在管壁压成薄膜向上流动，造成很好的传热条件，传热系数大大增加，使蒸发变快。到达上部后进入饱和区，经管顶汽液混合物进入分离器进行汽液分离。而在降膜式蒸发器中，物料从顶部进入，然后呈膜状蒸发。

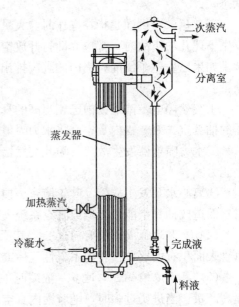

图 9-28　升膜式蒸发器
(引自侯建平. 乳品机械与设备. 2010)

2. 多效降膜式蒸发器　在我国的乳品企业中常见的类型是降膜式蒸发器。多效降膜式蒸发流程是由多个降膜蒸发器组合后的蒸发操作过程。多效蒸发时要求后效的操作压强和溶液的沸点均较前效低，引入前效的二次蒸汽作为后效的加热介质，即后效的加热室成为前效二次蒸汽的冷凝器，仅第一效需要消耗生蒸汽。一般多效蒸发的末效或后几效总是在真空下操作，由于各效（除末效外）二次蒸汽都作为下一效的加热蒸汽，故提高了生蒸汽的利用率，即经济性。需要强调的是蒸发量与传热量成正比，多效蒸发并没有提高蒸发量，而只是节约了加热蒸汽，其代价是设备投资增加。在相同的操作条件下，多效蒸发器的生产能力并不比传热面积与其中一个效相等的单效蒸发器的生产能力大。根据给蒸发器加入原料的方式，可分为并流加料、逆流加料和平流加料三种蒸发器。下面以三效为例分别介绍：

（1）并流加料蒸发器　并流三效蒸发器中，如图 9-29 所示，溶液和加热蒸汽的流向相同，都是从第一效开始按顺序流到第三效后结束。其中加热蒸汽分两种，第一效是生蒸汽，即由其他蒸汽发生器产生的蒸汽，第二效和第三效的蒸汽是二次蒸汽，第一效蒸发产生的蒸汽是第二效蒸发的加热蒸汽，第二效蒸发产生的二次蒸汽是第三效蒸发的加热蒸汽。原料液进入第一效浓缩后由底部排出，并依次进入第二效、第三效，在第二效和第三效被连续浓缩。完成液由第三效底部排出。

并流加料法的优点是：利用各效间的压力差输送料液，因前效温度和压力高于后效可以不设预热器；辅助设备少，流程紧凑，温度损失小，操作简便，

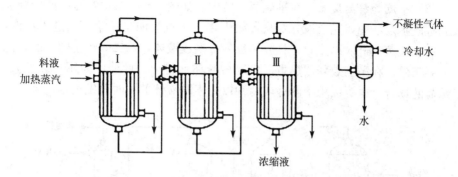

图 9-29　并流加料蒸发工艺流程

工艺稳定，设备维修量少。其缺点是：后效温度降低后，溶液黏度逐效增大，降低了传热系数，需要更大的传热面积。

（2）逆流加料蒸发器　在逆流加料器中，如图 9-30 所示，料液与蒸汽走向相反。料液从末效加入蒸发浓缩后，用泵将浓缩液送入前一效直至末效，得到完成液；生蒸汽从第一效加入后经放热冷凝成液体，产生的二次蒸汽进入第二效，在对料液加热后冷凝成液体，第二效产生的二次蒸汽进入第三效对原料液加热，释放热量后冷凝成液体排出。

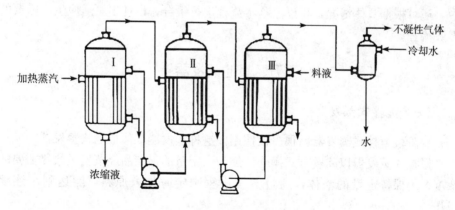

图 9-30　逆流加料蒸发工艺流程

逆流加料流程中，因随浓缩液浓度增大而温度逐效升高，所以各效的黏度相差较小，传热系数大致相同；完成液排出温度较高，可在减压下进一步闪蒸浓缩。其缺点是：辅助设备多，需用泵输送原料液；因各效在低于沸点下进料，故必须设置预热器。能量消耗大也是其缺点。逆流加料流程主要应用于黏度较大的液体的浓缩。

（3）平流加料蒸发器 在平流蒸发器中，如图 3-31 所示，原料液分别加入到各效蒸发器中，完成液分别从各效引出，蒸汽流向是从第一效进生蒸汽，产生的二次蒸汽进入第二效并释放热量后冷凝成液体，第二效产生的二次蒸汽进入第三效，在第三效释放热量后冷凝成液体而排出。此法主要用于黏度大、易结晶的场合，也可以用于两种或两种以上不同液体的同时蒸发过程。

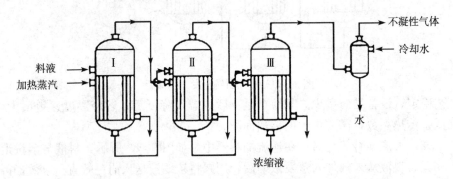

图 9-31 并流加料蒸发工艺流程

多效蒸发器只在第一效使用了生蒸汽，故节约了生蒸汽的需要量，有效地利用了二次蒸气中的热量，降低了生产成本，提高了经济效益。在实际生产中，还可根据具体情况，将以上基本流程进行组合，设计出更适应生产需要的多效流程。

# 五、其他蒸发器

## （一）搅拌式蒸发器

现阶段搅拌式蒸发器已很少被使用，这种蒸发器很像最老式蒸发器。

搅拌式蒸发器以间歇方式操作。加入一定量的稀产品经蒸发至最终需要的浓度。为保持定量的液体，通过蒸发过程中定时加入原料，能达到半连续操作。

尽管在工艺过程领域中经常需要用连续操作，间歇操作是它的一些优点。由于设备充满相同组成的产品，所需的最终条件可以通过调整操作参数来达到。

搅拌式蒸发器用于高黏性、膏体状或浆状的物料。通常，搅拌式蒸发器作为高浓缩器，安排在连续操作的预蒸发器下游（图 9-32）。

由于料体和加热面之间的传热较差，搅拌式蒸发器的蒸发速率较低。当蒸

发器尺寸放大时会变得更不利。在对产品合适的
场合下，加热面可以通过安装加热盘管来增加。
为了获得满意的蒸发速率，加热室和沸腾室之间
的温差必须相当高。

　　蒸发过程中，产品的停留时间较长，可能达
几小时，这取决于设备的尺寸和加料量。这适合
于一些特定产品的浓缩需要。

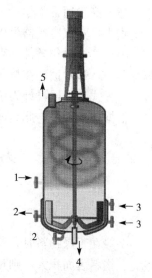

### （二）板式蒸发器

　　不用管道而采用板框也可用作为加热表面。
产品板和水蒸气板的连接交替组合。如图 9 - 33
所示。

　　产品管道被设计成使液体在板表面上均匀分
布，蒸汽相的压降低。加热通道的设计则不同，
通道中水蒸气被冷凝。板之间的间隙较小，这样
热水就可以代替水蒸气用于加热。热水以很高的

图 9 - 32　搅拌式蒸发器
1. 原料乳　2. 冷凝液
3. 加热蒸汽　4. 浓缩液　5. 蒸汽

图 9 - 33　板式蒸发器
1. 原料乳　2. 加热蒸汽　3. 蒸汽
4. 冷却水　5. 蒸汽分离器　6. 分配管
（引自谢继志 . 液态乳制品科学与技术 . 1999）

速度流进板间的通道与被蒸发的产品呈逆流流动，获得很高的传热系数。
　　板式蒸发器设计紧凑。分离器用短管直接连接到板片组上。这样空间需要

小，建筑高度通常不超过 3～4 米。这就意味着板式蒸发器可以安装在大多数建筑物中，蒸汽冷凝器可以是管式或板式结构。

根据具体操作条件和需浓缩的产品性质选择装配在板片上的垫片。在板式蒸发器中，垫片被装在特殊设计的槽中而无需粘接，在板片拆开时也不会脱离板片。板式蒸发器设计为单程爬升膜操作模式。这样可使产品均匀和温和地蒸发。根据负荷大小，此类前置也可采用产品循环来操作。

# 第七节　喷雾干燥设备

## 一、喷雾干燥原理

一般在干燥物料时，若干燥介质与物料温度差大、干燥介质与物料的湿度差大、物料表面积大，则是干燥速度快。例如将 1 厘米$^3$ 的溶液变成 100 微米或 1 微米直径的微粒，则各自为原来表面积的 100 倍或 1 万倍。根据此原理，用高压或离心力将物料进行雾化，表面增大的物料和干燥介质直接接触，水分瞬间蒸发干燥。这种方法即为喷雾干燥。它包括了物料雾化表面积增大（即喷雾）和雾化后的液滴水分蒸发（即干燥）两方面。

喷雾干燥是指将液态物料通过机械的作用（如使用压力或离心力等）分散成像雾一样的细小液滴，同时与热空气的接触物料中的水分瞬间就被去除的方法。

## 二、喷雾干燥工艺优缺点

### (一) 喷雾干燥的优点

1. 干燥过程非常迅速　由于物料被雾化成细小的液滴，表面积增大，在与高温的热空气接触后，在瞬间内就将水分蒸发。

2. 可直接干燥成粉末　喷雾干燥的产品直接为粉粒状，无需进一步粉碎，减少工序环节。

3. 易改变干燥条件，调整产品质量标准　喷雾干燥过程在密封条件下进行，产品纯净，若调整喷雾干燥工艺参数可改变产品的质量。

4. 由于瞬间蒸发，设备材料选择要求不严格　蒸发部分不要高标准的耐压耐高温材料，节省成本。

5. 干燥室有一定负压　保证了生产中的卫生条件，避免粉尘在车间内飞扬，提高产品纯度；

6. 生产效率高，操作人员少　现代化的喷雾干燥系统已实现了自动控制，操作时只需要一个人员。

### （二）喷雾干燥的缺点

1. 设备较复杂，占地面积大，一次性投资大　当以 160℃ 以下的热空气干燥时，一般情况下，干燥室的水分蒸发强度仅能达到 2.5～4 千克/米³。因而所需的设备比较大，甚至可能需要多层建筑，造成一次性投资大。

2. 雾化器，粉末回收装置价格较高　在生产粒径比较细的产品时，约有 20% 的细粉被废气夹带，为了回收这部分细粉，需要高效回收装置。

3. 需要空气量多，增加鼓风机的电能消耗与回收装置的容量　喷雾过程中需要大量空气气流成粉、干燥，这必将提高鼓风部分能耗；干燥气流增大也将增大物料干燥粉末损耗，回收这部分粉末，需要大容量回收装置。

## 三、喷雾干燥设备的分类

### （一）按微粒化方法分类

#### 1. 压力喷雾干燥法

（1）原理　利用高压泵，以 $7.09×10^6～2.02×10^7$ 帕大气压的压力，将物料通过雾化器（喷枪），聚化成雾状微粒与热空气直接接触，进行热交换，短时间完成干燥。

（2）压力喷雾微粒化装置　M 形和 S 形具有使液流产生旋转的导沟。M 形导沟轴线垂直于喷嘴轴线，不与之相交。S 形导沟轴线与水平成一定角度。其目的都是设法增加喷雾时溶液的湍流度。

#### 2. 离心喷雾干燥法

（1）原理　利用水平方向作高速旋转的圆盘给予溶液以离心力，使其以高速甩出，形成薄膜、细丝或液滴，由于空气的摩擦、阻碍、撕裂的作用，随圆盘旋转产生的切向加速度与离心力产生的径向加速度，结果以一合速度在圆盘上运动，其轨迹为一螺旋形，液体高出此螺旋线自圆盘上抛出后，就分散成很微小的液滴，以平均速度沿着圆盘切径方向运动，同时液滴又受到地心吸力而下落，由于喷洒出的微粒大小不同，因而它们飞行距离也就不同，故在不同的距离落下的微粒形成一个以转轴中心对称的圆柱体。

（2）获得较均匀液滴的要求　①减少圆盘旋转时的震动。②进入圆盘液体数量在单位时间内保持恒定。③圆盘表面平整光滑。④圆盘的圆周速率不宜过小，乳（100～160米/秒）若<60米/秒，喷雾液滴不均匀，喷距似乎主要由一群液滴及沉向盘近处的一群细液滴组成，并随转速增高而减小。

（3）离心喷雾器的结构　要求润湿周边长，能使溶液达到高转速，喷雾均匀，结构坚固、质轻、简单、无死角、易拆洗、有较大生产率。

### （二）按干燥室形式分类

根据干燥室中热风和被干燥颗粒之间运动方向分类：并流型、逆流型、混流型。

牛乳中常采用并流型。并流型可采用较高的进风温度来干燥，而不影响产品的质量。并流型分为水平并流型、垂直下降并流型、垂直下降混流型、垂直上升并流型。

## 四、喷雾干燥设备综合分析

### （一）压力喷雾干燥设备

干燥设备主要技术参数如表9-2。

表 9-2　压力喷雾干燥设备主要技术参数

| 压力喷雾干燥设备主要技术参数 | |
| --- | --- |
| 蒸发量（千克/小时） | 350 |
| 物料处理量（千克/小时） | 673～713（45%～50%浓奶） |
| 蒸汽耗量（千克/小时） | 850（包括流化床） |
| 工作压力（兆帕） | 0.8 |
| 进风温度（℃） | 160 |
| 排风温度（℃） | 85～90 |
| 干燥塔有效体积（米³） | 67 |
| 塔内负压（帕） | 100～200 |

### （二）结构

此喷雾干燥系统是由立式干燥塔、旋风分离器、空气过滤器、空气加热器、进风机、排风机、高压泵、平衡槽、流化床等组成。

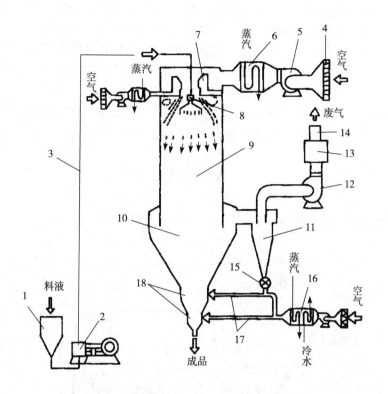

图 9-34　用于压力喷雾的设备结构示意图
1. 贮液罐　2. 高压泵　3. 高压输液管　4. 空气过滤器
5. 风机　6. 空气加热器　7. 充气室　8. 压力式雾化器　9. 干燥室
10. 分离室　11. 旋风分离器　12. 排风机　13. 消音器　14. 出风口
15. 阀门　16. 换热器　17. 冷风管　18. 冷却室
（引自崔建云．食品加工机械与设备．2004）

## （三）工作过程

1. 进料至出粉　浓奶先进入平衡槽，在奶泵的作用下经双联过滤器除去杂质后，由高压泵泵入塔顶内部的喷嘴，雾化后与同时进入的热风充分地热交换后，将水分蒸发后颗粒落入塔底的锥形部分。在振荡器的作用下将物料送入流化床二次干燥，冷却后经筛粉机筛粉后排出。

2. 进风至排风　新鲜的空气经空气过滤器除去杂质后，被进风机送入空气加热器加热至160℃左右，经塔上的热风分布器均匀地吹入塔内，与压力雾化的雾滴进行热交换，蒸发出来的水蒸气及热风形成废气，废气带着细粉进入旋风分离器，细粉被旋风分离器回收，废气被排风机排出室外。

3. 流化床的进风至排风　新鲜空气经空气过滤器除去杂质后，一路经加热鼓风机进入蒸汽加热器，将空气加热后吹入，流化床对奶粉进行二次加热，另一路经另一鼓风机进入除湿器后，吹入流化床将奶粉冷却后，废气由流化床上部的排风口经旋风分离器将细粉回收后，由排风机排出。

4. 细粉回收　经旋风分离器回收的细粉经下部的鼓形阀进入细粉回收管道，排出的细粉被压缩机吹出的细粉吹入流化床或干燥塔。

## 五、离心喷雾设备

如图 9 - 35 是典型的尼罗离心喷雾干燥设备。

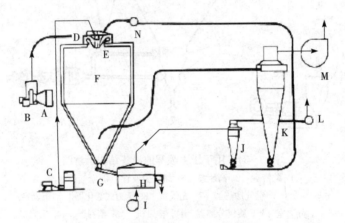

图 9 - 35　尼罗式离心喷雾干燥设备

A. 空气过滤器　B. 鼓风机　C. 浓乳泵　D. 热风分布器

E. 喷雾器（离心盘）　F. 喷雾干燥室　G. 振动式出粉机

H. 流化床式冷却床　I. 冷风机　J. 小旋风分离器

K. 主旋风分离器　L. 小旋风分离器排风机

M. 主旋风分离器排风机　N. 回收微粉的输粉风机

（引自谢继志．液态乳制品科学与技术．1999）

### （一）主要结构

1. 塔体　塔体内外壁全用不锈钢制造，并经抛光处理，符合食品卫生要求，外形美观，保温层达 60 毫米，在塔的锥部装有电磁振荡器 8 个，由继电器控制，每隔一定时间交替震动几次，把粘在塔壁上的粉振下并及时送出。

2. 离心盘　雾化所使用的离心盘，如图 9-36 所示，为多叶离心盘，离心盘共有 16 条叶槽，离心盘直径为 210 毫米，在 15 000 转/分的转速下，可处理 500 千克/小时的物料。在分配盘中有 4 只直径 3 毫米的小孔，保证物料均匀地进入离心盘。这种盘从直沟改变为弯曲沟槽，可减少成品中的空气，减少了氧化的可能，提高了容量，利于包装。

图 9-36　离心盘

（引自张和平，张列兵. 现代乳品工业手册. 2012）

3. 传动系统　是由一级皮带传动和一级涡轮蜗杆传动组成，从 V 形皮带轮到喷雾离心盘传动比为 1：10，离心盘的最高转速达 15 000 转/分。

4. 主旋风分离器　采用一台主旋风分离器，效率高，出粉方便，易清扫和清洗。

5. 振动流化床和空气减湿器　在干燥塔下部有振动流化床和空气减湿器，能连续出粉又能连续筛粉，尤其是能及时冷却，利于产品质量的提高。

（二）工艺流程

1. 进料至出粉　物料（浓奶）先进入平衡槽，经五通阀双联过滤器，把机械杂质除掉，由螺杆泵泵入干燥塔顶的离心喷雾机，在离心盘的高速运转下，物料被雾化并与同时进入的热风进行充分地热交换，将水分蒸发，奶粉落入塔底的锥形部分，在激振器的振动下将干粉送到冷却沸腾，奶粉在流化床中被冷却，最后经筛粉机筛粉后送到出粉箱至包装。

2. 进风至排风　新鲜的空气经过滤后被进风机吹入燃油热风炉内，加热到 220℃左右，经涡壳式热风盘螺旋地吹入喷雾塔内，与离心喷雾机喷出来的雾状物料进行热交换。蒸发出来的水蒸气、热交换后的热风和部分细粉经排风管道进入旋风分离器，细粉被旋风分离器回收后，废气由排风机排出室外。

3. 冷却沸腾床的进风到排风　新鲜的空气经过滤器过滤后，由进风机吹入空气减湿冷却器内进行降温和除湿，之后再进入冷却沸腾床，冷却从喷雾塔中输送来的干粉，经过热交换的冷空气经冷却沸腾床的排风口，送至旋风分离器，将细粉回收，废气则由排风机排出室外。

4. 细粉回收系统　经旋风分离器回收的细粉，分别在鼓形阀的作用下，进入细粉回收管道，而新鲜空气通过空气过滤器在细粉回收进风机的作用下，带着细粉一起进入蜗壳式热风盘内，吹入喷雾塔，与离心机喷出来的雾滴混合，重新干燥。对奶粉生产来说，可使奶粉颗粒增大，从而提高了奶粉的速溶性和溶重。

5. 电器开关集中控制　在这个流程中，有不少设备是通过电器开关来控制和调节生产过程的，如螺杆泵的无级变速调节。离心机、所有风机、激振器、鼓形阀等的电器开关都集中在仪表控制盘上，便于操作。

# 第八节　灌装设备

## 一、玻璃瓶灌装机

如图 9-37 所示这类灌装机，可自动将混乱排列的玻璃瓶经理瓶装置整理成等距离排列，匀速整齐进入灌装机。原料乳由进料管进入存乳缸，经灌装阀灌瓶，圆形铝片由冲模机构冲制并压制成型后，由压缩空气吹入输送槽上盖。压盖机构上装有压盖器，托瓶压盖盘上设有托瓶座，通过轨道设置控制瓶座的上升与下降，当上好铝盖的乳瓶进入压盖器，通过压盖器压力的作用把圆形铝片压盖封于瓶口。此机器装有真空装置，在灌装成品乳时能避免溢出。对破损的奶瓶，真空泄露检测到而不予灌装。奶瓶内液体体积可通过真空度的调节来控制。机器生产能力可通过改变主机频率、速度来进行调整。可与 CIP 清洗

图 9-37　全自动玻璃瓶灌装机

(引自侯建平. 乳品机械与设备. 2010)

系统连接，自动进行 CIP 清洗程序。

## 二、塑袋灌装机

塑袋包装具有材料成本低廉，节省生产成本，包装简单，成本可控性强。

现在塑袋灌装机最为先进的是全自动塑袋无菌袋灌装系列，如图 9 - 38 所示，该系列所有与原料乳接触的部件均为不锈钢材料制作，灌装舱通过双氧水氧化杀菌作用实现无菌环境，同时采用 45℃ 正压力无菌热空气保持机身内外部无菌状态。包装用塑料材料通过双氧水短时间浸泡杀菌，并辅助紫外灯杀菌，再由无菌空气干燥。产品经超高温设备灭菌后进入灌装机保持无菌密封状态，在上述无菌措施下灌装，室温保存。普通鲜乳产品货架期一般为 1 个月。

双头全自动塑袋无菌袋灌装机采用全新的自动控制系统，Proface 触摸屏人机界面更加便于操作；高速机

图 9 - 38 全自动高速洁净型塑袋
三边封灌装机

型生产效率大大提高，250 毫升袋装牛奶产量可达到 7 200 袋/小时；气动控制横封、纵封、接膜，封接质量大大提高，可不停机接膜连续生产，减少包材和牛奶的损耗；步进电机带动主牵引，避免了链条传动穿入灌装室造成油污污染的危险；独有的温控系统及封切结构，大幅度提高了成袋率，降低了膜的生产耗量。

机器主要由以下部分组合：两套膜预展装置、两套二次展膜装置、两套最终展膜装置、两套横纵向封口系统。两套袋成型和膜纠偏装置、两个同步灌装头、两套膜装置。

## 三、无菌包装设备

复合薄膜材料的包装，因安全卫生、携带方便、价格适中，深受广大消费

者的喜爱。下面介绍图 9 - 39 所示的使用复合薄膜的无菌袋灌装机。

图 9 - 39　全自动无菌共挤材料灌装机

无菌袋包装有如下优点：包膜成本低廉，只为无菌包装砖包装材成本的 1/5。可从国内供货商购买包材，较为方便。污染量少，塑料袋易压平，燃烧后只有水和无毒气体，最符合环保包装。包材较轻，减省运输成本。袋包装可用热水浸泡加温，方便饮用。

## (一) 全自动无菌包装机简介

无菌袋灌装机其特点如下：

1. 整机及各管路采用优质不锈钢材料制造。

2. 电气控制系统采用大屏幕彩色人机界面、高性能可编程控制器、四台伺服驱动器及配套伺服电机、变频调速器、灌装流量精确控制系统等。

3. 全自动无菌软包装机适合对无固体颗粒、低黏稠度的液体（如鲜牛奶、花式乳、果汁等）进行无菌灌装。

4. 选用三层（或五层）共挤 PVDC 复合膜、全自动完成膜的杀菌、成型、定量灌装、包装袋封切和输送。

5. 包装膜杀菌通过双氧水浸泡杀菌并由无菌空气烘干，再加以紫外线辅助杀菌两种方法实现。

6. 无菌灌装室则通过设备杀菌时双氧水喷雾、灌装管采用双氧水浸泡灭菌，生产中通过恒温无菌空气的正压作用以及紫外灯辐射保持无菌。同时，通过热的无菌空气烘干包装膜上附着的残留双氧水，确保双氧水残留量达到最少。

7. 双工位独立运转，一工位停机时，另一工位继续灌装，提高了生产效率。

### （二）设备规格

1. 产品能力　3 000～6 000 包/小时。
2. 产品规格　200～500 毫升枕式袋。
3. 包装袋长　80～220 毫米。
4. 灌装精度　200～250 毫升/袋，允许误差：±1.5%；500 毫升/袋，允许误差：±1.0%。
5. 包装材料　3 层或五层 PVDC 阻氧复合膜，熔点为 130℃，宽度为 320 毫米（或 260 毫米）±1 毫米。膜卷纸筒内径：70 毫米或 76 毫米。外径最大为 360 毫米，要求卷边整齐、张力均衡；内部无破损，无断膜。

### （三）无菌环境的实现

无菌灌装要求物料无菌、包装材料无菌、包装环境无菌、与物料接触的管路和设备无菌。全自动无菌袋包装机可从以下几方面实现无菌：独立的高效 CIP 清洗系统，保证管路、设备的清洁卫生。双氧水的喷雾杀菌保证罐内的清洁卫生。紫外灯照射保证了机体的无菌。137℃高温蒸汽灭菌杀灭产品内的细菌。双氧水的长时间浸泡杀灭包材上的细菌。完好的隔离和密封条件不让细菌进入，蒸汽屏障，无菌空气的正压环境保证了无菌环境的形成。保持工作环境和人员的卫生。

### （四）灌装系统

无菌袋灌装机灌装系统的优点如下：PLC 保证精确的时间节拍。液位控制器保证了精确的液位高度。机械式的开启度控制保证了灌装量的稳定性和连续可调性。

## 四、酸奶灌装设备

图 9-40 所示为全自动直线式杯型酸奶灌装机。该机适用于酸奶等高黏稠度物料的包装。具有自动落杯、灌装、封口等高自动化程序，采用人机界面，可编程序逻辑控制、温控、光电、气动控制等系统。可根据客户不同要求来设

计制造，适应纸杯、塑杯等不同材料。

图 9-40  全自动直线式杯型酸奶灌装机

灌装机产品特点：①生产能快：5 000、9 000、12 000 杯/小时；②灌装容量可调：100～500 毫升；③酸奶果肉直径大：可达到 20 毫米，可以真正意义上达到大果粒酸奶灌装；④另选附件：动态果粒添加装置、扣盖装置、日期喷码装置；⑤控制：PLC 人机界面。全自动直线式杯型酸奶灌装机主要技术参数如表 9-3。

表 9-3  全自动直线式杯型酸奶灌装机主要技术参数

| 设备型号 | PLS-ZB-Ⅱ-5000 型 | PLS-ZB-Ⅱ-9000 型 | PLS-ZB-Ⅱ-12000 型 |
|---|---|---|---|
| 生产能力 | 5 000 杯/小时 | 9 000 杯/小时 | 12 000 杯/小时 |
| 灌装容量 | 1 001～500 毫升 | 100～300 毫升 | 100～300 毫升 |
| 灌装量调节方式 | 无级调节 | 无级调节 | 无级调节 |
| 灌装精度 | ±≤2～4 克 | ±≤1～2 克 | ±≤1～2 克 |
| 包装形式 | 纸塑预制杯 | 纸塑预制杯 | 纸塑预制杯 |
| 总功率 | 15 千瓦 | 18 千瓦 | 18 千瓦 |
| 压缩空气气压 | ≥0.6 兆帕 | ≥0.6 兆帕 | ≥0.6 兆帕 |
| 主机外形尺寸（毫米） | 3 600×2 600×1 500 | 3 460×1 350×2 270 | 3 460×2 600×2 270 |

# 第九节　冰淇淋生产设备

## 一、凝 冻 机

凝冻机是生产冰淇淋、雪糕的关键设备，它是将配好的物料经老化等工序后，在强力搅拌、凝冻下充入空气的过程。配好的物料进入冷凝筒，在不停地搅拌下被冷凝筒中的制冷剂冷冻成微细的冰结晶，冷冻成微细的冰结晶不断被旋转的刮刀刮下，与此同时，由空气输入装置连续不断地注入一定量的空气，在凝冻的冰淇淋料中形成极小并分布均匀的气泡，这不仅使冰淇淋的体积增加，而且使冰淇淋的口感更加细腻。

连续凝冻机具有两个功能：将一定控制量的空气搅入混合料。将混合料中的水分凝冻成大量的细小冰结晶。

### （一）结构

连续式冰淇淋凝冻机是由冷凝筒、驱动装置、进料泵和制冷系统等组成。

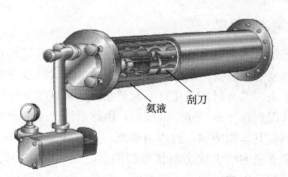

氨液　　刮刀

图 9-41　冷凝筒
（引自张和平，张列兵. 现代乳品工业手册. 2012）

1. 冷凝筒　如图 9-41 所示，由无缝套管组成，内部是涂硬质铬的镍管，外部有一钢管和两只法兰。内部装有搅拌主轴，轴上装着两把刮刀，刮刀紧贴着筒壁，当物料在筒壁上凝结成霜时，被刮刀迅速刮下，同时使物料强力混合、挤出。

2. 制冷系统　冰淇淋凝冻机，如图 9-42 采用外部供冷方式，它包括贮液桶、蒸发器（冷凝筒）、气液分离器和过滤器等。

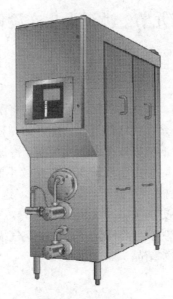

图 9‑42　冰淇淋凝冻机
(引自张和平，张列兵．现代乳品工业手册．2012)

### (二) 连续凝冻机原理

混合料被连续泵入由氨为冷冻剂的夹套冷凝桶。冷冻过程非常迅速，这一点对形成细小冰晶非常重要。凝冻在冷凝桶表面的混合料被冷凝桶内的旋转刮刀不断连续刮下来。混合料从老化缸不断被泵输送到连续凝冻机，在凝冻时空气被搅入。冷冻温度在 $-3\sim-6℃$ 范围内，由冰淇淋产品本身来决定。通过把空气裹入混合料使其容积增加，被称为膨胀，通常膨胀率为 $80\%\sim100\%$。冰淇淋离开连续凝冻机的组织状态与软冰相类似，大约有 $40\%$ 的水分被冷冻成冰。这样，产品就可以被送到下一段工序：包装、挤出或装模。

## 二、浇模设备

冰淇淋料以大约 $-3℃$ 的温度离开凝冻机直接注入模具 (图 9‑43)，注满模具后一步步运转，经过温度为 $-40℃$ 的盐水溶液，在其中物料被冷冻。在产品没有完全冻实之前插入木棍 (签)。

冻结前产品脱模时先将模具经过一个温盐水溶液使产品表面融化，以保证产品可自动由"脱膜机"拨出，雪糕脱模后可以浸入到巧克力中，随后再送去

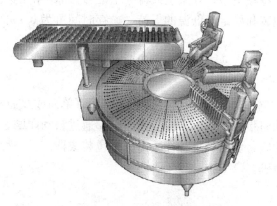

图 9-43　自动浇模机

（引自张和平，张列兵．现代乳品工业手册．2012）

包装。因为产品已完全冻结，所以在包装后可直接送去冷藏。

## 三、速冻隧道

从凝冻机出来后立即包装的产品必须经硬化隧道进行硬化，如图 9-44。硬化的过程越快，产品组织状态越好。冷冻隧道的高速风机将−35～−40℃的冷风吹在冰淇淋的表面，使其快速冻结，然后送出冷冻隧道。硬化后的产品送

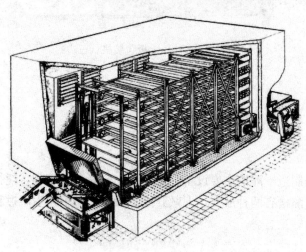

图 9-44　速冻隧道

（引自曾寿瀛．现代乳与乳制品．2003）

入温度为一25℃冷藏室中，在架上或排架上贮存。冰淇淋的贮存时间取决于产品本身类别、包装和稳定的低温的保持，贮存时间可为0～9个月。

## 四、包装机械

如图9-45，本机可变频调速，自动计数，可单面或双面彩印，色彩清晰、鲜明，采用柔性树脂板制版，水性油墨印刷，通过自动印刷、制袋成型、压舌板自动送料、封口、切断、自动计数出优质包装成器。是一种集高科技、高效率的压舌板包装机。

图9-45　全自动压舌板包装机（三边封）

# 第十节　干酪生产设备

## 一、干 酪 槽

干酪槽是制造干酪的主要设备，在槽中完成凝乳、切割、搅拌和乳清的排出等过程。干酪槽有两种形式，即敞开式和封闭式。根据生产过程的要求，可装配不同的运转工具。

### （一）敞开式干酪槽

如图9-46，不锈钢的槽体，两端呈半圆形，带有夹套，夹套可通入冷水或蒸汽，底部有凝结水和洗涤水的出口。槽上部固定一横梁，以固定电机和传动机构，带动搅拌器或切割器等。

## （二）封闭式干酪槽

如图 9-47，在现代化的密封水平干酪罐中，搅拌和切割由焊在一个水平轴上的工具来完成。水平轴由一个带有频率转换器的装置驱动。这个具有双重用途的工具是搅拌还是切割决定于其转动方向。凝

图 9-46　敞开式干酪槽

块被剃刀般锋利的辐射状不锈钢刀切割，不锈钢刀背呈圆形，以给凝块进行轻柔而有效的搅拌。另外，干酪槽可安装一个自动操作的乳清过滤网，能良好分散凝固剂（凝乳酶）的喷嘴以及能与 CIP 系统联接的喷嘴。

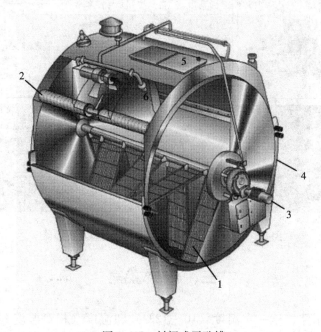

图 9-47　封闭式干酪槽

1. 切割与搅拌相结合的工具　2. 乳清排放的滤网
3. 频控驱动电机　4. 加热夹套　5. 入孔　6. CIP 喷嘴
（引自张和平，张列兵 . 现代乳品工程手册 . 2012）

## 二、干酪压榨设备

压滤槽用于除去凝块中残留的乳清，干酪经压滤后，形成表面平滑成型的干酪块。

小批量干酪生产可使用手动操作的垂直或水平压榨，气力或水力压榨系统可使所需压力的调节简化，图 9-48 所示为垂直压榨器，图 9-49 所示为水平压榨器。一个更新式的解决方法是在压榨系统上配置计时器，用信号提醒操作人员按预定加压程序改变压力。

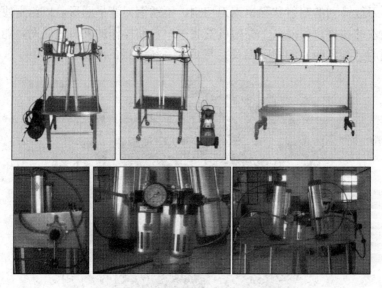

图 9-48　带有气动操作压榨平台的垂直压榨器

## 三、干酪成熟室

将新鲜干酪置于一定温度（10～12℃）和湿度（相对湿度 85％～90％）的干酪成熟室中（图 9-50），经过一定时间（3～6 月），其间通过成熟室中自动感应系统调整温度和湿度，使干酪发生一系列的物理和生物化学的变换，以致干酪成熟。干酪成熟使干酪的组织状态和营养价值得到改善，增加干酪特有风味。

图 9 - 49　水平的压榨器

图 9 - 50　机械化干酪成熟室
（引自侯建平．乳品机械与设备．2010）

# 参 考 文 献

陈历俊．2008．乳品科学与技术［M］．北京：中国轻工业出版社．

陈历俊．2008．液态乳加工与质量控制［M］．北京：中国轻工业出版社．

陈连芳．2011．我国规模奶牛场发展的潜力与展望［J］．中国乳业（117）：17-19．

陈志．2006．乳品加工技术［M］．北京：化学工业出版社．

邓海燕，赵谋明，孔令会，等．2010．酶改性干酪工艺初探［J］．现代食品科技，26（3）：267-271．

葛亮，孙来华．2011．乳制品生产实训技术指导手册［M］．北京：化学工业出版社．

谷鸣．2009．乳品工程师使用技术手册［M］．北京：中国轻工业出版社．

郭本恒．2001．乳品化学［M］．北京：中国轻工业出版社．

郭本恒．2004．干酪［M］．北京：化学工业出版社．

郭本恒．2004．液态奶［M］．北京：化学工业出版社．

郭本恒．2007．乳制品生产工艺与配方［M］．北京：化学工业出版社．

贺玉凤，李德明，刘磊，等．2003．保健冰淇淋的研制［J］．食品研究与开发（24）：77-78．

侯建平，雒亚洲，武建新．2010．乳品机械与设备［M］．北京：科学出版社．

胡冰川，刘玉满，李静．2009．中国乳业发展及贸易现状和相关政策变化［J］．中国畜牧杂志，45（24）：34-39．

金世琳．1977．乳与乳制品生产［M］．北京：中国轻工业出版社．

金世琳．1987．乳品工业手册［M］．北京：轻工业出版社．

李春．2008．乳品分析与检验［M］．北京：化学工业出版社．

李飞，刘宁．2008．酶改性干酪的生产技术［J］．食品科技，33（12）：45-49．

李凤林，崔福顺．2007．乳及发酵乳制品工艺学［M］．北京：中国轻工业出版社．

李凤林，兰文峰．2010．乳与乳制品加工技术［M］．北京：中国轻工业出版社．

李青，刘佳，赵秀明，等．2011．酶法改性干酪风味配料的加工技术［J］．乳品加工（18）：55-58．

李增利．2001．乳蛋制品加工技术［M］．北京：金盾出版社．

骆承庠．2001．乳与乳制品工艺学［M］．北京：中国农业出版社．

马兆瑞，秦立虎．2010．现代乳制品加工技术［M］．北京：中国轻工业出版社．

马兆瑞，孙来华，姜旭德．2010．畜产品加工技术及实训教程——乳制品生产分册［M］．北京：科学出版社．

马兆瑞.2010.现代乳制品加工技术［M］.北京：中国轻工业出版社.

孟祥晨，杜鹏，李艾黎，等.2009.乳酸菌与乳品发酵剂［M］.北京：科学出版社.

潘亚芬.2011.乳制品生产与推广［M］.北京：化学工业出版社.

王莉，曹志军.2009.世界及中国奶业形势分析及趋势展望［J］.中国畜牧杂志，45（6）：28-32.

魏传立，王福林.2010.我国乳制品业的现状与发展研究［J］.农机化研究（1）：241-244.

翁鸿珍.2007.乳与乳制品检测技术［M］.北京：中国轻工业出版社.

吴祖兴.2007.乳制品加工技术［M］.北京：化学工业出版社.

武建新.2000.乳品技术装备［M］.北京：中国轻工业出版社.

武杰.2000.新型保健冰淇淋加工工艺与配方［M］.北京：科学技术文献出版社.

谢继志.1999.液态乳制品科学与技术［M］.北京：中国轻工业出版社.

于海龙，李秉龙.2011.我国乳制品的国际竞争力及影响因素分析［J］.国际贸易问题（10）：14-24.

曾寿瀛.2003.现代乳与乳制品加工技术［M］.北京：中国农业出版社.

张兰威.2006.乳与乳制品工艺学［M］.北京：中国农业出版社.

张列兵，吕加平.2003.新版乳制品配方［M］.北京：中国轻工业出版社.

甄少波，邹磊，刘奕忍.2009.我国液态乳工业发展现状及趋势［J］.农产品加工（12）：81-83.

Da Cruz A G，Buriti F C A，De Souza C H B，et al. 2009. Probiotic cheese: health benefits, technological and stability aspects［J］. Food Science Technology，20（8）：344-354.

**图书在版编目（CIP）数据**

乳品加工新技术/杨贞耐主编．—北京：中国农
业出版社，2013.1
（畜禽水产品加工新技术丛书）
ISBN 978-7-109-16964-7

Ⅰ.①乳… Ⅱ.①杨… Ⅲ.①乳制品—食品加工
Ⅳ.①TS252

中国版本图书馆 CIP 数据核字（2012）第 157916 号

中国农业出版社出版
（北京市朝阳区农展馆北路 2 号）
（邮政编码 100125）
责任编辑 颜景辰

北京通州皇家印刷厂印刷 新华书店北京发行所发行
2013 年 1 月第 1 版 2013 年 1 月北京第 1 次印刷

开本：720mm×960mm 1/16 印张：20.5
字数：346 千字 印数：1~5 000 册
定价：48.00 元
（凡本版图书出现印刷、装订错误，请向出版社发行部调换）